清华电脑学堂

剪映短视频剪辑与运营标准教程

全彩微课版

张晓涵◎编著

清華大學出版社
北京

内 容 简 介

本书围绕剪映短视频的创作展开，由浅入深、全面系统地对短视频的拍摄、剪辑、发布、运营等环节进行介绍，不仅能让新手制作出精彩的短视频，还可以让有一定后期剪辑基础的读者掌握更多创意效果的制作方法。

全书共9章，内容包括短视频剪辑基础知识、素材拍摄技法、短视频剪辑工具——剪映的基本功能、短视频字幕处理、音效的添加、视频转场特效设计、滤镜和美颜的应用、短视频发布与共享，以及短视频的运营推广等。在讲解理论知识的同时，穿插"动手练"实操板块，让读者能举一反三进行练习。部分章结尾处安排了"案例实战"和"新手答疑"板块，真正做到授人以渔。

本书内容新颖，案例丰富，不仅适合短视频创作者、摄影爱好者、自媒体工作者等学习使用，也适合想进入短视频创业领域的人员阅读，还可作为高等院校相关专业课程的教学用书。

图书在版编目（CIP）数据

剪映短视频剪辑与运营标准教程：全彩微课版 / 张晓涵编著. —北京：清华大学出版社，2024.3
（清华电脑学堂）
ISBN 978-7-302-65589-3

Ⅰ. ①剪… Ⅱ. ①张… Ⅲ. ①视频编辑软件－教材 Ⅳ. ①TP317.53

中国国家版本馆CIP数据核字（2024）第040435号

责任编辑：袁金敏
封面设计：杨玉兰
责任校对：徐俊伟
责任印制：宋　林

出版发行：清华大学出版社
网　　址：https://www.tup.com.cn，https://www.wqxuetang.com
地　　址：北京清华大学学研大厦A座　　**邮　　编：**100084
社 总 机：010-83470000　　**邮　　购：**010-62786544
投稿与读者服务：010-62776969，c-service@tup.tsinghua.edu.cn
质 量 反 馈：010-62772015，zhiliang@tup.tsinghua.edu.cn
课 件 下 载：https://www.tup.com.cn，010-83470236
印 装 者：涿州汇美亿浓印刷有限公司
经　　销：全国新华书店
开　　本：185mm×260mm　　**印　　张：**13.75　　**字　　数：**346千字
版　　次：2024年3月第1版　　**印　　次：**2024年3月第1次印刷
定　　价：59.80元

产品编号：104650-01

前 言

首先，感谢您选择并阅读本书。

本书致力于为短视频剪辑和运营的读者打造更易学的知识体系，让读者在轻松愉悦的氛围内掌握短视频的制作方法，并举一反三地应用到实际工作中。

本书采用理论讲解与实际应用相结合的形式，从易教、易学的角度出发，全面、细致地介绍短视频剪辑的方法与技巧。在讲解理论知识时，配备了若干“动手练”实操案例，以帮助读者进行巩固。部分章结尾处安排了“案例实战”及“新手答疑”板块，既能培养自主学习的能力，又能提高学习的兴趣和动力。

本书特色

- **理论+实操，边学边练。**本书为软件中的重、难点知识配备相关的实操案例，可操作性强，使读者能够学以致用。
- **全程图解，更易阅读。**全书采用全程图解的方式，让读者能够了解到每一步的具体操作。
- **疑难解答，重在启发。**书中部分章结尾处安排了“新手答疑”板块，其内容是对实际工作中一些常见的疑难问题进行汇总并给出解释，以启发读者进行更深层次的思考。
- **视频讲解，学习无忧。**书中实操案例配有同步学习视频，在学习时扫码即看，很好地保证了学习效率。

内容概述

本书共9章，各章内容安排见表1。

表1

章序	内容概括	难度指数
第1章	主要介绍短视频剪辑的基础知识，包括剪辑概念、短视频剪辑流程、常用视频剪辑工具等	★☆☆
第2章	主要介绍短视频素材的拍摄技法，包括拍摄设备的使用、拍摄基本技能、拍摄构图方法、视频拍摄景别，以及运镜基本技巧等	★★☆
第3章	主要介绍剪映的应用与功能，包括剪映工作界面、基本功能以及核心进阶功能	★☆☆
第4章	主要介绍字幕的创建与应用，包括视频字幕的创建、字幕的设计、智能识别字幕，以及贴纸的运用	★★★
第5章	主要介绍配乐的应用，包括为视频添加配乐、对视频原声进行处理、对配乐进行二次编辑，以及录制声音等	★★★
第6章	主要介绍转场特效的应用，包括添加视频转场效果、添加视频特效、设置蒙版特效等	★★★

（续表）

章序	内容概括	难度指数
第7章	主要介绍视频画面的优化，包括视频画面调色、智能美颜与抠图、视频后期调色等	★★★
第8章	主要介绍短视频的发布，包括短视频发布注意事项、发布到抖音平台、发布到快手平台、发布到微信视频号等	★★☆
第9章	主要介绍短视频的运营推广，包括“养号”方法、标签设置、短视频平台的选择、短视频变现模式等	★★☆

需要说明的是，**剪映专业版软件**与**剪映移动端APP**的运行环境不同、界面不同、操作方式也有所不同，但两者的使用逻辑是完全一致的。剪映专业版软件具有更丰富的素材库和更多的高级编辑功能，能够满足更专业的视频制作需求。剪映移动端APP则更注重便捷性和易用性。为了能够在这两种版本的学习和使用上实现无缝衔接，特别制作了“**剪映专业版软件与移动端APP功能对照图**”，以方便读者进行对比学习。

本书及附送的资源文件所采用的图片、模板、音频及视频等素材，均为所属公司、网站或个人所有，本书引用仅为说明（教学）之用，绝无侵权之意，特此声明，也请大家尊重书中笔者团队拍摄的素材，不要用于其他商业用途。

本书的配套素材和教学课件可扫描下面的二维码获取，如果在下载过程中遇到问题，请联系袁老师，邮箱：yuanjm@tup.tsinghua.edu.cn。书中重要的知识点和关键操作均配备高清视频，读者可扫描书中二维码边看边学。

作者在写作过程中虽力求严谨细致，但由于时间与精力有限，书中疏漏之处在所难免。如果读者在阅读过程中有任何疑问，请扫描下面的技术支持二维码，联系相关技术人员解决。教师在教学过程中有任何疑问，请扫描下面的教学支持二维码，联系相关技术人员解决。

配套素材

教学课件

技术支持

教学支持

剪映专业版软件与移动端APP功能对照图

1. 初始界面布局

在初始界面中，移动端APP的智能操作入口呈折叠状，功能相较于专业版软件更加全面。专业版的“本地草稿”区可以搜索已存在的文件，在显示方式方面多加了列表模式，如图1所示。

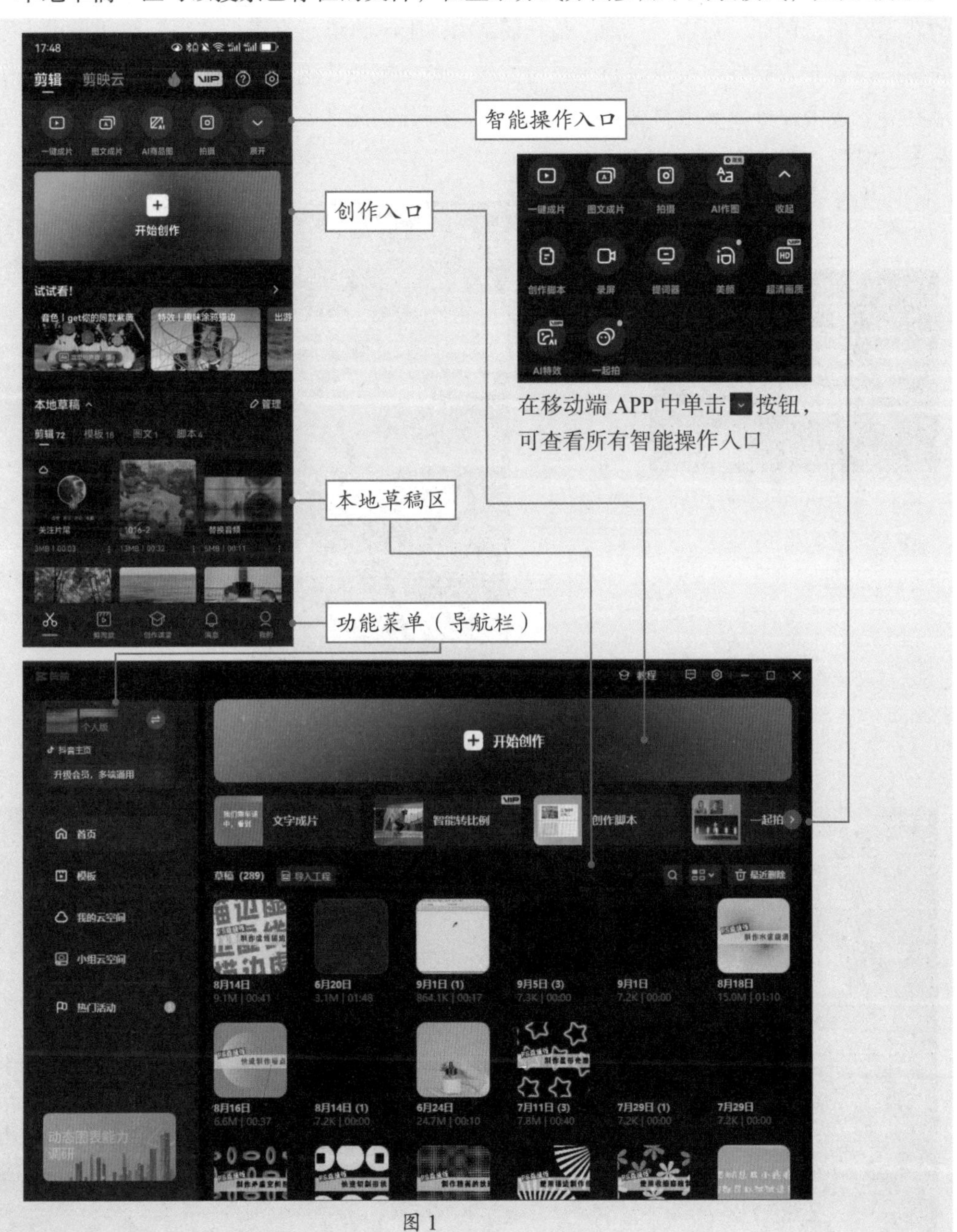

图 1

注意事项

移动端APP的“剪同款”和专业版软件的模板性质是一样的，可以对当前系统提供的热门视频模板进行预览和使用。在移动端的“剪同款”界面中可以搜索并查看格式模板，在专业版的模板界面中，可以对画幅、片段数量以及模板时长进行条件筛选。

2. 编辑界面布局

专业版软件的编辑界面在布局上比移动端APP更加直观，大屏多轨剪辑，在操作时更加灵活。专业版软件的菜单栏相较于移动端，在左侧增加了菜单选项和自动保存提醒。专业版软件的预览窗口的右下角可以快速设置画面比例。

移动端APP的时间线区域添加的多轨道呈缩览模式，只有点击对应的选项，才会显示具体的轨道效果，例如，点击“气泡”按钮显示画中画轨道，点击“文字”按钮显示文字和贴纸轨道。在专业版软件中可以对轨道进行隐藏，移动端则没有此项功能。移动端APP的工具栏区域在专业版中被分成了素材区和参数调整区，部分功能在时间线区域中的常用功能区处，例如分割、定格、删除等，如图2所示。

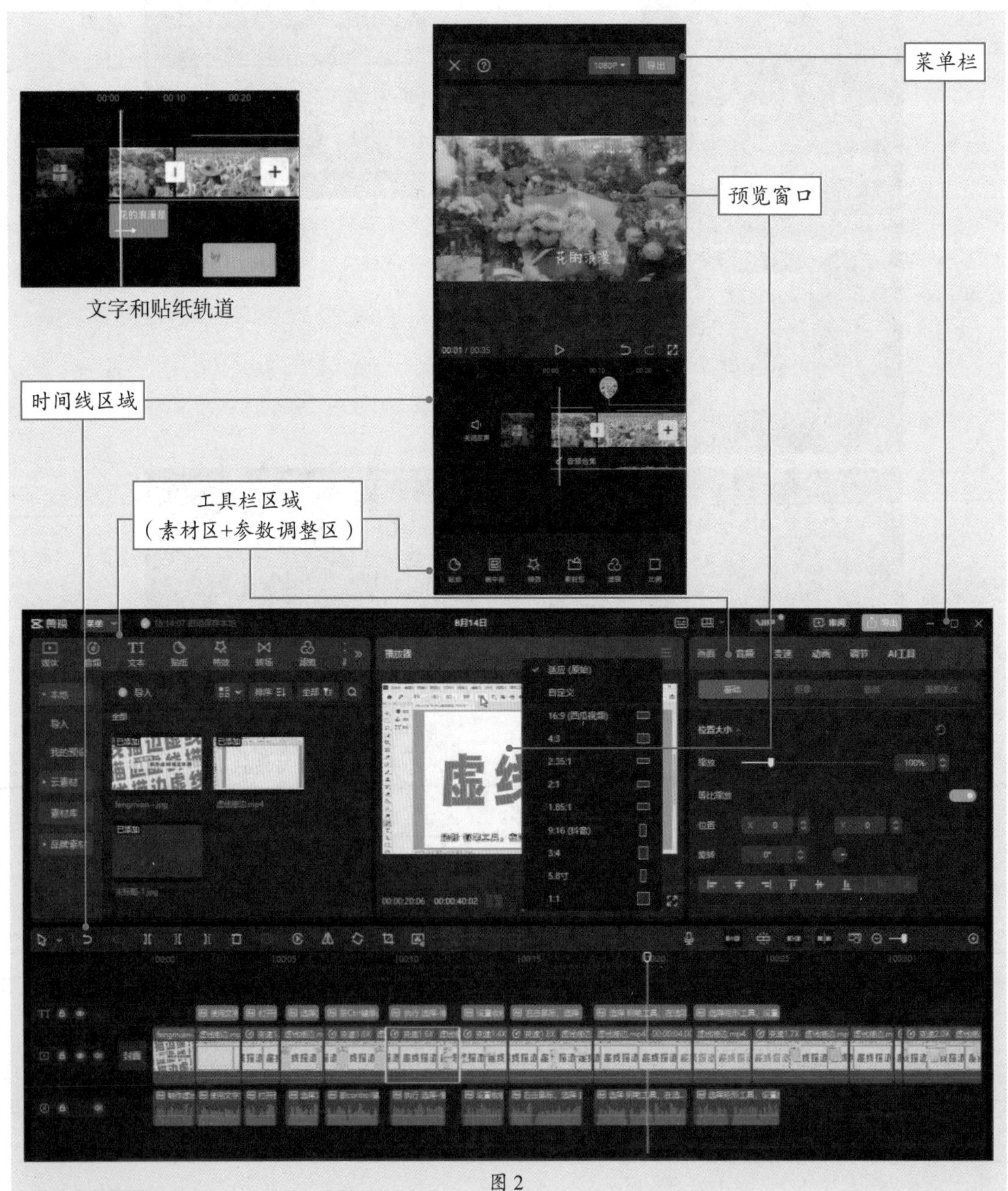

图 2

目录

第1章

剪辑，新手必学知识

第2章

会拍摄，才能获取好素材

第3章

剪映，短视频首选工具

第4章

字幕，让视频更专业

第5章 配乐，让视频更活力

第6章 转场特效，让视频更酷炫

第7章 滤镜和美颜，让画面更出彩

第8章 视频发布，与他人共享

第9章 运营推广，实现视频价值

第1章 剪辑，新手必学知识

随着互联网和新媒体的迅猛发展，短视频行业得以迅速崛起，视频行业也随之成为现代社会的重要领域之一。视频剪辑作为视频制作流程中不可或缺的环节，也因此备受重视。本章将从新手必备的视频剪辑知识入手，对视频剪辑的基础知识、视频剪辑的流程、常用的剪辑软件、视频剪辑的惯用技法等进行详细介绍。

1.1 剪辑的基础知识

对视频进行剪辑的目的是要打造一个有血有肉、有故事情节的作品，在整个实现过程中，将通过各种技术手段对视频进行加工处理，这也是我们所要学习的重点。

1.1.1 初识剪辑

在正式学习视频剪辑之前，先来了解相关概念，以做到有的放矢。

1. 剪辑的概念

剪辑可以理解为裁剪或拼接。通俗地讲，剪辑指用软件对视频源进行切割、合并，加入图片、背景音乐、特效、场景等素材，将视频重新排列为一个有节奏的作品。

剪辑是视频制作中必不可少的一道工序，在一定程度上决定着作品的质量好坏，更是视频的再次升华和创作的主干，剪与辑相辅相成、不可分割。没有剪，就谈不上辑，而没有辑，也就用不着剪，任何顾此失彼、分离两者关系的理论和做法，都是不正确的。剪辑能影响作品的叙事、节奏、情感。图1-1所示为通过剪辑形成的影片片段。

图 1-1

2. 蒙太奇

剪辑的本质是通过视频中主体动作的分解组合来完成蒙太奇形象的塑造，从而传达故事情节，完成内容叙述。对于大多数人来讲，“蒙太奇”这个词既熟悉又陌生，它是个外来词汇，翻译成中文的意思是“剪辑”，是指将视频通过画面或声音进行组合、拼接，从而用于叙事、创造节奏、营造氛围和刻画情绪。

剪辑的过程可以按照时间顺序发展，也可以进行非线性操作，从而制作出倒叙、重复、节奏等剪辑特色。例如，电影中将多个平行时间发生的事一起展现给观众，或者电影中刺激动态的镜头突然转到缓慢静止的画面，这些都会使观众产生心理的波动和不同的感受。蒙太奇方式有很多，常见的有平行蒙太奇、交叉蒙太奇、颠倒蒙太奇、心理蒙太奇、抒情蒙太奇等。使用蒙太奇手法制作的影片如图1-2所示。

图 1-2

1.1.2 视频剪辑手法

剪辑视频时，想让镜头和镜头之间衔接得更流畅，还需要掌握一些小技巧。下面介绍几种常用的视频衔接技巧。

1. 静接静

静接静即指在一个画面结束时另一个画面以静的形式切入，通俗地讲，上下两帧均为静止画面。这种情形，不强调视频运动的连续性，更加注重镜头的连贯性，如中景切特写、全景切近景，如图1-3所示的效果。

图 1-3

2. 动接动

动接动即指在镜头运动中通过推、拉、移等动作进行主体物的切换，以接近的方向或速度进行镜头组接，从而产生动感效果。这样既可以让拍摄的镜头富有张力，又可以展现出更多的场景元素。

剪辑视频时可以在运动的过程中切换画面，如图1-4所示，如果在运动停止后再切换，会有顿挫感，仿佛视频卡了一样。相同移动方向的镜头可以直接组接，不同运动方向的画面则需要做短暂停留之后再进行组接。

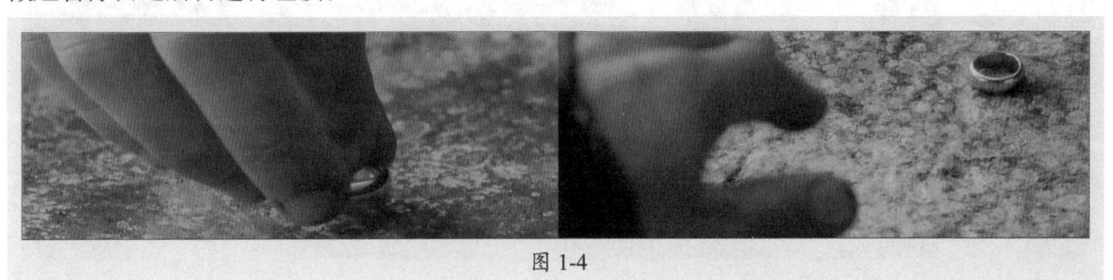

图 1-4

3. 动静结合

动静结合就是运动镜头与静止镜头的结合，以在节奏上和视觉上产生较强的推动感。静接动时，视频剪辑者需要把静止镜头衔接到运动镜头的起幅或者落幅上，才可以使拍摄画面更加流畅自然。相反，动接静一般是动镜头落幅与静镜头相接。为了丰富画面的多样性，也有一些常见的组接方法，例如声音打破、场景变换等，如图1-5所示。

图 1-5

4. 拼接

拼接即指将同一个镜头重复拼接，多用于素材缺失或镜头长度不够长的情形，以此弥补前期拍摄的不足。该方法不仅能延长镜头时间，还能酝酿受众的情绪，如图1-6所示。

图 1-6

5. 分剪

分剪即将一个镜头剪开，分成多个部分。该方法不仅能弥补前期拍摄素材不足的情形，还可以剪掉画面中因卡顿、忘词等造成的废弃镜头，从而达到增强画面节奏感的目的，如图1-7所示。

图 1-7

1.1.3 常用剪辑术语

很多人在学习剪辑时，总会遇到一些似懂非懂的专业术语，在此将常见的一些专业术语进行汇总，供读者参考学习。

（1）时长

时长指视频的时间长度，基本单位是秒。一般常见的是时、分、秒、帧，其中帧是视频的基础单位，把1秒分成若干等份，一份为一帧。

（2）关键帧

关键帧是素材中的特定帧，通常标记为进行特殊的编辑或其他操作，以便控制完成动画的播放、回放及其他特性。例如创建视频时，为数据传输要求较高的部分指定关键帧有助于控制视频回放的平滑程度。

（3）转场

转场是指不同内容的两个镜头之间的衔接，一般分为无技巧转场与技巧转场。其中无技巧转场是指两个画面之间的自然过渡，技巧转场是用后期制作，实现画面之间的淡入、淡出、翻页、叠化等。

（4）定格

定格指将电影胶片的某一格、电视画面的某一帧，通过技术手段，增加若干格、帧相同的胶片或画面，以达到影像处于静止状态的目的。

（5）闪回

闪回的内容一般为过去出现的场景或已经发生的事情。编辑视频时，突然以很短暂的画面插入某一场景，用以表现人物此时此刻的心理活动以及感情起伏，手法简洁明快。

（6）景别

景别根据景距、产生视角的不同，主要分为远景、全景、中景、近景、特写，相关内容将在后面章节中详细介绍。

（7）画面比例

画面比例是指视频画面实际显示宽和高的比值，如通常所说的16∶9、4∶3、2.35∶1等。例如一个HD视频，画面尺寸是1920×1080（1.0），那么画面比例就是1920×1/1080=1.778=16∶9。新手常会遇到画面生成之后上下或者左右存在黑边的情况，这时就要检查原始视频素材的画面比例和导出视频的画面比例是否一致。

（8）声轨

一段视频中包含了不同的独立声音轨道，彼此独立互不影响。声轨可以理解为原来DVD里的中文轨道、英文轨道等，可以在播放器里进行切换。

（9）渲染

渲染是将项目中的源文件生成最终影片的过程。

（10）编码解码器

在计算机中，所有视频都使用专门的算法或程序来处理视频，此程序称为编码解码器，主要功能为压缩和解压缩。

（11）外挂程序

外挂程序是一种插件工具，可以为剪辑软件添加更多的功能，实现更多的画面特效。

1.2 视频剪辑的流程

视频剪辑的流程指根据一定的原则和要求，选取视频中的部分内容，并进行编辑和合并，从而得到一个新视频的过程。剪辑视频的流程一般包括视频素材的收集和整理、粗剪、精剪以及发布等几个主要步骤。

1.2.1 素材的收集和整理

一个成功的视频作品离不开丰富多样的素材支持。高质量的视频素材是保证视频质量的前提。获取视频素材有多种途径。

1. 自制素材

用户可以自制视频素材，使用摄像机、手机等录制视频，或者自己绘制图片、动图等。拍摄视频时还需要提前做好准备工作。

- **确定主题：** 明确视频作品的主题和风格有助于确定需要收集的素材类型。
- **准备设备：** 为了拍摄高质量的素材，需要准备一台高像素的摄影机或手机以及稳定器、滤镜等辅助设备。此外，备足电池和存储卡以防止拍摄中断。
- **场地选择：** 选择与主题相关的拍摄场地。例如，如果想要拍摄的视频主题是自然风景，则可以选择户外的山水、海滩等场景。
- **制定拍摄计划：** 在拍摄前制定一个详细的拍摄计划，包括时间、地点和具体的拍摄内容，这将有助于我们高效地完成拍摄任务。

2. 利用网络资源

用户也可以从网络上搜索并下载各种视频素材，网络上的视频资源有些是免费的，有些则需要付费或获得相关授权才能使用。

- **视频库网站：** 现在有很多视频素材库网站提供免费或付费的下载服务。例如，Pond5、Shutterstock、Pixabay等网站都是很好的选择。用户可以根据关键词搜索到各种类型的视频素材并下载。
- **社交媒体平台：** 社交媒体平台上有很多摄影师和摄像师分享自己的作品，例如YouTube、Vimeo等。通过搜索关键词找到需要使用的视频，并联系作者获取使用授权。
- **网络视频分享平台：** 有一些专门的网络视频分享平台，如bilibili、抖音等。这些平台上有大量用户创作的短视频，可以通过搜索关键词找到自己需要的素材。

注意事项

在收集素材时，务必确认素材的版权信息。如果需要使用其他创作者的素材，一定要联系作者并获取使用授权。要尊重并遵守版权法律，避免发生侵权行为。

视频素材收集完成后，对素材做好整理和分类也是一项非常重要的工作。同类型的素材可以分类到一起，或者是将镜头差不多的素材分类到一起。有序的分类整理有助于在剪辑短视频时更快地找到需要使用的素材，提高工作效率。

1.2.2 视频的粗剪和精剪

视频剪辑需要经过粗剪和精剪两个阶段，那么粗剪和精剪有何不同？又分别是如何操作的呢？

1. 粗剪

所谓粗剪，顾名思义是指粗略的剪辑，先将无效的内容全部剪掉，尽量保留有看点的内容，需要保证故事的完整性。粗剪的目的是了解整个片子的镜头和段落，挑选流畅的，以及构图、光线、色彩理想的镜头，通过选择、取舍、分解并加以拼接打造影片雏形。

粗剪包括删除冗余片段、调整画面顺序、添加其他素材等。粗剪阶段，允许不断修改并尝试新的想法和各种试验。

2. 精剪

精剪是指在粗剪的基础上对每一个镜头做精细的处理，包括剪切点的选择、每个镜头的长度处理、整个视频的节奏把控、音乐音效的铺设等，图1-8所示为使用剪映精剪一段软件技巧分享题材的小视频的效果。

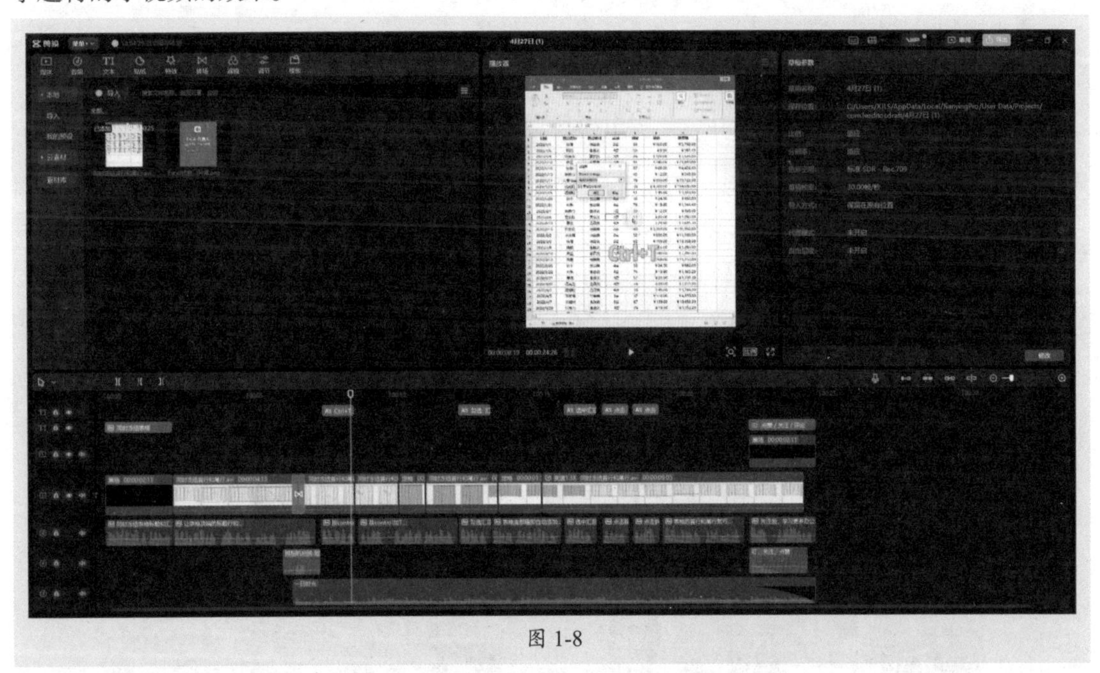

图 1-8

学剪辑要循序渐进，初学的时候没有自己的风格，可以先从模仿做起，找一些喜欢的参考片开始模仿，然后在后期慢慢形成自己的风格。也可以尝试去拍一点很小的情景，然后自己剪出来看看效果。

看电影时可以对一些镜头衔接多加留意，观察好电影里面的镜头是怎么衔接的。新手应该先了解剪辑的软件，其次找来样片看，先要基本功扎实，知道剪辑最基本的镜头组接。

多看看优质的广告片、电影、微电影等不同形式的片子，提高审美和节奏感。多尝试，会无形中提高剪辑的功底和素养。

自己开始独立制作视频时，在组合镜头之前，可以试着先写个简单的脚本整理一下思路再动手，有一个整体规划会让成片更有质量。

1.2.3　视频发布

视频剪辑完成后，起一个合适的标题，添加封面，配上文案，选择合适的标签就可以发布了，以便用户可以更容易搜索到与之相关的内容。另外，视频发布流程中还包括很多细微之处要注意。

1. 选择发布媒介

常见的发布媒介分为移动端（手机）发布和计算机端发布两种。选择计算机端发布时需要注意以下三点。

- **视频格式：** 最常见的是MP4格式。
- **视频大小：** 上传视频时需要确保短视频大小合适，不会超过平台限制的大小。视频文件大小不一般超过8GB，时长在30分钟以内。
- **视频分辨率：** 分辨率为720p（1280×720）及以上。

2. 封面的设置

要为视频设置统一的封面，封面统一具有以下优势。

- 统一的封面看起来更美观。
- 告诉用户我的视频内容是什么，吸引用户点开视频，增加用户在主页的停留时间。
- 封面上的标题可以被系统抓取，让系统知道我们的内容，推送给目标用户，如图1-9所示。

封面的设置除了好看，更重要的是要突出核心词，在字体的颜色、大小、表情上下功夫，如图1-10所示。

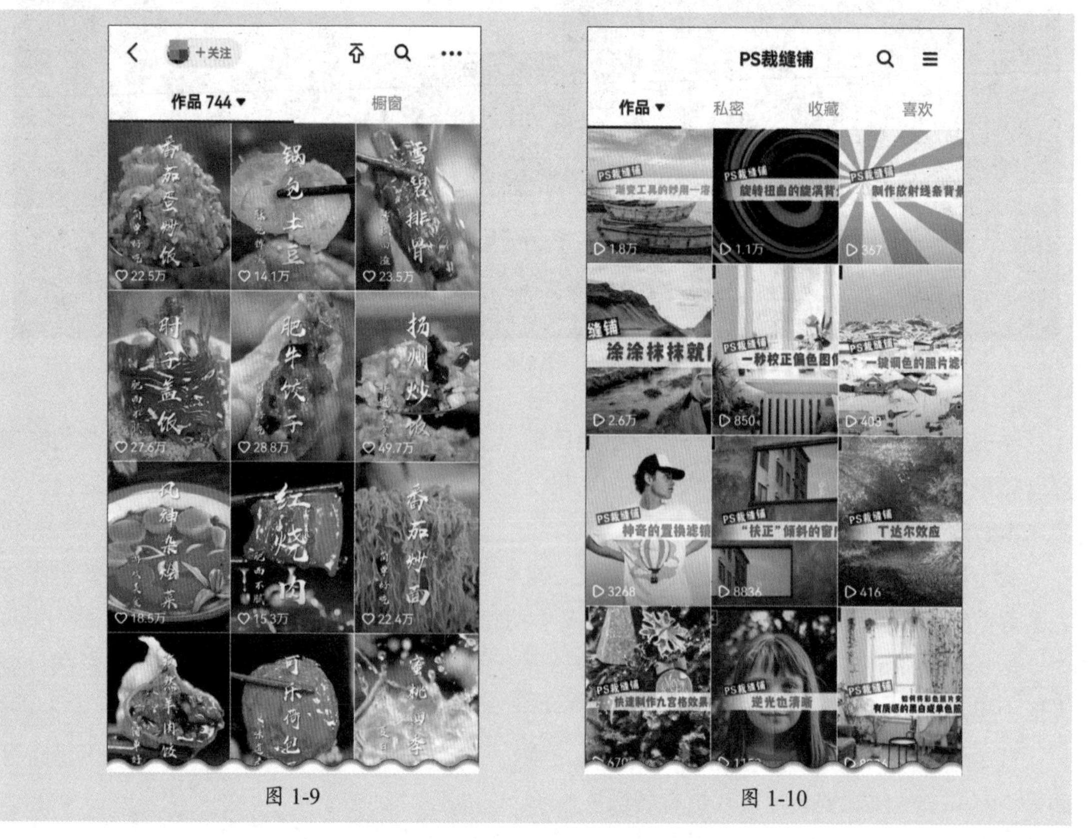

图 1-9　　　　图 1-10

3. 话题的选择

话题的选择关系着视频的内容能不能被相关领域的目标用户看见，短视频平台的每一个话题都代表一个群体流量池，在发布的作品中添加话题是为了让系统识别视频内容，然后推荐合适的话题流量池。

并不是添加的话题越多获得的系统流量越大。平台的流量分布是合集分配，如果为作品添加10个话题，系统会把作品分配到这10个话题都感兴趣的群体。因此，添加话题不必太注重数量，选择三四个话题添加即可。

选择话题时，大众性行业可以从行业词、垂直词、品牌词3个方向下手，小众性行业用户人群少，可以选择直接堆砌垂直的行业词。例如介绍办公软件操作技巧的小视频，可以从软件名称、内容方向等方面添加话题，如图1-11和图1-12所示。

图 1-11　　图 1-12

1.3 常用剪辑软件介绍

常用的视频剪辑软件可以从专业和日常使用两个方向进行分类，目前主流的专业剪辑软件包括AE、PR等，这些专业的剪辑软件通常还需要掌握PS、Au、C4D等用于辅助的软件。如果只是为了日常使用，也可以学习简单的视频剪辑工具，例如剪映、快影、喵影工厂等。

1.3.1 专业视频剪辑软件——AE和PR

在视频处理领域，AE和PR是比较常用的专业工具，它们都由Adobe公司开发，分别可以处理不同的剪辑任务。

1. AE

AE全称为Adobe After Effects，是一款专业的视频后期制作软件。主要功能包括合成、特效、调整、动画和文字。常用于影视后期制作、电视节目包装、广告宣传片制作、动画特效制作等，被广泛应用于电影、电视、广告等多个领域。此外，AE软件还可以用于设计UI界面、网页动态效果和游戏特效等领域，图1-13所示为使用AE处理视频的效果。

图 1-13

2. PR

PR全称为Adobe Premiere Pro，在广告、电影、电视剧制作等专业领域广泛应用。专业编辑人员可以利用其强大的功能实现高水平的剪辑和后期制作。PR主要功能包括剪切、合并、添加字幕、调色、音频处理等。其时间线编辑界面使编辑变得直观简单，同时支持多种视频格式，满足不同项目需求。此外，PR与其他Adobe软件无缝集成，可方便地进行素材交互和后期处理，图1-14所示为使用PR处理视频的效果。

图 1-14

1.3.2 智能编辑剪辑软件——剪映

专业剪辑软件功能强大，可满足各种复杂项目的需求，但是，对于新手用户来说可能需要一定时间的学习和适应。剪映、快影等智能视频剪辑软件则可以满足日常使用，而且操作简单，很容易掌握操作要领。

剪映是由字节跳动公司推出的一款免费视频剪辑软件，是一个多功能且易于使用的视频编辑软件，支持macOS、iOS、Android以及Windows版。

剪映上手非常简单，它并没有提供对普通人来说过于专业的功能，用户只需要拖动视频素材到窗口就可以直接剪辑，支持视频参数调节，支持多轨道。另外，剪映还提供内置的素材库，素材的类型包括视频、音频、文字、贴纸、特效、转场、滤镜等，用户无须再到视频素材网站中寻找素材，一键便可将素材库中的素材添加到视频中，即使是新手，通过简单的学习也能够快速制作出效果不错的视频。图1-15所示为使用剪映制作小视频的效果。

图 1-15

1.4 短视频剪辑基础

短视频即短片视频，通常是在互联网新媒体上传播的时长在5分钟以内的视频。随着移动终端的普及和网络的提速，短、平、快的大流量传播内容逐渐获得各大平台和粉丝的青睐。

1.4.1 短视频的构成要素

对于创作者来讲，短视频的构成要素是必须熟知的，主要包括选题、内容、标题、音乐和封面。

1. 选题

选题指短视频的内容主题，这是视频创作的第一步。好的选题不必使用太多制作技巧就能够获得大量推荐，反之将无功而返。选题的确立直接关系到作品的“生死”，在这一环节中常见的创作技巧便是“蹭热点”。

2. 内容

选题确立后，内容的创作即可提上日程。在制作内容时，可以图文展示，可以现场拍摄，可以动画演示，尤其是同一类型的选题，内容创作的技巧性影响着作品的表现力，表现手法更新颖的，视频爆火的可能性更大。技术派的作品通常拥有较高的认可度和播放量。在这一环节中最基础的便是掌握录屏操作方法。

3. 标题

制作好内容之后，就到了关键的阶段，为内容“取名”。标题是视频内容的高度概括，好的标题能够让人对内容一目了然。同时，对于视频中无法表现出来的情绪或升华的主题，也可以在标题中表达出来，起到画龙点睛的作用。为短视频设置标题的常用思路包括直接叙事、好奇心理、情感元素、从众法则、必备技能等。

4. 音乐

背景音乐的选择也是至关重要的，短视频之所以能够给人沉浸式的观看体验，背景音乐功不可没。对于创作者来讲，要学会保存爆款短视频背景音乐的习惯。

5. 封面

短视频封面需要以用户为核心，好的封面不仅能提升视频的打开率，还能提高账号的关注率。常见的封面设置技巧包括颜值型、内容型、故事型、悬念型、借势型等。

1.4.2 短视频剪辑的常规思路

对于短视频剪辑从业人员来讲，不仅要掌握工具的应用技能，还要熟悉剪辑视频的思路。

1. 提升视频输出的信息量

对于影视剧这种长视频来说，展现一个完整的故事情节很容易做到，并且还能够展现得淋漓尽致。但对于短视频来说，在几十秒钟内想讲清楚一件事情，那么视频输出的信息量就很大。视频信息量越大，留给观众的思考空间就越小，这有利于保持观众对视频的兴趣，有助于提高视频的完播率。

要在短时间内讲完某件事情，就势必要学会使用变速。变速就是让视频画面变快或变慢。一般视频关键信息可以用正常速度，甚至是慢速度播放，其他辅助信息可以加速播放。快慢结合，能够很好地突出关键内容，从而吸引观众的注意力。

2. 突显视频片段间的区别性

在视频片段的前后顺序不重要的情况下，尽量将画面风格、界别、色彩等方面区别较大的两个片段衔接在一起。区别大的画面会让观众无法预判下一个场景将会是什么，从而激发其好奇心。另外，区别性大的与相似的两个片段从视觉效果上来说，前者会更有优势。

3. 用文字强调视频的关键

在剪辑视频时，可以适当利用文字来强调内容的重点信息，以便观众能够更快地理解并消化视频内容。这种效果常用于娱乐综艺、人物访谈、纪录片、新闻资讯等类型视频中。图1-16所示为某美食博主分享的美食制作视频片段，该视频就利用了文字对制作的流程进行说明，使观众一目了然。

图 1-16

4. 用背景乐烘托内容

音乐是听觉意象，也是最能即时打动人的艺术形式之一。音乐在短视频中发挥着重要的作用，它既可以推进故事情节、烘托气氛，又能带动用户的情绪、引起共鸣、带来愉悦感。视频内容感觉单调的话，可以尝试选择一款合适的背景乐做陪衬，也许会有意想不到的效果。

当然，在选择背景乐时，需根据内容主题来定。还有很多新手在找到一首非常好听的音乐后，会将音乐声调得比较大，这种方法是不可取的。背景乐只是陪衬，视频内容才是主体，如果因为背景乐音量太大而影响了画面的表现就本末倒置了。尤其是用来营造氛围的背景音乐，其音量刚好能听到即可。

00:00:00

第2章 会拍摄，才能获取好素材

要想做出好的视频效果，其前提条件就是要学会如何拍摄视频。本章就以手机拍摄为例，介绍视频拍摄的相关技能，其中包含拍摄的器材、拍摄的基础知识、拍摄画面的构图方式、画面运镜方法等。

2.1 拍摄器材介绍

目前，市面上用于拍摄的器材有很多，对于没有拍摄基础的新手来说，这些器材使用起来会有些麻烦。下面对一些必备的拍摄器材进行说明，以帮助用户了解并学会使用这些器材。

2.1.1 常用的拍摄设备

说起拍摄，人们就会想起演播室或录影棚中体型较大的摄像机。这类摄像机具有图像质量高、性能全面等特点。按照摄像机的用途分类，该类摄像机属于广播级别的机型，如图2-1所示。除此之外，还有其他两种机型，分别为专业级机型和家用级机型。

专业级机型一般应用于广播电视以外的专业电视领域，例如电化教育等领域，其图像质量低于广播级机型。家用级机型一般用于家庭使用，适用于图像质量不高的非正式场合，例如家庭娱乐、户外旅游拍摄等，这类机型体积较小，重量较轻，便于携带，如图2-2所示。

图 2-1

图 2-2

现在，随着电子科学技术的迅猛发展，智能手机已成为人们生活学习不可缺少的一部分。那么利用手机来拍摄就成为了人们目前分享日常生活片段的主力军，如图2-3所示。

与其他拍摄设备相比，手机较为方便，自由度很高，能够随时随地记录自己身边发生的事。特别是对于一些突发事件，手机拍摄就发挥了它的重要性。此外，对于喜爱自拍的用户来说，没有比手机更有优势的拍摄设备了。

图 2-3

知识拓展

除了以上介绍的几种拍摄设备，用户还可以利用单反相机进行视频拍摄。单反相机的主要功能是摄影，当然，它也具有基本的录像功能，是可以满足人们日常视频拍摄的需求的。

2.1.2 常用的支架设备

为了防止拍摄的画面出现抖动，需要利用各种摄像支架设备来固定摄像机。对于专业级的摄像机来说，常用支架设备有三脚支架、摄像摇臂等，如图2-4所示。

图 2-4

手机拍摄常用的支架主要包括普通支架、自拍杆、稳定器等。其中普通支架又包括手机三脚架、桌面支架、八爪鱼支架等，如图2-5所示。

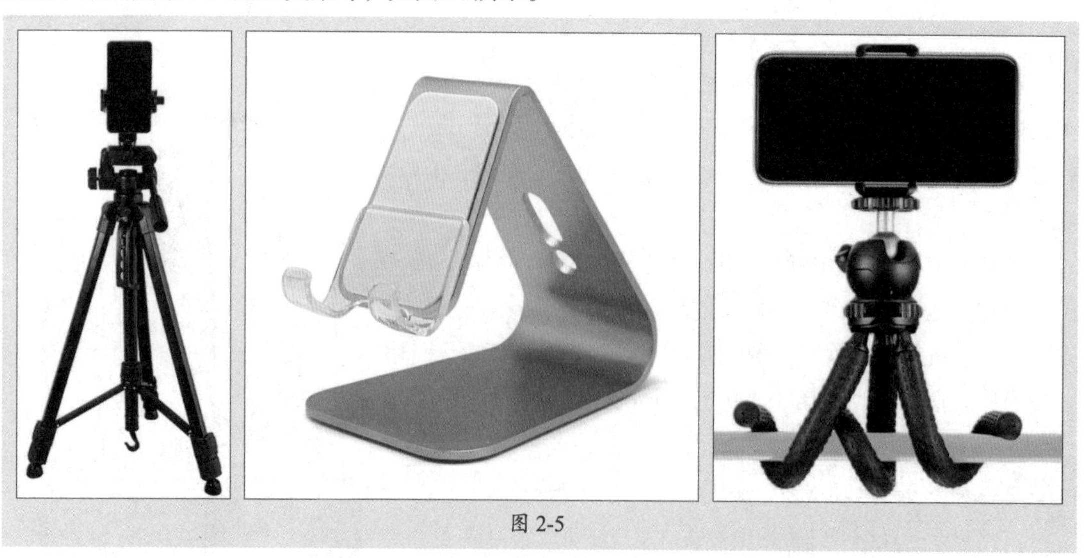

图 2-5

自拍杆可以说是手机拍摄或录像的神器，它可在20～120cm之间任意伸缩，拍摄者将手机固定在伸缩杆上，通过遥控器就能实现多角度自拍，如图2-6所示。

对于手持拍摄来说，稳定器能够保证手机屏幕的稳定性。拍摄者无论是站立、走动，还是跑步状态，加装稳定器后，都能拍摄出稳定的画面，或顺畅的视频，如图2-7所示。

图 2-6

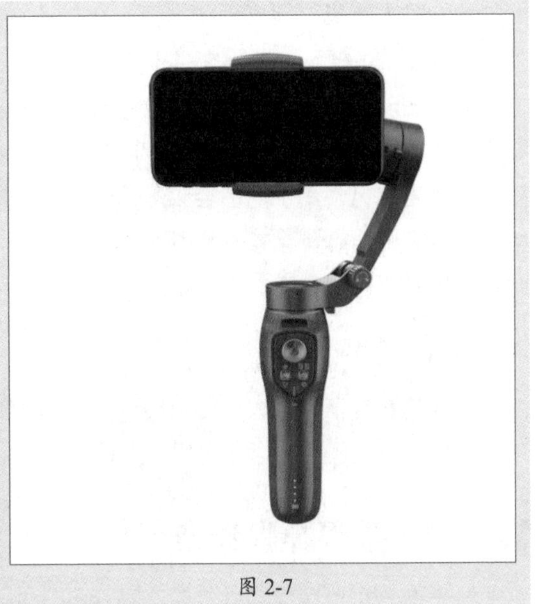

图 2-7

2.1.3 收音设备

在拍摄过程中声音的收录设备必不可少。选择合适的收音设备可以增强观众的代入感。目前常见的收音设备有两种，分别为麦克风和录音笔。

1. 麦克风

利用麦克风可将现场原声放大传播，让在场的观众都能够清晰地听到，常用于演讲、演唱、会议、户外拍摄等场合。麦克风的种类有很多，按照外形分可分为手持麦克风、领夹式麦克风、鹅颈式麦克风以及界面麦克风4种，如图2-8所示。

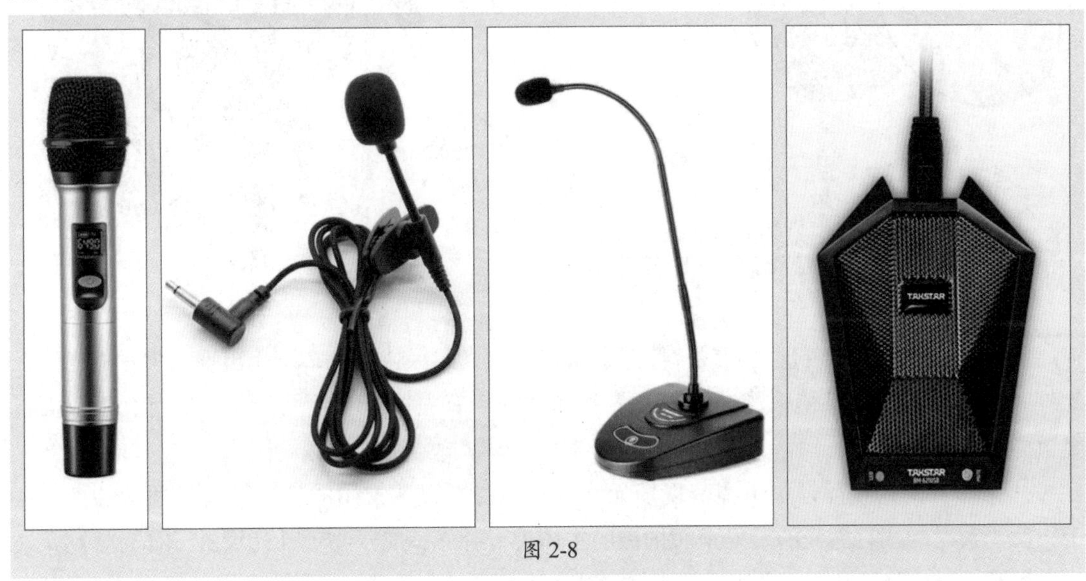

图 2-8

手持麦克风主要用于室内节目主持、演讲、演唱等场合。该类麦克风可增强主音源、抑制背景噪音，同时还可消除原声中的气流与噪音。

领夹式麦克风不需要手持，所以比较适合户外演讲、户外直播拍摄。该麦克风机身轻巧，外出携带非常方便，佩戴起来也不会造成负担。

鹅颈式麦克风主要用于室内会议场合。该麦克风收音准确并清晰，灵敏度高，因此无须紧贴嘴巴捕捉声音。鹅颈式麦克风可根据人物坐姿或站姿的角度来调整麦克风位置。

界面麦克风常用于电话会议场合。该类麦克风灵敏度超高，收音范围很大。圆桌会议时，所有参会者的声音都会被准确捕捉。但它很容易受到环境噪音的干扰，从而影响收音效果，因此在使用时要保持环境安静才可以。

2. 录音笔

录音笔具有存储量大、待机时间长、录制的音色较好等特点，录制时长可达20小时左右。一些高档录音笔还具有降噪功能，在拍摄视频时，经常会被用到。

2.1.4 拍摄补光设备

补光设备在拍摄现场也经常会被用到。当拍摄环境比较昏暗时，就需要利用补光设备对拍摄主体进行打光，以保持拍摄画面的美观程度。常用的补光设备有反光板、补光灯、外拍灯等，如图2-9所示。

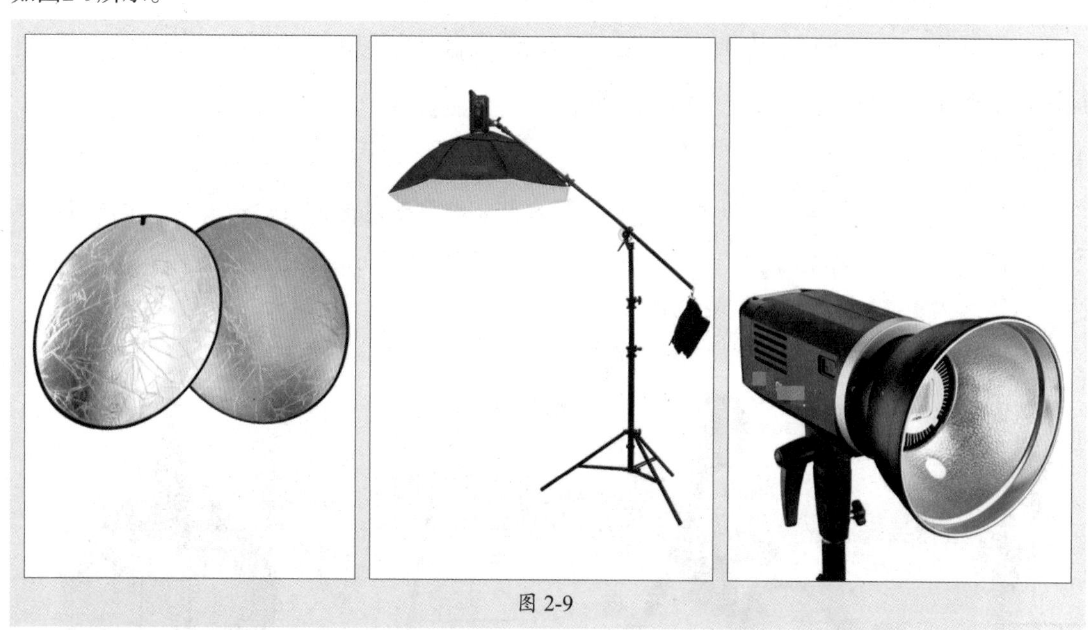

图 2-9

反光板常被用来改善现场光线，使拍摄主体上的光照保持平衡，避免出现太尖锐的光线。此外，使用反光板能够使平淡的画面变得更加饱满，有立体感。常见的反光板有金银双面折叠板。

补光灯与反光板都是用于调节现场光线的，是摄影摄像常用的补光设备。两者的区别在于，反光板是利用自然光的反射来对拍摄的主体进行补光，属于物理补光设备。补光灯则是通过直接光源进行补光。相对来说，补光灯的补光效果更稳定一些。

同样，外拍灯也属于补光设备的一种。当拍摄环境的光线无法满足拍摄需求时，可使用外拍灯进行调节。尤其在夜间进行户外拍摄时，外拍灯是必不可少的设备。

2.2 拍摄基础技能

掌握一定的拍摄基础是学习摄像的首要条件。拍摄基础包括拍摄姿势、对焦与测光设置、基本的拍摄参数以及拍摄场景的布置与灯光处理等。下面对这些知识进行简要说明。

2.2.1 拍摄稳定的画面

稳定的画面是视频拍摄的基本技能之一。摇摇晃晃的画面会让人看起来非常不舒服。那么如何能够在拍摄时，保持画面的稳定呢？用户可以借助2.1.2节介绍的三脚架或稳定器进行拍摄。除此之外，掌握正确的持机拍摄姿势也很重要。下面以手机拍摄为例来介绍两种持机方式。

1. 双手持机

如果需要手机横向拍摄，那么双手握住手机是最佳的拍摄姿势。双手横握手机，左右手的大拇指分别托住手机下边缘，左右手的食指握住手机上边缘，其余3根手指自然地握住手机左右两侧边缘，将手机正好放置在双手之间即可，如图2-10所示。

图 2-10

在拍摄移动的场景时，摄像者尽量保持脚步平稳以及匀速运动。身体在移动的过程中，最好膝盖半弯曲，脚跟先着地，这样可以最大程度地过滤掉走动时带来的抖动感。

在移动拍摄过程中，双手持机的同时，手臂最好夹紧身体，保持手臂和身体同时移动，这样能够靠身体的稳定性来增强手机的稳定。千万不能只移动手腕来进行拍摄，否则拍出来的画面会比较抖。

2. 单手持机

采用竖屏构图方式时，就需用一只手握住手机拍摄，如图2-11所示。这种姿势的稳定性就略差一些，摄像者可利用身边一切可支撑的物体，例如，桌椅、栏杆、石墩等，以保证单手持机的稳定性。当单手持机时，若不方便按快门拍摄，可握住手机，将拇指放置在手机音量键处，按音量键进行拍摄，如图2-12所示。

图 2-11

图 2-12

2.2.2 对焦与测光

无论是用摄像机还是手机进行录像，最基本的要求就是：对焦要清楚，保证画面不模糊；曝光要准确，不能过度曝光，也不能欠曝光。因此对焦与测光是拍摄要掌握的基本技能。下面以手机摄像为例来介绍手机对焦与测光的基本操作。

1. 画面对焦

开启手机录像功能后，手机会自动对画面的主体进行对焦和测光。自动对焦模式下，对焦区域默认位于画面中间，在对焦区域中优先对焦距离相机最近的物体。图2-13所示是相机自动对焦画面。

如果用户想要聚焦画面中某个主体物，只需在画面中点击该物体，此时会出现一个对焦框以及太阳图标，说明所选对焦点已完成了自动对焦。图2-14所示是将对焦点选中画面右侧的零食袋，可以看出零食袋上的文字清清楚楚，左侧的绿萝则相对有些模糊。相反，如果将对焦点选中绿萝，那么零食袋就会变得模糊不清，如图2-15所示。

图 2-13

图 2-14

图 2-15

2. 画面测光

正常情况下，手机会自动进行测光。如果在录像过程中用户感觉到画面光线变暗或变亮，那么可以手动调整测光值。画面对焦后，滑动对焦框右侧小太阳图标即可调整画面光线。

向上滑动太阳图标，可增加曝光，让画面变得更亮，如图2-16所示；向下滑动，则减少曝光，画面会变得灰暗，如图2-17所示。

图 2-16

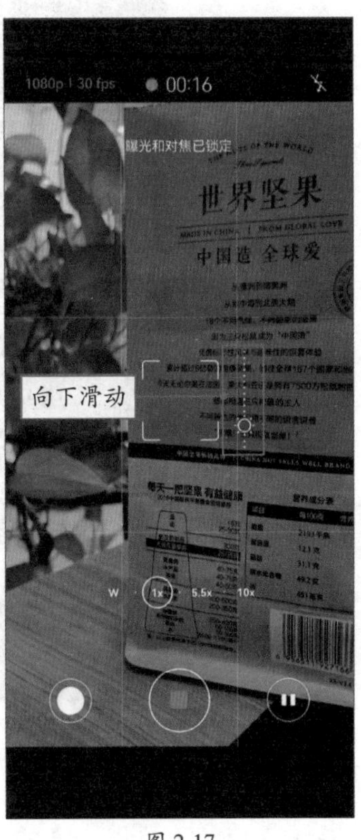

图 2-17

2.2.3 设置视频拍摄参数

在开始拍摄视频前，需要对 些必要的拍摄参数进行设置，以便拍摄出理想的视频画面。下面对手机拍摄常规参数的设置进行介绍。

1. 帧率

每秒播放24张以上的连续画面，就会让人感觉画面动了起来，这就形成了视频。视频帧率是指1秒钟的视频由多少张照片组成，它是用来衡量视频流畅度的关键参数。目前，手机录像帧率有很多种，常规录像帧率为30帧/秒和60帧/秒这两种。

30帧/秒的帧率是常规标准。它可提供平滑的视频录制，并且对于动作较慢的场景（如日常生活、普通对话等）效果良好。此外，30帧/秒的录像只需少量的存储空间，并且在一些较老或低性能的设备上播放更流畅。

60帧/秒的录像帧率可提供更加流畅的视频，比较适用于快动作场景。例如录制运动画面，选择60帧/秒的帧率更适合。但60帧/秒的帧率会占用更多的手机存储空间，并且对手机的性能要求会高一些。

以华为手机为例，进入录像模式后，点击右上角的“设置”按钮，在“设置”界面中选择“视频帧率”选项即可选择相应的帧率值，如图2-18所示。

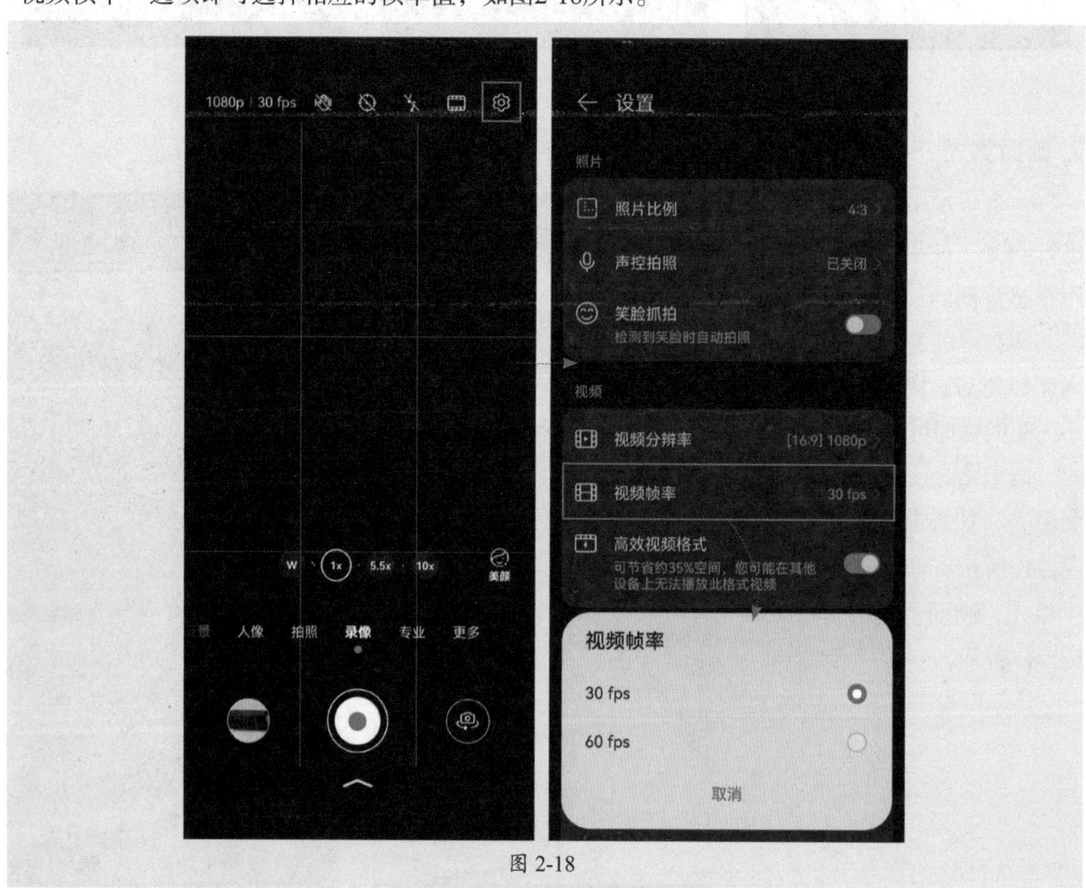

图 2-18

视频帧率的选择对视频质量有直接的影响。一般来说，帧率越高，视频质量越好。帧率也不是越高越好，还要综合考虑视频的其他参数，如码率、压缩格式、分辨率等。

2. 分辨率

在看视频时，通常会有清晰度这个选择项，有720p、1080p、4K等参数可选。这里的参数就是指视频的分辨率。目前视频网站主流的为1080p的分辨率，在用手机拍摄视频时，最常用的就是4K和1080p的分辨率，4K视频的分辨率大小为3840像素×2160像素，1080p的分辨率大小则为1920像素×1080像素。在“录像”模式的“设置”界面中可选择“视频分辨率”选项进行设置，如图2-19所示。

图 2-19

如果视频内容很短，那么就可以选择4K分辨率进行拍摄，这样在后期剪辑时可进行二次构图，在导出时选择主流的1080p导出，不会影响到画面清晰度。

注意事项

4K分辨率会占用大量的存储空间，在后期剪辑时，过长的视频内容会造成剪辑软件的崩溃，所以如果要录制长视频，就不建议使用4K的分辨率。

那么对于录制长视频，建议选择1080p分辨率。

3. 画面比例

画面比例指的是视频画面的宽度和高度之比。早期电子屏幕的画面比例为4：3标准屏，目前主流的屏幕画面比例为16：9宽屏显示。电影屏幕则比普通电子屏幕更宽，甚至可达到2.35：1。那么用户在使用手机拍摄时，建议选择默认的16：9的比例即可。图2-20所示的是[16：9]1080p参数拍摄的画面。

图 2-20

知识拓展

在录制模式的“设置”界面中开启“高效视频格式”功能，可以提升视频的兼容性，让其更加适配不同的播放软件和剪辑软件。

2.2.4 三种视频表现形式

通常视频拍摄有三种表现形式：常规视频、慢动作视频以及延时拍摄。下面分别对这三种形式进行简单介绍。

1. 常规视频

常规视频是以正常速度播放的视频，视频帧率为30帧/秒。该视频与人眼看到的效果同步，能够记录最真实的画面动作。手机进入到“录像”模式后，点击按钮可开始录制视频，如图2-21所示。

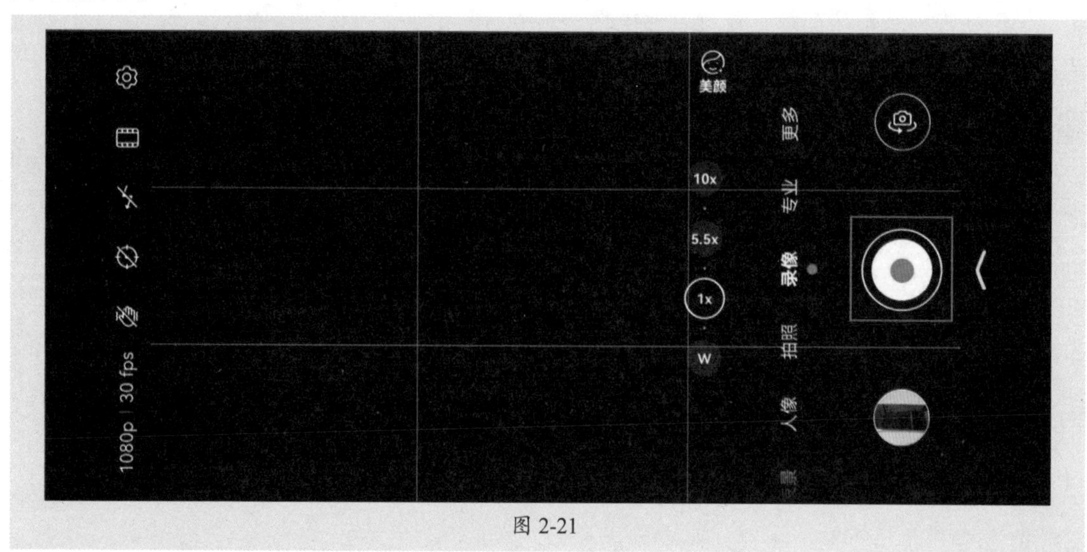

图 2-21

在录制的过程中，点击右下角的“拍照快门”按钮，可随时拍摄画面中的静态照片，从而不错过任何精彩的瞬间，如图2-22所示。

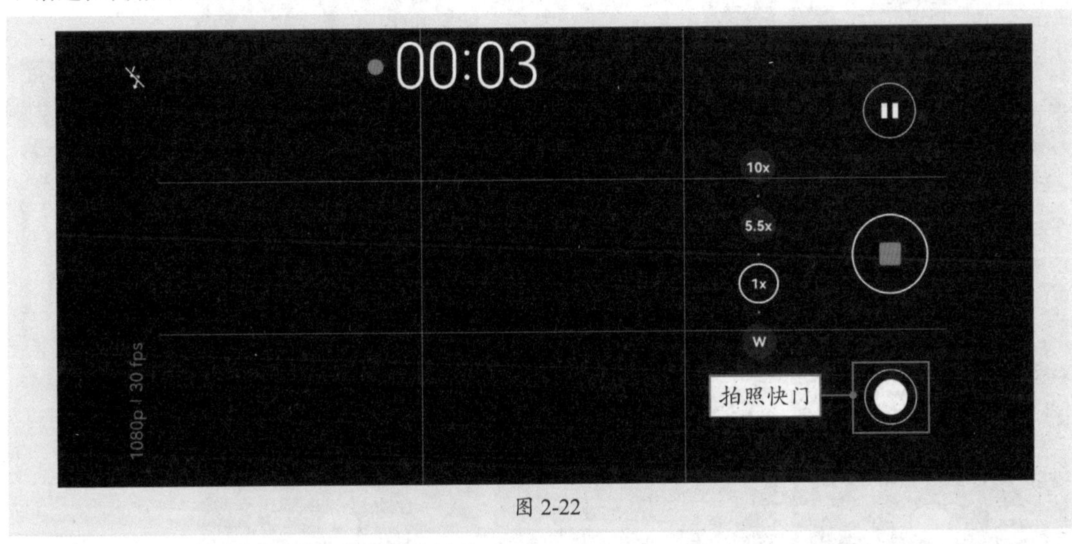

图 2-22

2. 慢动作视频

慢动作视频的播放速度较慢，其视频帧率通常为120帧/秒以上。慢动作视频可以拍摄出人眼观察不到的奇妙景象。例如，雪花飘落、水花四溅、牛奶打翻、人物面部细微表情变化等，图2-23所示是手挤柠檬的慢动作截图。

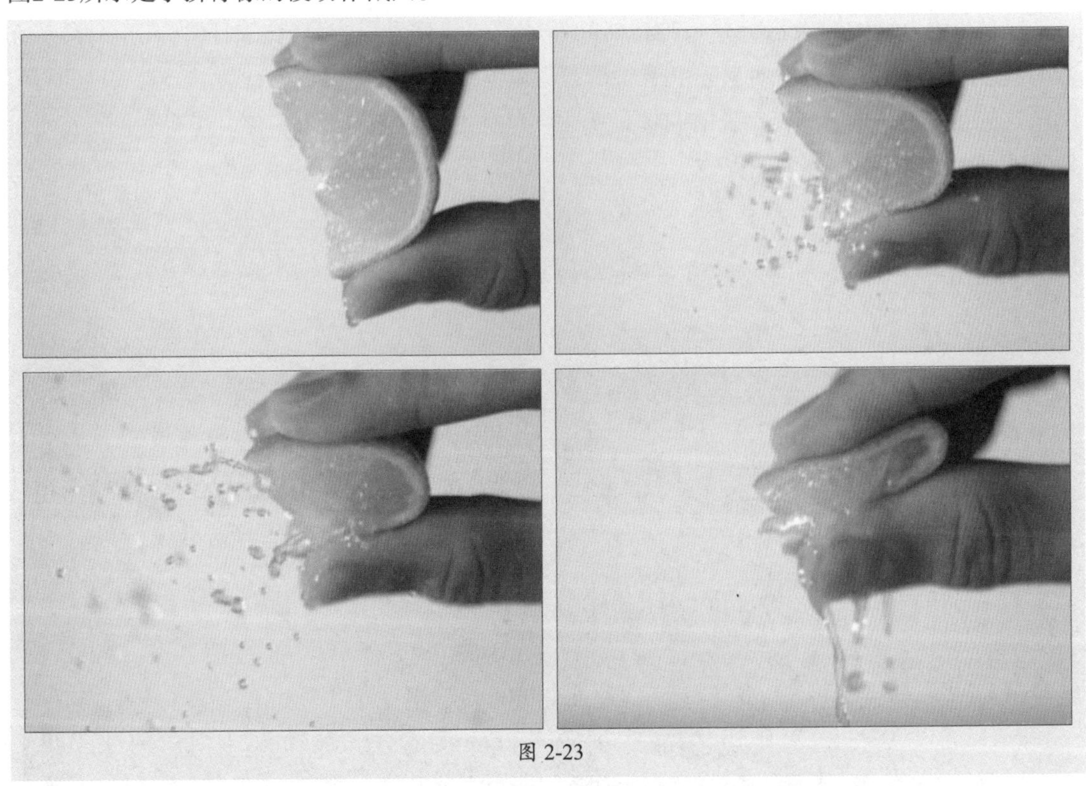

图 2-23

进入手机相机界面，选择“更多”选项开启“慢动作”模式，根据需要调整速率（4～32x），速率越高，慢放效果越明显。视频帧数可控制在120～960帧/秒，设置完成后点击◉按钮即可，如图2-24所示。

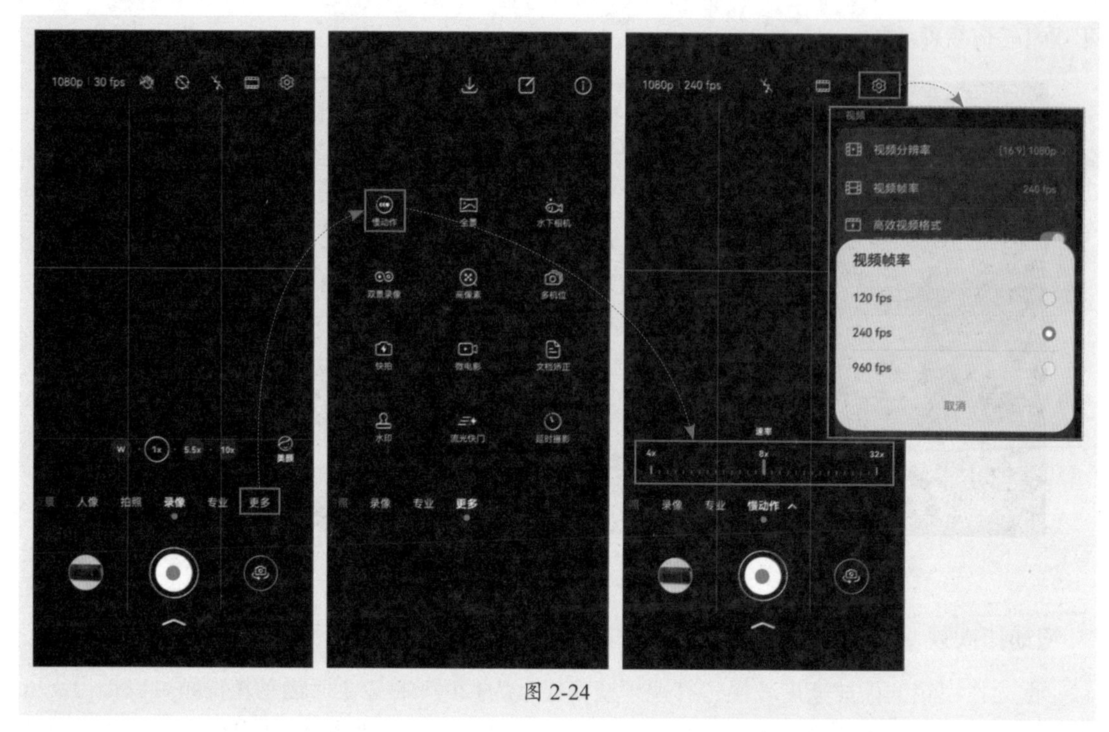

图 2-24

3. 延时拍摄

延时拍摄又叫缩时录影，是一种将时间压缩的摄像技术，它可将长时间（几小时甚至几天）记录的画面压缩为几分钟甚至几秒钟的视频画面。常用于拍摄日出日落、云卷云舒的自然风光，花开花落、烘焙烹饪等长时间场景变化，以及川流不息的人群车流，等等，图2-25所示是暴风雨来临到结束的视频过程。

图 2-25

在相机界面中，选择“更多”选项并开启“延时摄影”模式，点击“自动”按钮可更改速率、录制时长等参数，如图2-26所示。

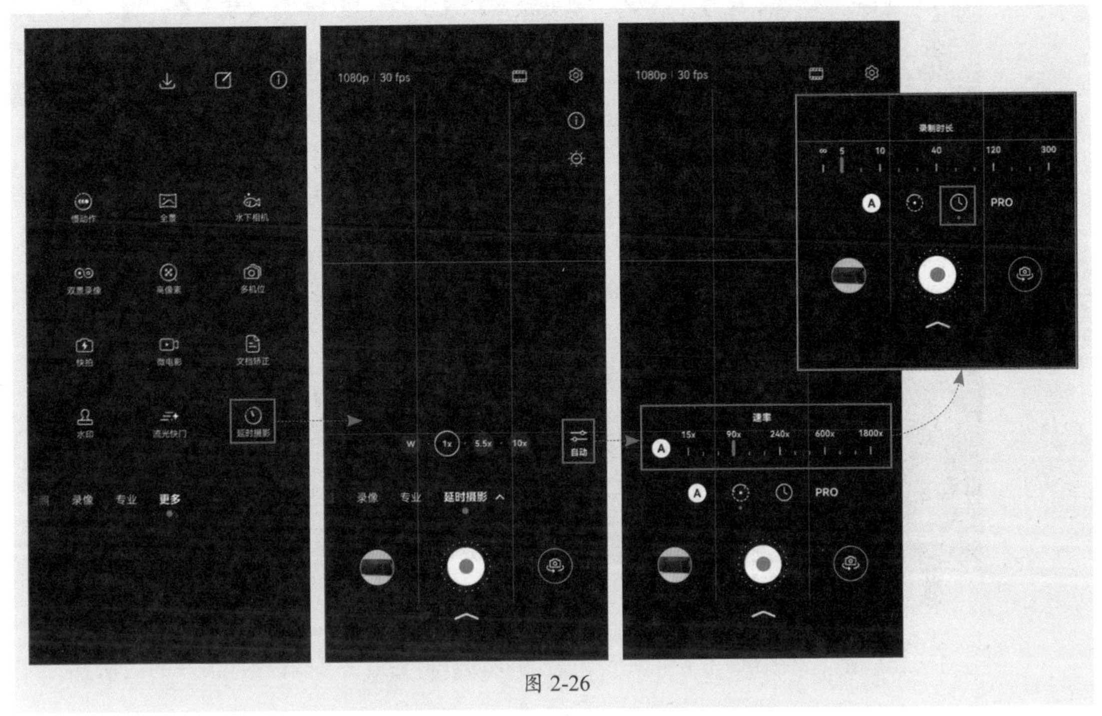

图 2-26

用户可根据不同主题来选择不同的速率参数，常规速率参数如下。

- 15x速率抽帧时间为0.5s，拍摄车流、行人。
- 60x速率抽帧时间为2s，拍摄云彩。
- 120x速率抽帧时间为4s，拍摄日出日落。
- 600x速率抽帧时间为20s，拍摄银河。
- 1800x速率抽帧时间为60s，拍摄花谢花开。

注意事项

拍摄延时摄影，因为长时间拍摄，需将手机调成飞行模式，避免通话打扰而前功尽弃。在题材选择上选择变化比较大的地方拍摄，变化不大的场景成像不好。

2.3 基本构图美学

构图可以理解为画面的取景，画面中每一个对象都是构图中的元素。通过不同的构图方式，可以突出不同的主体物，增强画面展现效果。下面介绍几种经典的构图方式，以供用户参考使用。

2.3.1 中心构图

中心构图是最简洁，也是最常用的一种构图方法，它把主体放置在画面视觉中心，形成视觉焦点。这种构图方式的最大优点在于主体突出、明确，而且画面容易取得左右平衡的效果，如图2-27所示。

图 2-27

中心构图法比较适合微距特写，尤其是包裹的花瓣或叶片，本身就具有很好的层次感，能产生一种内在的向心力、平衡力。

2.3.2 九宫格构图

九宫格构图（俗称井字构图）就是竖横各画两条直线组成一个“井”字，画面被均分为九个格。竖线和横线相交得到4个点，被称为黄金分割点，它也是画面的视线重点所在。用户将画面主体物放置在任意一个黄金分割点即可，如图2-28所示。

图 2-28

在利用手机摄像时，可开启参考线功能进行辅助拍摄。进入手机相机界面，点击“设置”按钮，打开“参考线”功能，此时九宫格参考线就会显示在相机界面中，如图2-29所示。

图 2-29

2.3.3 横、竖构图

在拍摄时，横构图是最常使用的构图方式，常用比例为4：3，左右宽幅较大，符合人眼的视觉习惯，如图2-30所示。横构图适用于拍摄山川大河、户外壮丽风光以及需要展示情节画面的人或物。

相比较横构图，竖构图会使视野变窄，但可以使画面更加干净，主体也更加明确。由近至远，通过前后景对比可以更加直观地表现景物的纵深感与立体线条感，如图2-31所示。竖构图适用于拍摄人物肖像、高耸的建筑物、高大的树木、花卉景物等。

图 2-30　　图 2-31

当拍摄的场景、主体和内容不同时，可灵活地选择构图方式，以获得更好的呈现效果。

2.3.4 框架构图

框架构图指的是利用各种“框架”，将画面主体物放在框架中进行拍摄。这种构图方式能够很好地聚焦人们的视点，强调画面的主体。这里的框架可以有很多，例如拱桥、拱门、门洞、山洞、各种缝隙等，如图2-32所示。

图 2-32

如果当时环境不具备框架条件，可利用一些人为制造的框架进行构图。例如，用手机作为框架进行拍摄，有种画中画的神奇效果。利用车镜、化妆镜等各类镜面营造一个框架，同样也可以起到聚焦画面的作用，这种构图方式会更有意思，如图2-33所示。

图 2-33

框架构图可以突出画面的主体，增加画面的层次感，但在使用时也要注意以下两点。

- 选择的框架要简洁，要有美感。简洁的框架能够更好地体现画面的主体物，而不会破坏画面。

- 不能为了“框”而“框”。在拍摄时，要观察是否有必要使用框架构图。很多时候画面构图已经很完美，这时可以果断舍去框架，以免弄巧成拙，影响效果。

2.3.5 对称构图

对称构图是指按照一定的对称轴或对称中心，使画面中的景物形成轴对称或者中心对称。此构图比较常见的有建筑、隧道等。

对称构图能给人秩序感，让人产生严肃、安静、平和的感受，其色彩、影调、结构都蕴含着平衡、稳定的美。常见的对称元素有建筑对称、倒影对称、线条对称等，图2-34所示的是建筑式对称结构，图2-35所示是线条式对称结构。

图 2-34

图 2-35

2.3.6 对角线构图

对角线构图是指主体沿画面对角线方向排列，表现出动感、不稳定性或生命力的感觉。不同于常规的横平竖直，对角线构图可以使画面更加饱满，视觉体验更加强烈，如图2-36所示。

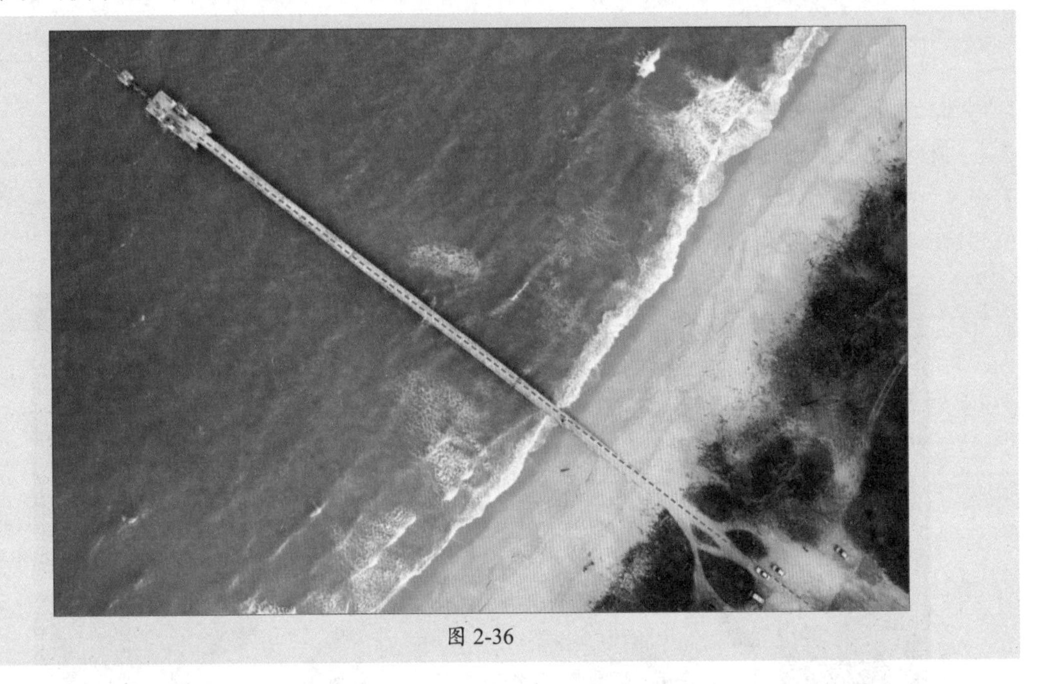

图 2-36

2.3.7 引导线构图

引导线构图是指利用线条引导观者的目光，使之汇聚到画面的焦点。引导线不一定是具体的线，凡是有方向的、连续的物体，都可以称为引导线，例如，X形交叉、C形包围、S形弯曲、H形平行、A形汇聚分散等。此构图比较常见的有道路、河流、颜色、阴影等，如图2-37所示。

图 2-37

2.4 视频拍摄景别

景别是指主体物在屏幕框架结构中所呈现出的大小和范围。景别分为远景、全景、中景、近景和特写这几个级别，如图2-38所示。

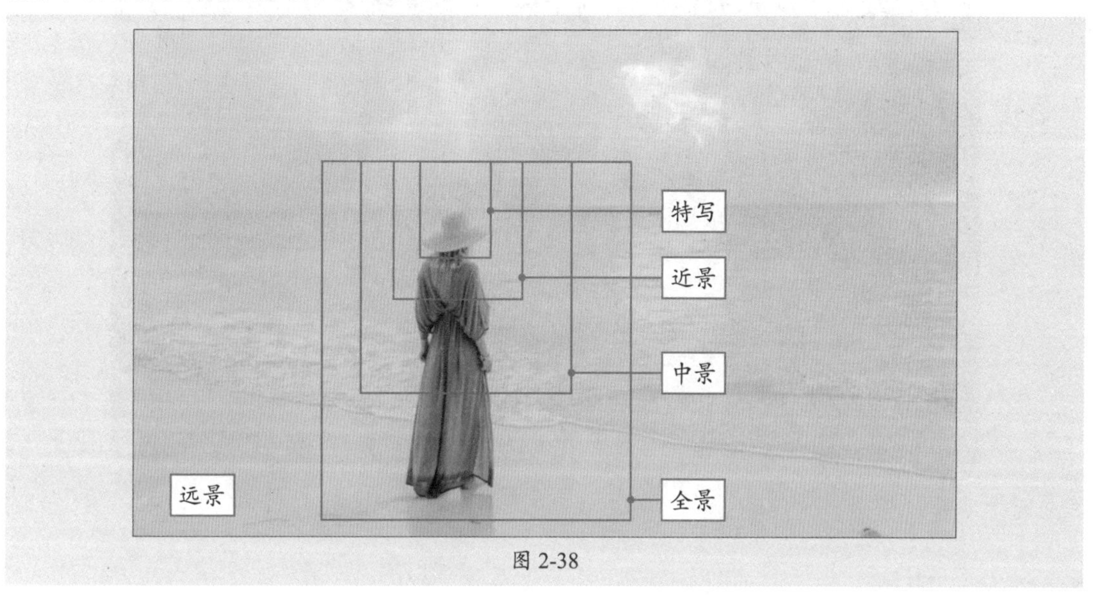

图 2-38

2.4.1 远景

远景主要展现主体物周围的环境，可以表现宏大的自然景观，常用于拍摄环境、需要展现气氛与气势的场景。其中主体物所占比重较小或者无。远景可以分为大远景和远景两种，大远景相对来说画面视野更加开阔，如图2-39所示。

图 2-39

2.4.2 全景

全景的拍摄范围小于远景，主要是突出画面主体物的全部面貌，例如主体人物的全身、体形、衣着打扮、面貌特征等。与远景相比，全景有明显的内容中心和结构主体，如图2-40所示。

图 2-40

2.4.3 中景

中景主要展示主体人物膝盖以上部分或某一场景的局部画面。与全景相比，范围比较紧凑，环境为次要地位，主要抓取主体物的明显特征，如图2-41所示。

图 2-41

2.4.4 近景

近景主要表现人物胸部以上或主体物的局部画面，与中景相比，画面会更加单一，环境和背景为次要地位，需将主体物放于视觉中心，如图2-42所示。

图 2-42

在拍摄近景时，往往需要更加靠近主体物，由于手机的镜头都是定焦镜头，所以需要依靠走动来改变景别的效果。

2.4.5 特写

特写是展示主体物一个局部的镜头，常用于拍摄主体物的细节，或人物某个细微的表情变化。特写要近距离靠近主体物，所以取景范围很小，画面内容比较单一。与其他景别相比，特写会彻底忽略背景与环境，如图2-43所示。

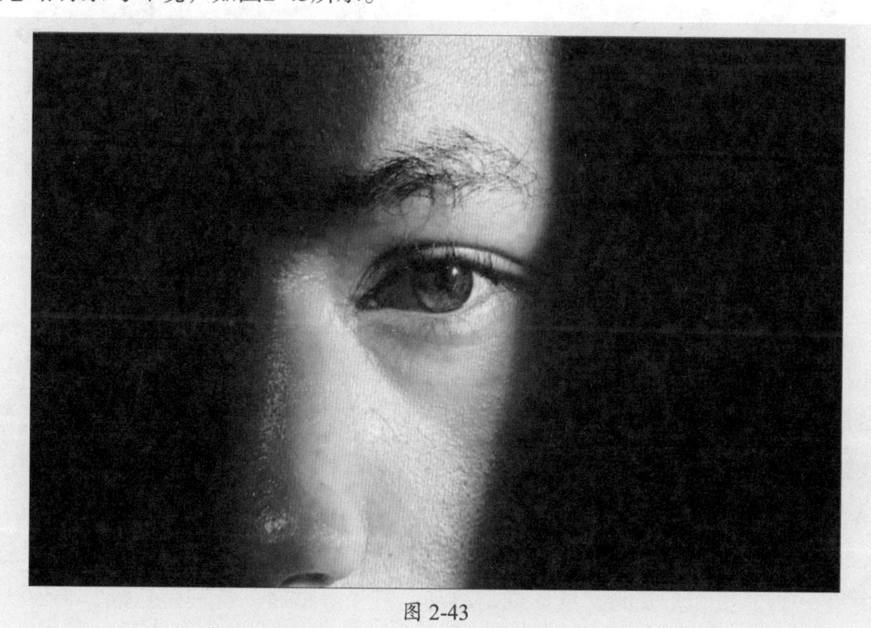

图 2-43

在拍摄特写镜头时，一定要设置好对焦距离，否则画面会模糊不清。

2.5 基本运镜技巧

运镜是指拍摄时移动摄像机，也称移动镜头，它是视频拍摄中不可缺少的一个环节。一个好的运镜拍摄可以为视频增添无穷的魅力，所以掌握一些运镜技能对于视频拍摄来说是很有必要的。

2.5.1 推镜头

推镜头是摄像机向主体物方向推进，或变动镜头焦距，让主体物在画面中的比例逐渐变大的拍摄方法，也是最常见的一种运镜方法，如图2-44所示。推镜头可以突出拍摄的主体，让视频更有代入感。常用于视频开场片段。

图 2-44

推镜头在视频中起到的作用如下。

- 推镜头在推向主体物的同时，取景范围由大到小，随着次要部分不断移出画外，所要表现的主体部分逐渐“放大”并充满画面，因而具有突出主体人物、突出重点的作用。
- 推镜头在一个镜头中从特定环境中突出某个细节或重要情节，使其具有说服力。
- 推镜头可表现整体与局部的关系，表现特定环境中特定人物的作用，强调重点。
- 平缓的推镜速度，能够表现出安宁、幽静、平和、神秘等氛围。急促的推镜速度，则能显示出一种紧张和不安的气氛，或是激动、气愤等情绪。特别是急推，画面从稳定状态到急剧变动，继而突然停止，会使画面具有很强的视觉冲击力。

2.5.2 拉镜头

拉镜头与推镜头正好相反，它是沿着摄像机拍摄的方向，由近及远地从视觉上慢慢远离主体物，主体物的位置不动，使观众在视觉上产生宽阔舒展的感觉，如图2-45所示。

图 2-45

拉镜头在视频中起到的作用如下。

- 拉镜头可表现主体与所处环境的关系。
- 拉镜头取景范围和表现空间是从小到大不断扩展的，使画面构图形成多结构变化。
- 拉镜头是一种纵向空间变化的画面形式，它可以通过纵向空间和纵向方位上的画面形象形成对比或反衬等效果。
- 拉镜头在一个镜头中景别连续变化，保持了画面表现空间的完整性和连贯性。
- 拉镜头内部节奏由紧到松，与推镜头相比，较能发挥感情上的余韵，产生许多微妙的感情色彩。
- 拉镜头常被用作结束性和结论性的镜头。
- 拉镜头常作为转场镜头。

2.5.3 移动镜头

在拍摄过程中，镜头沿水平方向按一定轨迹移动拍摄为移动镜头，如图2-46所示。移动镜头的画面具有一定的流动感，可以打破画面的局限，扩大空间，使人置身于画面中，更有艺术感染力。常用于场景衔接，以及人物、物体、景点介绍等。

图 2-46

移动镜头在视频中起到的作用如下。

- 移动镜头通过摄像机的移动可以开拓画面的空间，创造出独特的视觉艺术效果。
- 移动镜头在表现大场面、大纵深、多景物、多层次的复杂场景时具有气势恢宏的造型效果。
- 移动摄像可以表现某种主观倾向，通过有强烈主观色彩的镜头表现出更为生动的真实感和现场感。
- 移动摄像可形成多样化的视点，可以表现出各种运动条件下的视觉效果。

2.5.4 摇动镜头

摇动镜头是指在拍摄过程中手机的位置保持不变，借助手机稳定器上下、左右旋转拍摄，如图2-47所示。常用于整体环境人物、物体的介绍，以及山水、城市、宴会、天空、海洋等场景。

图 2-47

摇动镜头在视频中起到的作用如下。

- 摇动镜头可以展示空间，扩大视野。
- 摇动镜头可通过小景别画面包容更多的视觉信息。
- 摇动镜头能够介绍、交代同一场景中两个主体的内在联系。
- 利用性质、意义相反或相近的两个主体，通过摇动镜头把它们连接起来，表示某种暗喻、对比、并列、因果关系。
- 在表现三个或三个以上主体或主体之间的联系时，镜头摇过时或做减速，或做停顿，以构成一种间歇摇。
- 在一个稳定的起幅画面后利用极快的摇速使画面中的形象全部虚化，以形成具有特殊表现力的甩镜头。
- 摇动镜头也是画面转场的有效手法之一。

2.5.5 跟随镜头

跟随镜头是指在拍摄过程中镜头跟随运动的主体运动，如图2-48所示。跟随镜头常用于表现人物连续的动作或表情以及主体的运动变化。

图 2-48

跟随镜头在视频中起到的作用如下。

- 跟随镜头能够连续而详尽地表现运动中的被摄主体，它既能突出主体，又能交代主体运动方向、速度、体态及其与环境的关系。
- 跟随镜头跟随被摄对象一起运动，形成一种运动的主体不变、静止的背景变化的造型效果，有利于通过人物引出环境。
- 从人物背后跟随拍摄的跟随镜头，由于观众与被摄人物视点的统一，可以表现出被摄人物的主观感受。

2.5.6 环绕镜头

在拍摄过程中镜头围绕主体进行旋转拍摄，可全方位展示拍摄主体，如图2-49所示。常用于巡视环境和人物、展示商品等。

图 2-49

环绕镜头在视频中可通过运镜突出主体，让短视频画面更有张力。通常会使用稳定器、旋转轨道、无人机等辅助设备，达到突出主体、展现主体与环境之间的关系，或人物与人物之间的关系目的，营造出独特的艺术氛围。

2.5.7 升降镜头

升降镜头是指在拍摄过程中镜头随拍摄者上升或者下降拍摄，如图2-50所示。常用于表现主体的全貌以及人物感情状态的变化。

图 2-50

升降镜头在视频中起到的作用如下。

- 升降镜头有利于表现高大物体的局部。
- 升降镜头有利于表现纵深空间中的点面关系。
- 升降镜头有利于展示事件或场面的规模、气势和氛围。
- 利用升降镜头可以实现一个镜头内的内容转换与调度。
- 升降镜头的升降运动可以表现出画面中人物感情状态的变化。

新手答疑

1. Q：特殊视角构图方式是什么样的？

A： 特殊视角是指用非常规视角所拍摄的画面，例如俯拍、仰拍、低角度拍摄等。利用这些独特视角进行拍摄可以提高画面的视觉冲击力，画面会更有趣。

俯拍是拍摄人在高地以俯视角度进行拍摄，这样可以表现出远、近景物层次分明的空间感。仰视与俯视相反，拍摄人在地平线上以仰视角度进行拍摄。仰拍适合拍摄建筑、树林、天空等，通过高低、大小的对比，突出拍摄主体的高大感和压迫感。低角度是指在低于视平线以下的角度进行拍摄，该角度不仅可以营造出视觉冲击力，还可以令画面变得更加稳定，如图2-51所示。

图 2-51

2. Q：运镜方式中，甩镜和晃镜是什么意思？

A： 甩镜是指一个画面结束后，镜头急速摇转向另一个方向，中间摇转的过程中拍摄下来的内容模糊不清。这个过程比较符合我们人眼的视觉习惯。利用甩镜可以强调空间的转换和同一时间内，不同场景所发生的并列情景。

晃镜是指在拍摄过程中摄像机机身做上、下、前、后摇摆拍摄，常用作主观镜头，产生强烈的震撼力和主观情绪，如精神恍惚、车辆颠簸等。该镜头在实际中运用得较少。

3. Q：移动镜头与跟随镜头很相似，如何区分？

A： 移动镜头与跟随镜头都可表现空间的完整统一，也都能表现出人物的心理情绪。移动镜头是摄影机沿水平方向移动，跟随镜头则是摄影机跟踪运动的主体进行拍摄。

00:00:00

第3章 剪映，短视频首选工具

剪映是抖音官方推出的一款强大的手机视频编辑工具，支持变速，有多种滤镜和美颜的效果，以及丰富的曲库资源。支持在Android、macOS、Windows等操作系统终端使用。本章将从剪映的入门知识开始，逐步介绍各项功能的使用方法。

3.1 初识剪映

剪映专业版拥有清晰的工作界面以及强大的面板功能，操作简单，能够满足用户的各种剪辑需求。

3.1.1 了解剪映工具

想要剪辑出好的视频，首先要对视频编辑工具有足够的了解，熟悉软件的各项功能，并能熟练地运用。

剪映分为手机版和专业版（用于计算机端），与手机版相比，剪映专业版拥有更清晰的操作面板，由于界面更大，操作起来也更加方便。

1. 基本功能

剪映专业版包含全面的剪辑功能，其中一些常用的功能如下。

（1）分割

分割功能可以将一段视频分割成两段或多段，如图3-1所示。

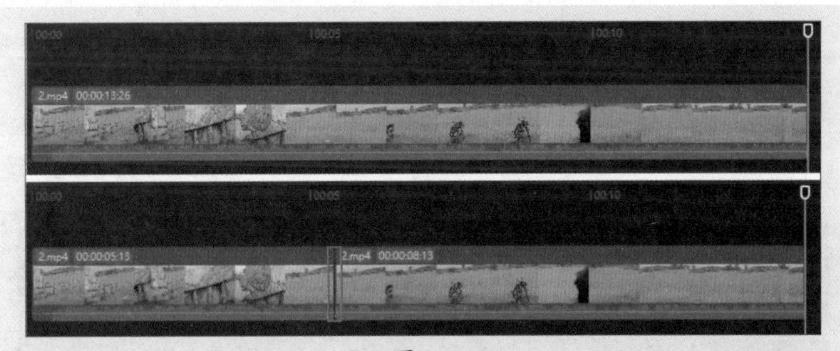

图 3-1

（2）裁剪

裁剪功能包括向左裁剪和向右裁剪。向左裁剪可以将时间轴左侧的内容删除，向右裁剪则可以将时间轴右侧的内容删除，如图3-2所示。

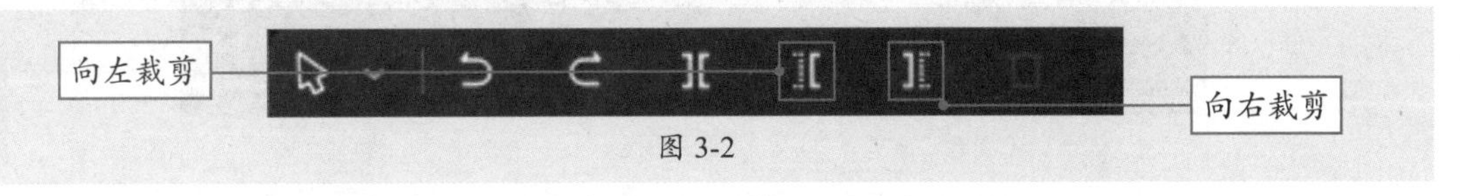

图 3-2

（3）关闭原声

关闭原声功能可以将视频自带的音频关闭，然后添加音乐或其他旁白声音，如图3-3所示。

图 3-3

（4）变速

变速功能自由掌控视频的播放速度，可以设置快放或慢放。例如树叶飘落的片段可以设置慢放效果，增加氛围感，如图3-4所示。

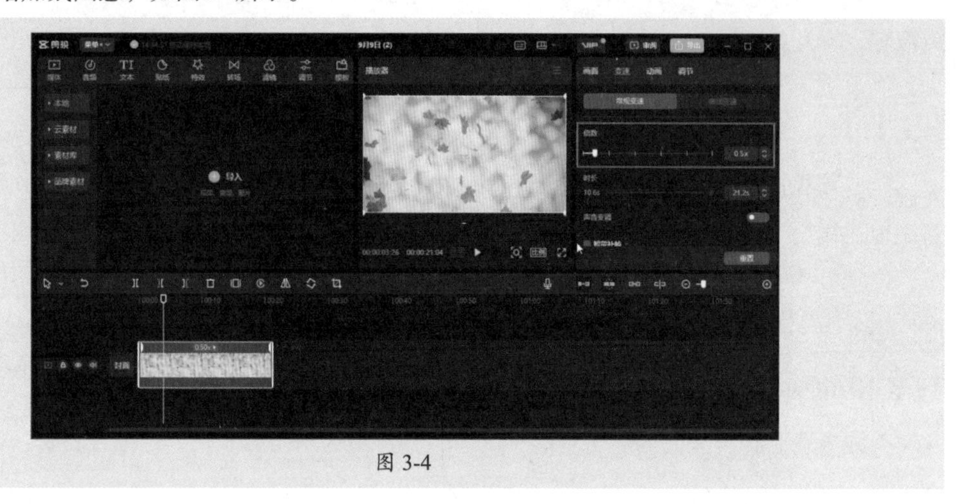

图 3-4

（5）音量调节

音量调节功能可以对选中的片段进行音量调节，可以增加或减小音量。

（6）动画

动画功能可以为视频素材添加入场、出场以及组合动画，并且可以调节动画的时长，如图3-5所示。

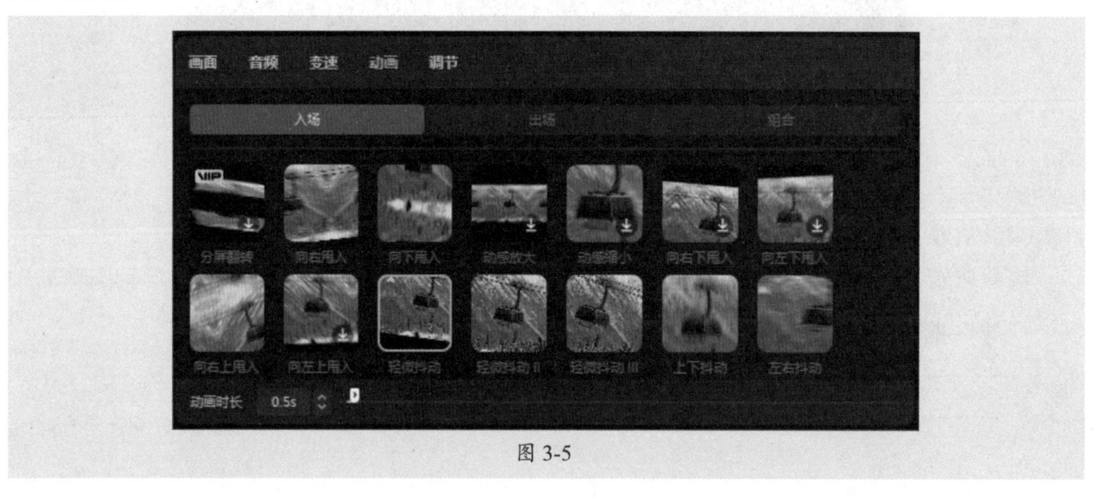

图 3-5

（7）声音效果

声音效果功能包括变声、变速，变声包括大叔、萝莉、怪物、机器人，变速包括调整声音倍数、时长以及声音变调。

（8）复制

复制功能可以把相同的视频片段复制一份。例如，做好一个字幕效果，下一个字幕不想再重复之前的步骤，便可以使用复制功能。

（9）音乐剪辑

剪映提供丰富的音乐剪辑功能。用户可以在剪辑中添加背景音乐，或者将音频文件与视频文件进行混合，以达到更好的音效效果。此外，剪映还提供多种音效特效，例如清晰、环绕、高音质等，让视频音效更加出色。

（10）跟踪

跟踪功能可以使画面跟随选中的对象进行缩放。

（11）导出

编辑好的视频可以导出到手机或者社交媒体平台。剪映支持多种视频分辨率选择，例如1080p、720p等，让视频更加清晰。

（12）素材库

剪映的素材库中提供大量效果炫酷的素材，素材类型包括音频、文本、贴纸、特效、转场、滤镜、调节以及模板。

- **音频：**包含大量免费音乐素材及音效素材，用户可以根据系统分类快速挑选合适的音频用作背景音乐或场景音效。
- **文本：**包含新建文本、花字、文字模板、智能字幕、识别歌词、本地字幕。新建文本可以在视频里添加文案，并能够调节大小、颜色、字体、方位、动画等；花字类似艺术字效果，包括一些发光字、渐变字等。文字模板中包含大量设计精美带有动画效果的文字素材；智能字幕可以自动识别视频里的声音并自动添加字幕；识别歌词则可以为视频中添加的歌曲添加对应的歌词；本地字幕则是从计算机中导入的字幕。
- **贴纸：**大部分短视频作品中都能看到贴纸的应用，抖音素材库中的贴纸进行了细致的分类，并且会根据近期节日或一些时事热点进行更新。
- **特效：**分为两大类，一种是画面特效，另一种是人物特效。特效十分丰富，例如，镜头模糊、镜头变焦、左右摇晃、抖动等，为作品添加特效会有不一样的感官效果。
- **转场：**添加到两个视频中间，把两个不同的视频进行连接，转换画面时更美观流畅。
- **滤镜：**常用的有清晰、净白、净透等，可以让视频有不同的风格。
- **调节：**自定义调节，可以单独改变亮度、对比度、饱和度等。
- **模板：**使用别人做好的模板，通过更换其中的图片或视频元素，快速生成视频作品。

3.1.2 剪映特色功能

剪映包含很多智能化工具，例如，一键成片、图文成片、自动识别字幕、一键抠图抠视频、提词器等，各功能介绍如表3-1所示。

表 3-1

序号	特色功能	功能介绍
1	图文成片	该功能可以把文章或文字自动转换成视频项目，用户也可以添加文章链接或直接使用文本来创作。链接目前支持头条的文章
2	自动识别外文字幕	用于识别英文字幕。若想识别更多外文字幕，例如韩语、日语等，需要下载国际版的剪映软件
3	提词器	该功能可以帮助用户高效地拍摄视频。用户既可以用这个功能直接拍摄，也可以单纯作为提词器来使用
4	使用 Lut 调色	用于导入 Lut 文件进行调色

（续表）

序号	特色功能	功能介绍
5	使用模板做封面	如果需要为视频设置封面，只需选择封面模板，更改文字即可
6	一键抠图抠视频	该功能可以抠出人物、动物、物体等
7	防抖处理	如果视频素材比较抖，可以进行防抖处理
8	音乐踩点	若想做卡点视频，在添加了音乐之后，对音乐添加踩点标记，制作起来会非常方便
9	快速更改背景	在背景选项中，更改了背景之后，点击“应用到全部”按钮，可以更改全部背景
10	关键帧	使用关键帧可以制作出很多有创意的效果
11	蒙版	如果想创作一些特效，例如同一个房间里出现多个相同的人、动物或其他物品，或者想让视频的外框变成不同的形状，可以使用蒙版功能
12	自动识别字幕	根据视频中的声音自动识别为文字信息，不用再手动制作字幕
13	文本朗读	添加了字幕之后，如果想让字幕转换成语音，可以使用文本朗读，字幕便会自动转换成声音
14	色度抠图	利用该功能可以轻松地进行抠图合成
15	画中画	使用该功能可以添加多个视频轨道，通过调整画面尺寸制作画中画效果，例如分屏效果
16	图层混合	在添加画中画视频后，可以设置混合模式，不同的混合模式能带来不同的特效，例如做一些双重曝光或多重曝光的效果
17	定格	如果想强调某个画面或模拟摄影效果，例如一只飞翔的蝴蝶忽然停住变成静止，再配上相机咔嚓的声音，这就是模拟了拍照的效果，这时可以使用定格效果
18	曲线变速	选择一段素材，点击“变速”按钮，会看到“常规变速”和“曲线变速”两个选项。“常规变速”是直线型的，没有过渡，直接从一种速度跳到另一种速度。“曲线变速”则有过渡，能做出很多有创意的效果
19	云端保存项目	登录剪映后，可以把视频项目保存到云端，这样既有利于备份项目，又可以在多个设备上剪辑

3.1.3 用剪映能做什么

剪映作为一款视频编辑软件，可以轻松地对视频进行剪切、分段、合并、加速、倒放、添加音乐、添加字幕等操作，并提供丰富的滤镜和特效，可以轻松地将视频变得更加艺术化。常被用于制作短视频、影视剪辑、Vlog制作以及教学视频制作等。

1. 制作短视频

剪映操作简单的特质让没有专业视频剪辑经验的用户也能快速上手。另外剪映制作的短视频可以很方便地分享到抖音、快手、西瓜视频、微信视频号等社交媒体平台上，是短视频制作的理想软件。

2. 影视剪辑

剪映提供适合影视剪辑的高级功能，如色彩调整、调整视频速度、添加背景音乐等。适合影视制作人员使用。

3. Vlog 制作

Vlog（Video Blog）是一种以视频形式记录生活、分享经验的博客形式。使用剪映，可以轻松地制作出高质量的Vlog视频。

4. 教学视频制作

随着在线教育的兴起，越来越多的人开始制作教学视频。使用剪映，可以轻松地制作出高质量的教学视频，并将其上传到相关的在线教育平台。

3.2 剪映的工作界面

目前计算机端的剪映主要分为Windows和macOS两个版本，这两个版本的界面及功能基本一致。

3.2.1 初始界面

启动剪映后，并不是直接打开创作界面，而是先进入到初始界面，如图3-6所示。

图 3-6

1. 个人中心

“个人中心”选项用于登录或退出登录账号，以及查看个人主页中收藏的素材，如图3-7和图3-8所示。登录账号后，单击⇄按钮，通过下拉列表中提供的选项，可以打开个人主页窗口、绑定企业身份、退出登录等，如图3-9所示。

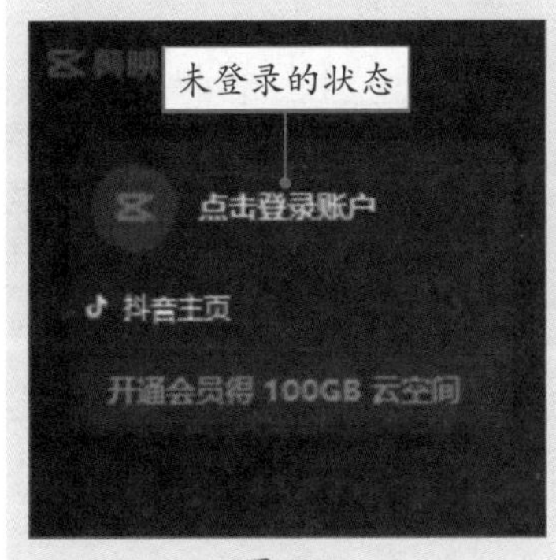

图 3-7

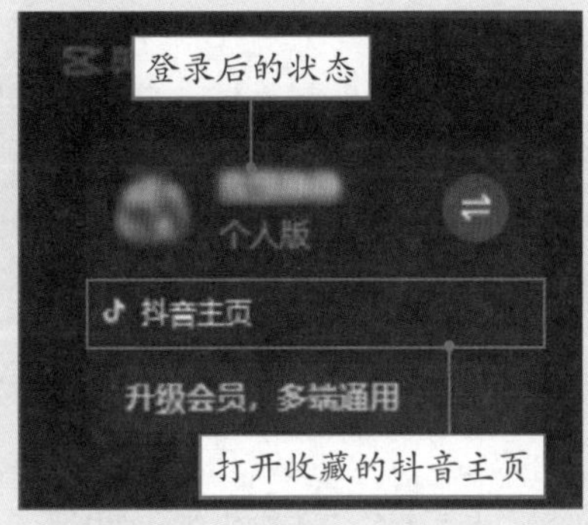

图 3-8

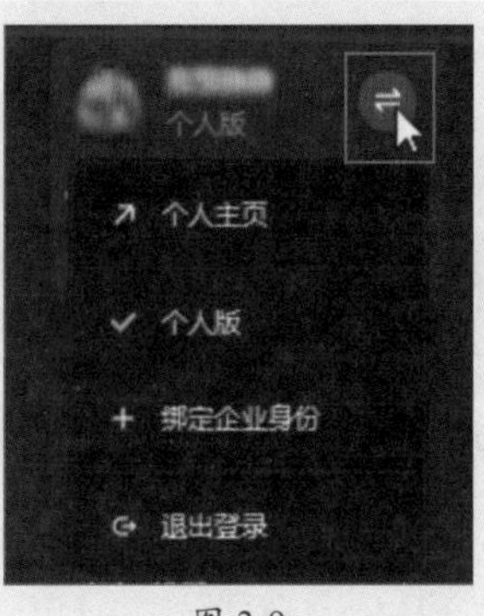

图 3-9

知识拓展

登录账号后可以对常用的音频、文本、贴纸、特效等素材进行收藏，方便随时使用。在初始界面中的“个人中心”区域单击按钮，在下拉列表中选择“个人主页”选项，在打开的“个人主页”窗口中可以查看到收藏的贴纸、文字模板等素材。

2. 窗口控制区

窗口控制区位于初始界面右上角，包括教程、意见反馈、全局设置以及三个窗口控制按钮，通过窗口控制按钮，可以控制窗口的最小化、最大化以及关闭，如图3-10所示。

图 3-10

3. 导航栏

导航栏位于界面左侧，包含首页、模板、我的云空间、小组云空间、热门活动选项，如图3-11所示。初始界面默认显示“首页”选项中的内容。首页界面包括创作区和草稿区两个大区域，如图3-12所示。

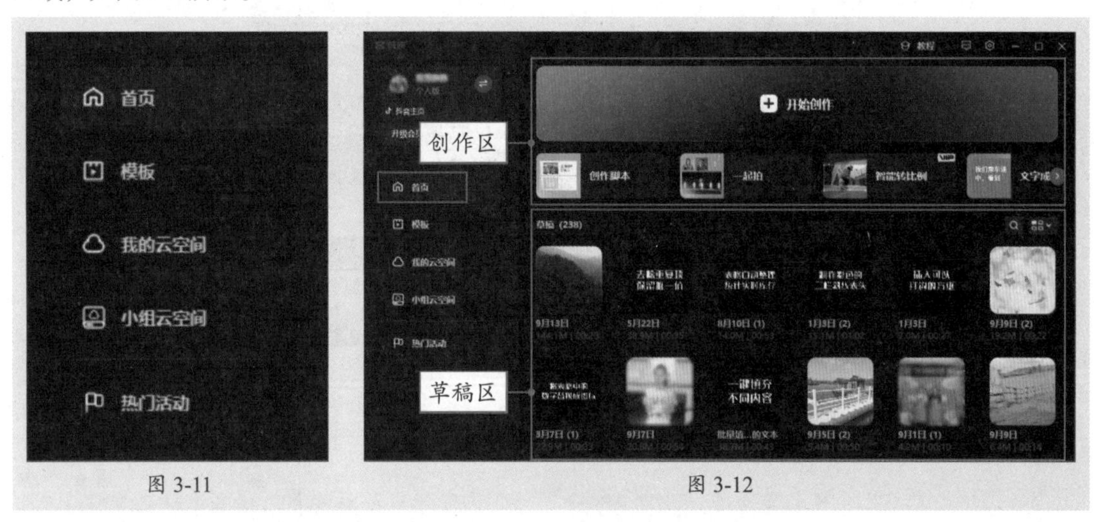

图 3-11　　图 3-12

在创作区中单击“开始创作”按钮，可以打开创作界面，继而导入视频进行剪辑。通过单击“开始创作”下方的按钮还可以进行“创作脚本”“一起拍”“智能转比例”以及“文字成片”操作。

草稿区内包含剪辑过的所有视频，退出创作界面后，时间线窗口中正在编辑或已经完成编辑的视频会自动保存到草稿区。在草稿区中的在某个视频上单击可再次打开创作界面，对该视频继续编辑。

草稿区中的视频默认以“宫格”方式排列，用户可以单击草稿区右上角的按钮，在下拉列表中选择“列表”选项，更改视频的排列方式，如图3-13所示。

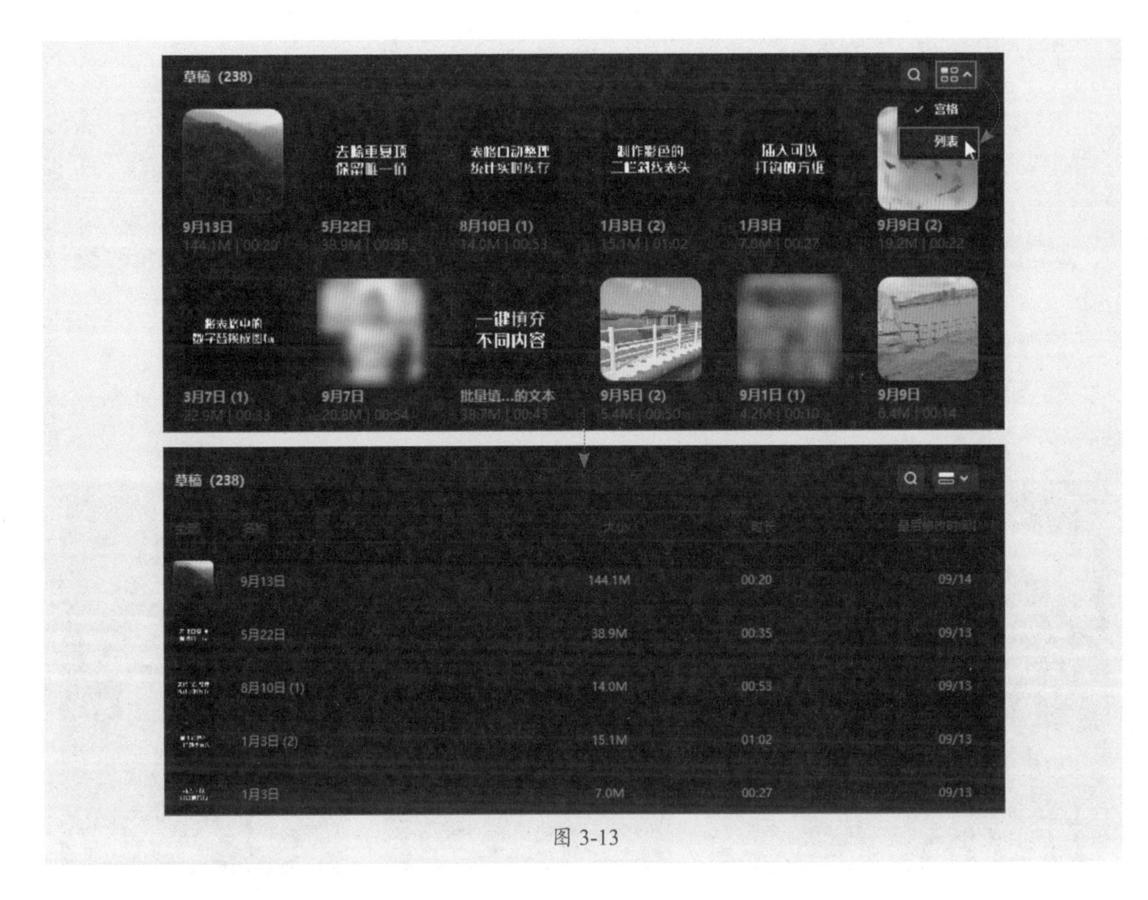

图 3-13

3.2.2 模板界面

在初始界面的“导航栏”中单击“模板”按钮可以切换到模板界面，用户可以根据关键字、画面比例、片段数量、模板时长或系统分类选择喜欢的模板类型，如图3-14所示。

图 3-14

3.2.3 我的云空间

剪辑好的视频会自动保存在“草稿”中，若要备份某个视频，可以将该视频上传至“我的云空间”，“我的云空间”是存储在云端的项目，可以实现一个账号多设备同时剪辑操作。将草稿区中的视频上传到云空间的操作方法如下。

步骤 01 在初始界面的“草稿”区中右击视频缩略图（或单击该视频缩略图右下角的■按钮），在弹出的快捷菜单中选择“上传”选项，如图3-15所示。

步骤 02 在打开的窗口中选择“我的云空间”选项，如图3-16所示。

步骤 03 单击“上传到此”按钮，如图3-17所示，即可将所选视频上传至云空间。上传成功后可将该视频从草稿区中删除，以清理存储空间。

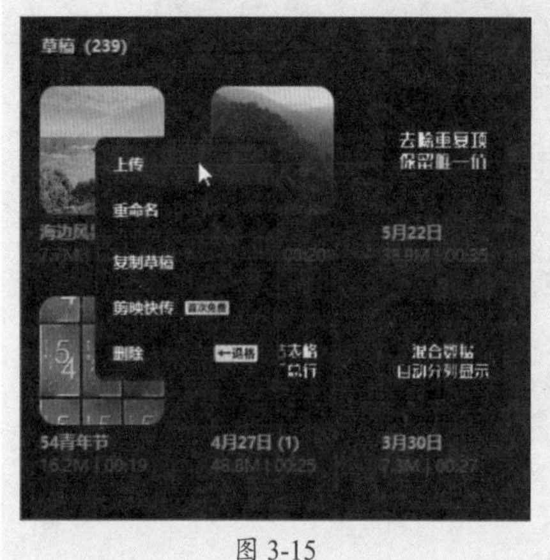

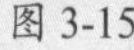

图 3-15

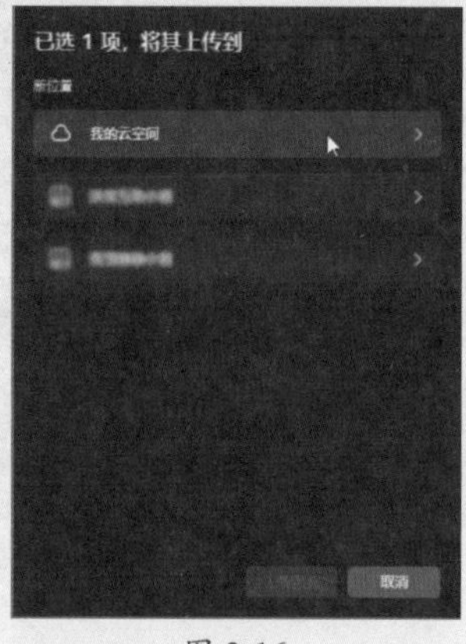

图 3-16

图 3-17

步骤 04 在初始界面的导航栏中单击“我的云空间”按钮，切换到“我的云空间”界面，在该界面中可以查看到保存的视频，如图3-18所示。

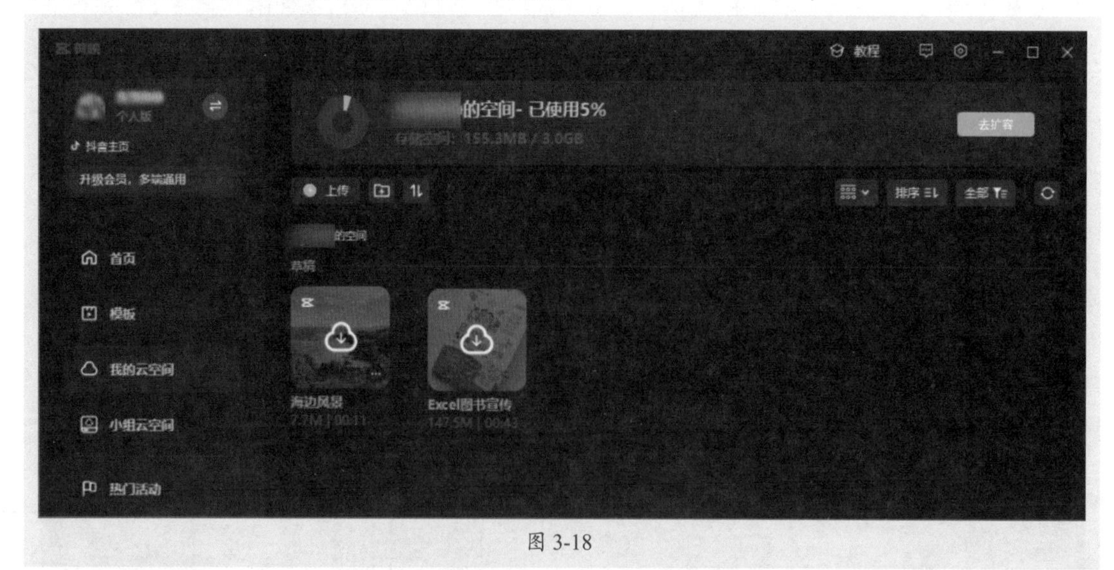

图 3-18

步骤 05 在“我的云空间”中单击视频缩略图，打开“确定下载到本地”对话框，单击“确定”按钮可以将该视频重新下载到“本地草稿”，如图3-19所示。

图 3-19

3.2.4 创作界面

Windows版的剪映界面分为4个主要区域，包括素材区、功能区、播放器窗口，以及时间线窗口，如图3-20所示。本书将以Windows版的剪映专业版为操作软件完成编写。

图 3-20

macOS版的剪映界面布局与Windows版大同小异，图3-21所示为macOS版的界面布局。无论读者使用哪种版本均可以快速上手。

图 3-21

动手练 为本地草稿中的视频设置名称

扫码看操作

默认保存到本地草稿中的视频以保存日期作为名称，与视频的封面类似，想要快速找到某个视频会比较麻烦，用户可以为视频定义名称。具体操作方法如下。

步骤 01 在初始界面中的草稿区内将光标移动到需要修改名称的视频上方，此时视频缩略图的右下角会显示■按钮，单击该按钮，如图3-22所示。

步骤 02 在弹出的菜单中选择“重命名”选项，如图3-23所示。

步骤 03 当前视频的名称随即变为可编辑状态，输入名称即可，如图3-24所示。

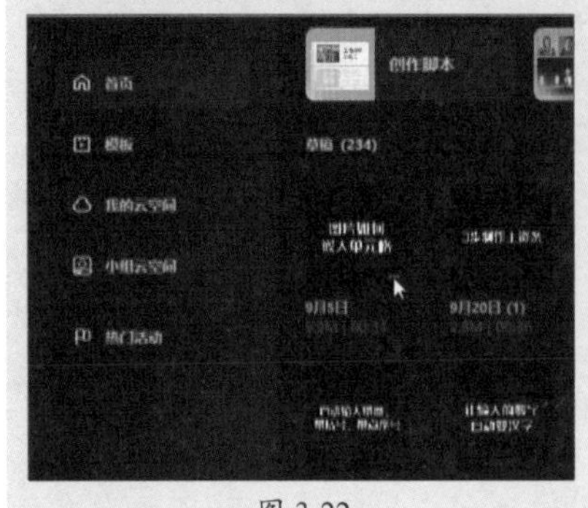

图 3-22

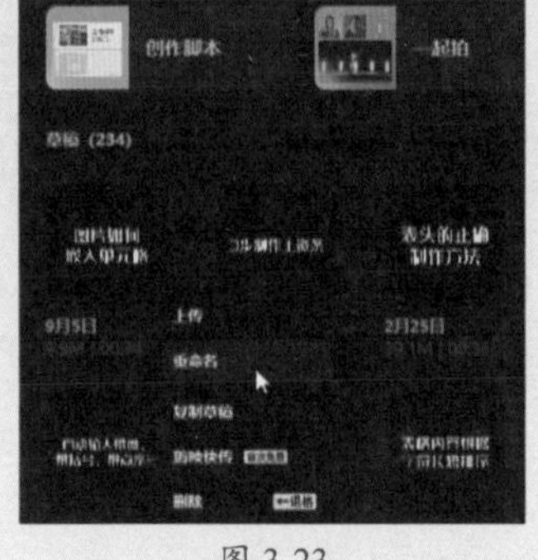

图 3-23

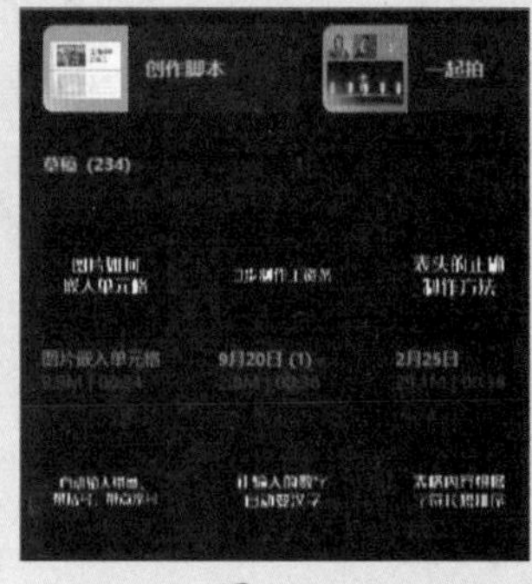

图 3-24

3.3 剪映的基础功能

了解了剪映的工作界面之后，下面对基础功能的应用进行详细介绍，包括如何导入素材、如何分割素材、如何调整素材位置以及如何导出视频等。

3.3.1 素材导入

导入素材是视频剪辑的第一步，向剪映中导入素材的方法不止一种，用户可以通过单击“导入”按钮打开对话框，选择要导入的素材。也可直接将素材拖动到时间线窗口中的轨道上，如图3-25所示。两种方法的具体操作步骤如下。

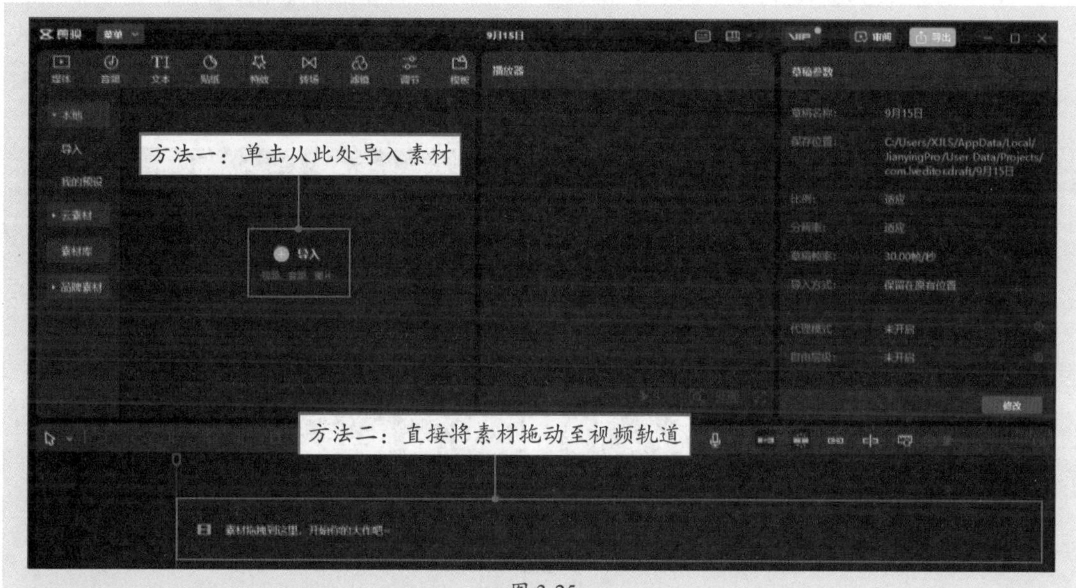

图 3-25

1. 方法一

步骤01 启动剪映程序，在初始界面中单击“开始创作”按钮，如图3-26所示。打开创作界面。

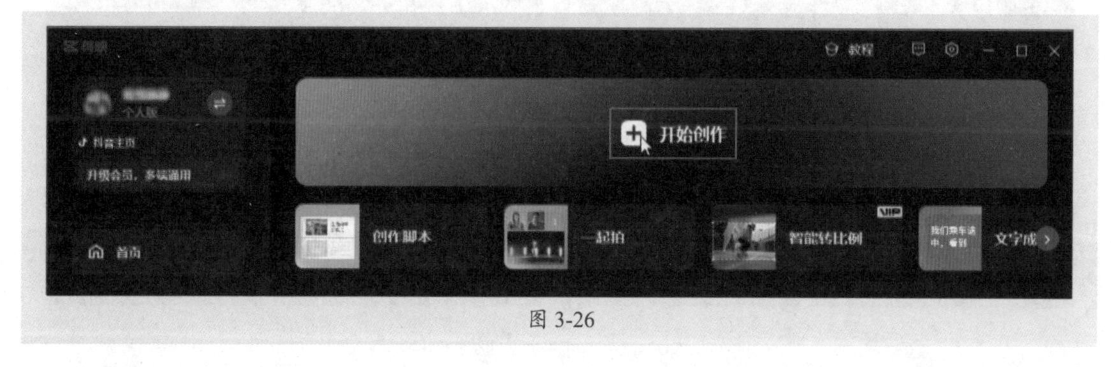

图 3-26

步骤02 在创作界面中单击“导入”按钮，如图3-27所示。

步骤03 打开“请选择媒体资源”对话框，选择需要导入的素材文件，单击“打开”按钮，如图3-28所示。

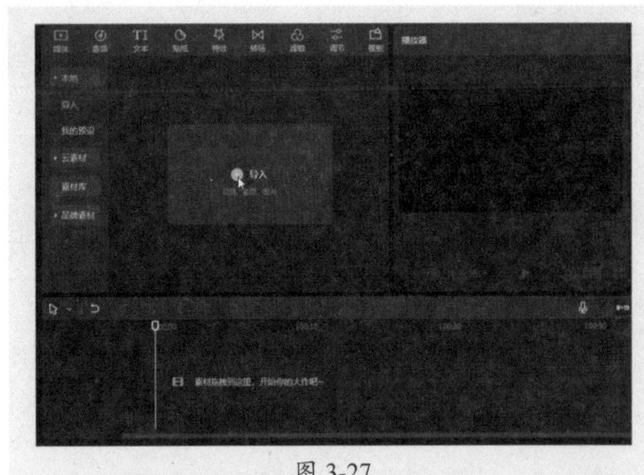

图 3-27

图 3-28

步骤 04 所选素材随即被导入本地，将光标移动到视频素材上方，单击其右下角的 按钮，如图3-29所示。视频素材随即被添加到时间线窗口的视频轨道中，如图3-30所示。

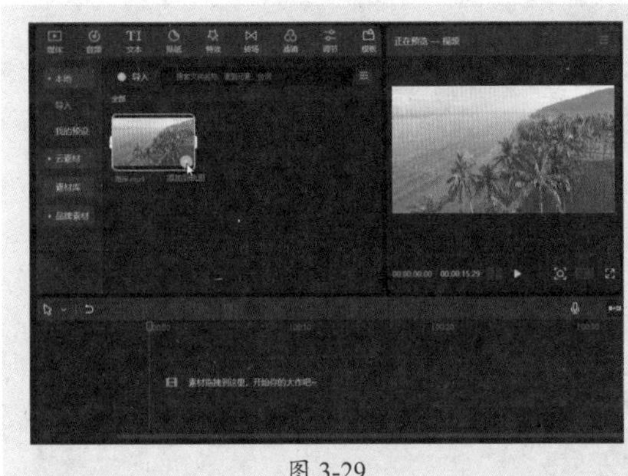

图 3-29

图 3-30

2. 方法二

在计算机中选择要使用的素材，按住鼠标左键，将素材拖动至剪映创作界面的时间线窗口，如图3-31所示。松开鼠标左键，该素材即可被添加到视频轨道中，如图3-32所示。

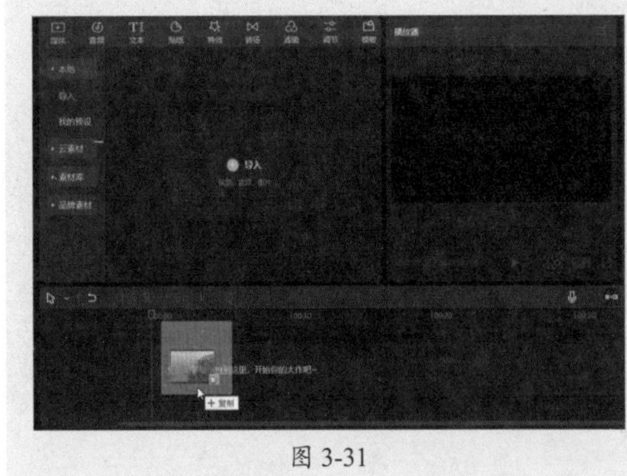

图 3-31

图 3-32

3.3.2 素材分割

使用“分割”功能可以将视频截成多段，分割后的每段视频可以单独编辑或删除。具体操作步骤如下。

步骤 01 在时间线窗口中拖拽时间轴，将其停止在需要分割的位置，单击“分割”按钮，如图3-33所示。

步骤 02 视频随即从时间轴位置被分割，如图3-34所示。

图 3-33

图 3-34

知识拓展

若要删除分割后的某段视频，可以在时间轴上单击该视频片段将其选中，随后按Delete键。

3.3.3 调整素材位置

当时间线窗口中包含多个素材时，可以根据剪辑需要调整素材的位置，位置的调整代表着播放的先后顺序会被改变。具体操作方法如下。

步骤 01 在时间线窗口的视频轨道中选择要调整位置的素材，如图3-35所示。

步骤 02 按住鼠标左键，将所选素材向目标位置拖动，如图3-36所示。

步骤 03 松开鼠标左键后即可完成素材位置的调整，如图3-37所示。

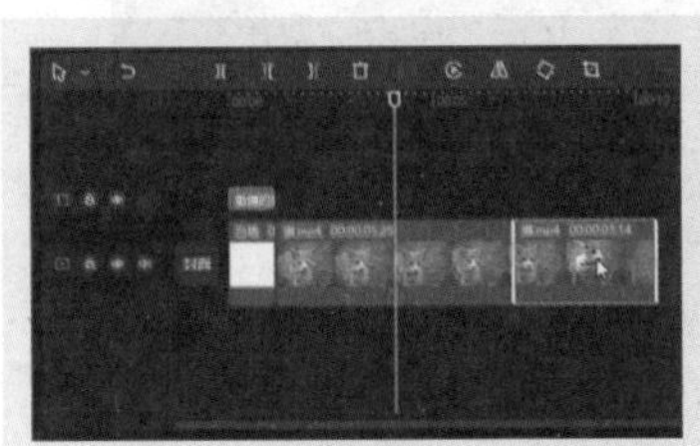

图 3-35

图 3-36

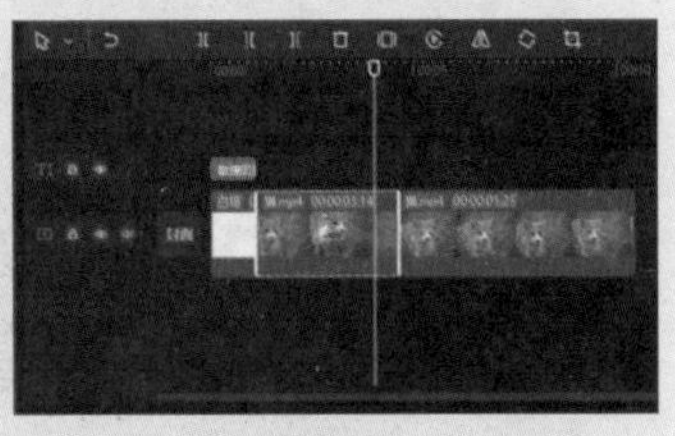

图 3-37

3.3.4 视频导出

视频制作完成后可以将其导出到计算机中的指定位置，在导出时还可以设置视频的分辨率、视频格式、帧率等。下面介绍具体操作方法。

步骤 01 在创作界面右上角单击“导出”按钮，如图3-38所示。

步骤 02 打开“导出”对话框，输入标题名称，选择好导出位置，在“视频导出”组中可以对分辨率、码率、编码、格式以及帧率进行设置，最后单击“导出”按钮，即可导出视频，如

图3-39所示。

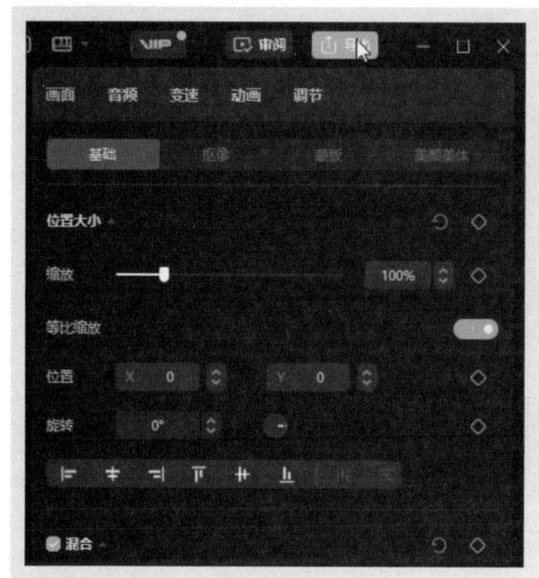

图 3-38

图 3-39

知识拓展

导出视频时，若同时勾选“视频导出”和“音频导出”复选框，会在导出视频的同时，将该视频中的音频单独导出成指定格式的文件，如图3-40所示。若只勾选“音频导出”复选框，则只会导出音频，不导出视频，如图3-41所示。

图 3-40

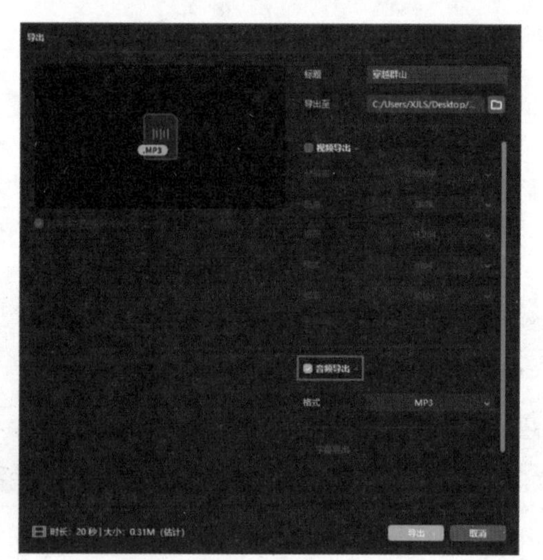

图 3-41

动手练 制作画中画效果

扫码看操作　扫码看效果

当多个轨道中的视频重叠显示时，通过调整上方轨道中视频的尺寸可以制作出画中画效果。下面介绍具体操作方法。

步骤 01 选中视频轨道中的最后一段视频素材，如图3-42所示。向当前轨道上方拖动，如图3-43所示。

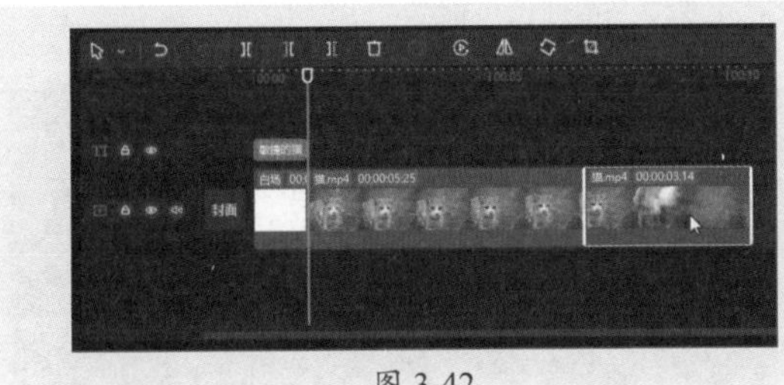
图 3-42

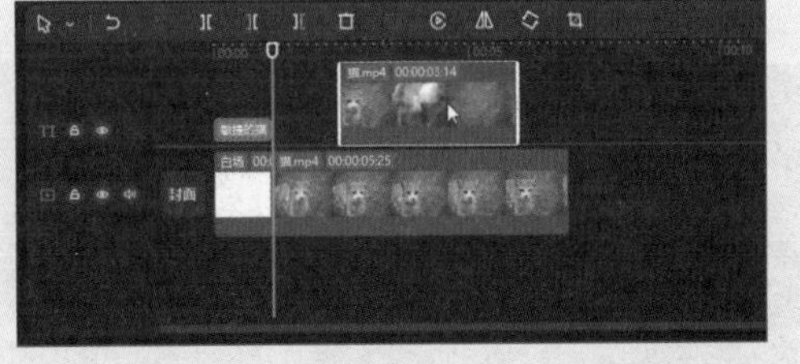
图 3-43

步骤02 松开鼠标左键，时间线窗口中随即自动新建轨道，所选视频被移动到该轨道中，如图3-44所示。

步骤03 将时间轴移动到两段视频重叠部分的任意位置，并保持上方轨道中的视频为选中状态，此时播放器窗口中所显示的画面为上方轨道中的视频片段，并且为可编辑状态，如图3-45所示。

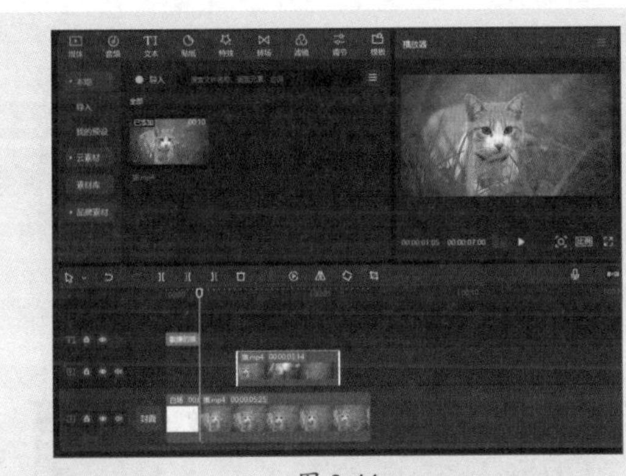
图 3-44

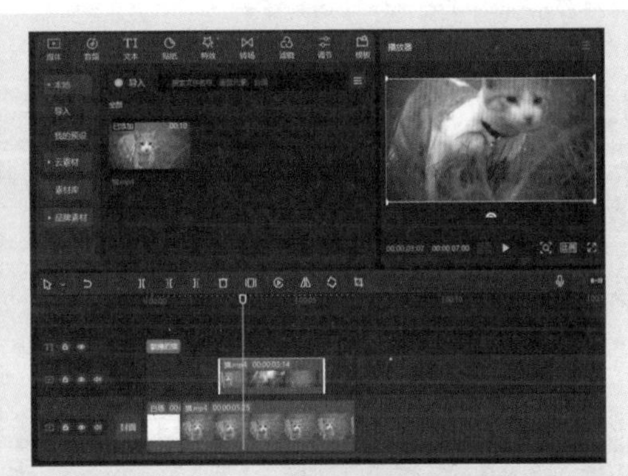
图 3-45

步骤04 将光标移动至播放器中的视频画面任意一个边角处，当光标变为双向箭头时按住鼠标左键拖动，缩放视频，如图3-46所示。

步骤05 将光标移动到被缩放的视频画面上方，按住鼠标左键拖动，将其移动到合适位置即可，如图3-47所示。

图 3-46

图 3-47

步骤 06 单击“播放”按钮▶可对视频效果进行预览，如图3-48所示。

图 3-48

3.4 剪映的进阶功能

剪映中包含很多智能的视频编辑工具，只需一键操作便可以实现所需效果，例如视频倒放、替换片段、画面定格、镜像等。

3.4.1 倒放

扫码看效果

倒放视频是指将原本正常播放的视频反向播放，即从后往前播放。倒放是视频剪辑中很常用的一种技巧，用来体现时间倒转。例如在一段以人物跑步为主要情节的画面中，第一帧画面显示人物在近处，最后一帧画面显示人物已经跑到远处，如图3-49所示。下面介绍如何在剪映中设置视频倒放。

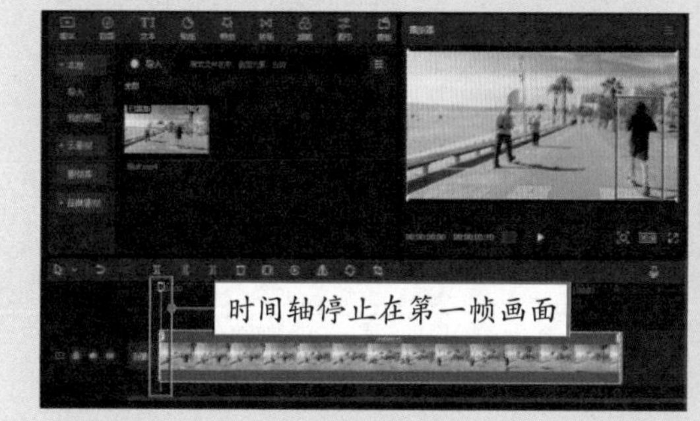

图 3-49

在视频轴中选中要设置倒放的视频，单击“倒放”按钮，如图3-50所示。经过短暂的处理，所选视频即可被设置为倒放。

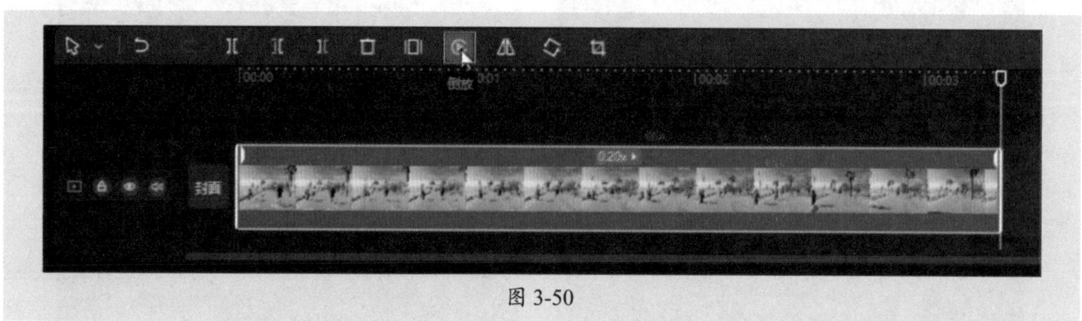

图 3-50

此时预览视频可以看到时间轴在第一帧时，画面中的人物在最远处，视频播放结束时，最后一帧画面中的人物来到近处，如图3-51所示。若要取消倒放可以再次单击“倒放”按钮。

图 3-51

3.4.2 替换

当想要将某段视频元素更换为其他视频，且想让新视频继续使用原视频片段应用的效果时，例如转场、变速、色彩调节等，可以使用“替换”功能进行替换。具体操作方法如下。

步骤 01 在时间线窗口中右击要替换的视频片段，在弹出的快捷菜单中选择“替换片段”选项，如图3-52所示。

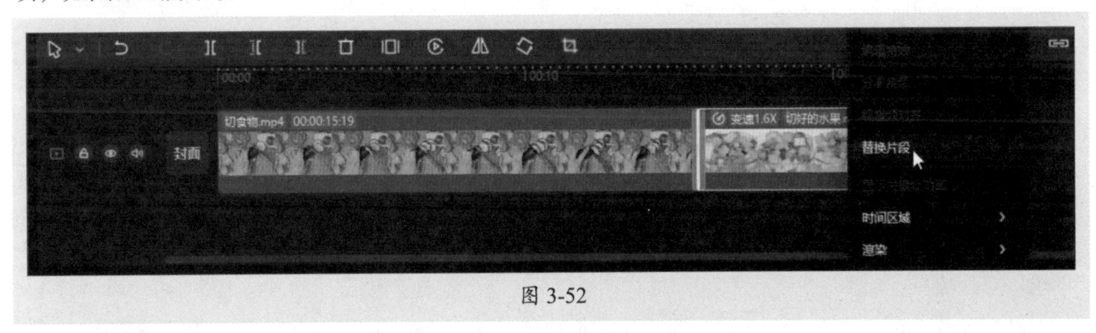

图 3-52

步骤 02 打开“请选择媒体资源”对话框，选择要替换为的视频，单击“打开”按钮，如图3-53所示。

步骤 03 打开“替换”对话框，在视频轨道中拖动高亮区域，选择视频范围（高亮区域将被用于替换原视频），随后单击“替换片段”按钮，如图3-54所示。

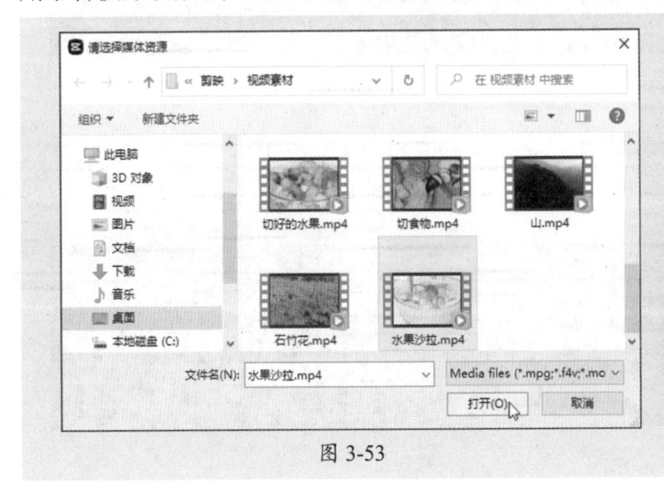

图 3-53

图 3-54

步骤04 所选视频片段随即被替换，原视频效果被保留，如图3-55所示。

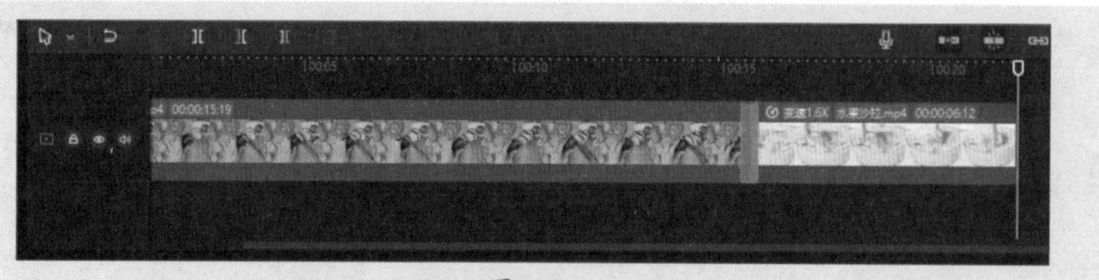

图 3-55

注意事项

替换视频时，新视频的时长不能比原视频短，否则无法完成替换。

3.4.3 定格

扫码看效果

定格表示让视频中的某一帧画面停止而成为静止画面，在视频剪辑中比较常见，例如为了突出某个场景或人物，而将画面定格，并加上特效、花字等。设置定格的具体操作方法如下。

步骤01 在时间线窗口中选择要操作的视频，拖动时间轴选择好定格的画面，单击“定格”按钮，如图3-56所示。

图 3-56

步骤02 时间轴所指的画面随即被定格，默认的定格片段时长为3s，如图3-57所示。

图 3-57

步骤03 将光标移动到定格片段右侧，光标变成▯形状时按住鼠标左键进行拖动，可以调整定格片段的时长，如图3-58所示。

图 3-58

3.4.4 镜像

镜像是一种常见的视频编辑操作，可以让视频左右翻转。下面介绍具体操作方法。

在时间线窗口中选择视频片段，单击“镜像”按钮，如图3-59所示。视频画面随即被镜像翻转，效果如图3-60所示。若要取消镜像翻转，可以再次单击“镜像”按钮。

图 3-59

图 3-60

3.4.5 旋转

视频和图片素材可以使用“旋转”功能进行快速旋转，在时间线窗口中选中素材，单击“旋转”按钮，如图3-61所示，所选图片或视频素材即可被顺时针旋转90°，如图3-62所示。若再次单击“旋转”按钮，可将素材按顺时针方向继续旋转90°。

扫码看效果

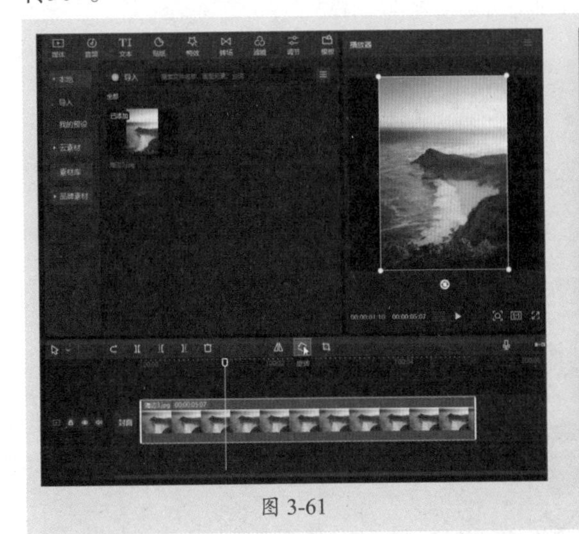

图 3-61

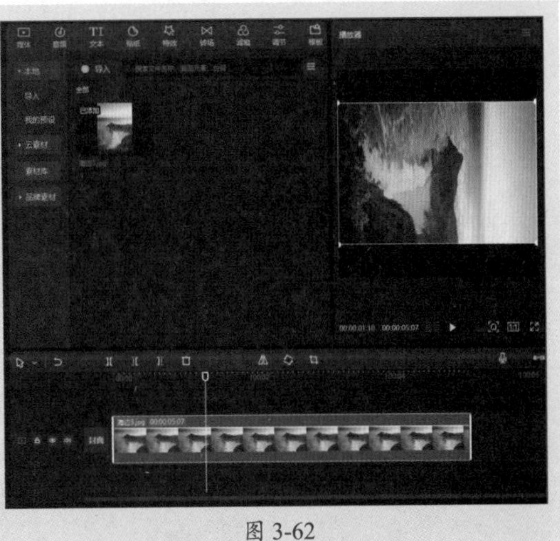

图 3-62

除了使用“旋转”按钮控制素材旋转，用户也可以在播放器窗口中按住旋转手柄同时控制光标移动，将素材旋转任意角度，如图3-63所示。实际应用中旋转手柄多用于文本、贴纸等素材的旋转，如图3-64所示。

图 3-63

图 3-64

3.4.6 比例调整

视频导入剪映后默认以原始比例显示，剪映提供了多种视频比例的选项，用户可以根据需要选择适合的比例。在播放器窗口右下角单击“比例”按钮，在下拉列表中可以查看到系统内置的所有比例，选择任意比例即可将当前视频设置为该比例，如图3-65所示。另外，在下拉列表中选择“自定义”选项，还可以通过打开的对话框自定义视频的比例。

图 3-65

3.4.7 背景添加

视频改变比例后原始视频若不能填满整个画面，视频画面之外的区域将会以黑色显示，影响美观。此时可以为视频添加背景，剪映可以将当前视频画面模糊处理作为背景，如图3-66所示。下面介绍具体操作方法。

图 3-66

步骤 01 在轨道中选中要设置背景的视频片段，在右侧功能区中打开“画面”选项卡。拖动到最底部，保持“背景填充”复选框为勾选状态，单击其下方的下拉按钮，在展开的列表中选择“模糊”选项，如图3-67所示。

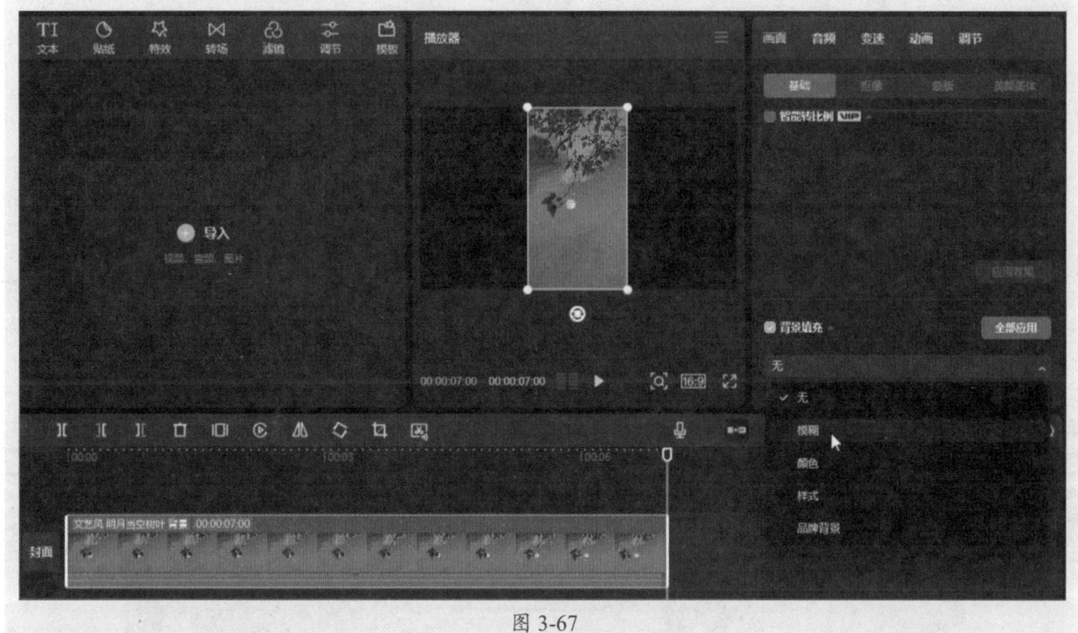

图 3-67

步骤 02 系统提供了4种模糊程度的选项，用户可以根据需要进行选择，此处选择最左侧选项，当前视频片段随即被添加模糊背景，如图3-68所示。

图 3-68

3.4.8 视频衔接——叠化

扫码看效果

叠化是使用最广泛的转场效果之一。当两个镜头衔接突兀时，一个叠化转场就能让两个镜头之间的衔接变得平滑，如图3-69所示。下面介绍如何在剪映中为两段视频添加叠化转场效果。

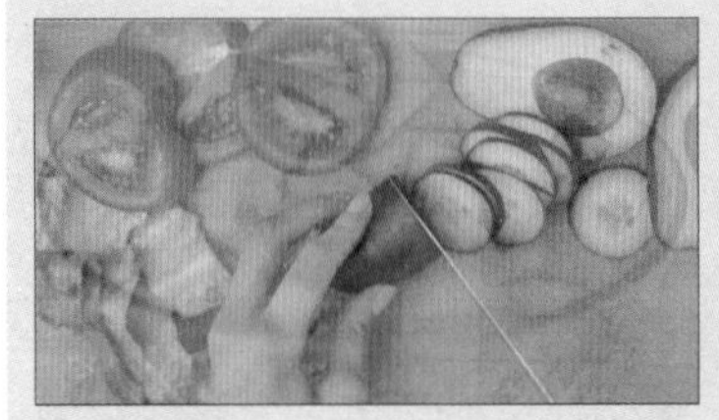
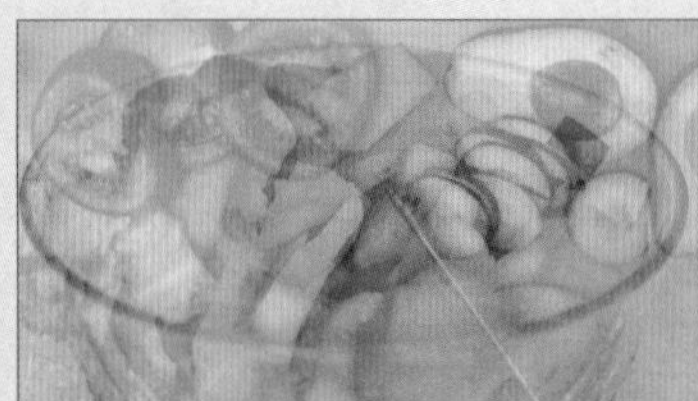

图 3-69

步骤 01 选中需要衔接的两段视频的后面一段视频，在素材区中打开“转场”选项卡，展开“转场效果”组中的所有分类，选择“叠化”分类，单击“叠化”转场效果右下角的按钮，如图3-70所示。

图 3-70

步骤 02 两段视频的连接处随即被添加“叠化”转场效果，在功能区中可以设置转场的时长，如图3-71所示。

图 3-71

扫码看操作

扫码看效果

动手练 轻松调整视频尺寸

在剪映中可以根据画面的主体对视频尺寸进行随意裁剪。下面介绍具体操作方法。

步骤 01 在轨道中选中要裁剪的视频片段，单击“裁剪”按钮，如图3-72所示。

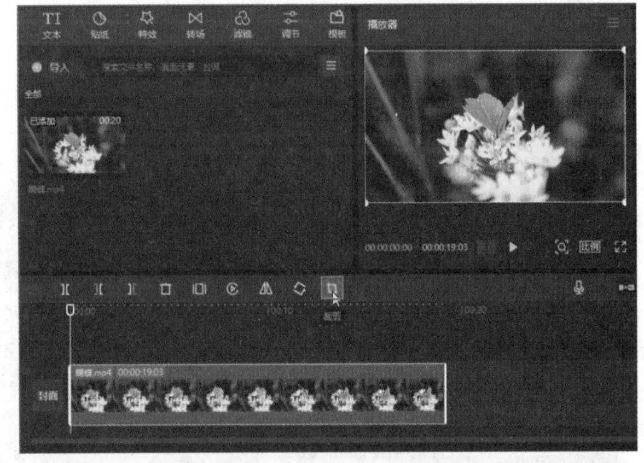

图 3-72

步骤 02 打开“裁剪”窗口，拖动画面周围的裁剪控制点选择好要保留的区域，设置完成后单击“确定”按钮，如图3-73所示。

图 3-73

步骤 03 视频尺寸随即被裁剪，效果如图3-74所示。

图 3-74

案例实战：巧用模板创建视频

扫码看操作

扫码看效果

剪映提供了很多视频模板，用户可以使用模板快速将图片或视频素材输出为有质感的小视频。下面介绍具体操作方法。

步骤 01 启动剪映专业版，打开“模板”界面，将光标移动到想要使用的模板上方，单击该模板底部的“使用模板”按钮，即可下载该模板，如图3-75所示。

图 3-75

步骤 02 模板下载完成后会自动打开创作界面，在时间线窗口中单击+按钮，如图3-76所示。打开对话框，选择要导入的图片。

图 3-76

步骤 03 随后继续在时间线窗口中单击剩余+按钮，依次将其他图片素材导入模板，素材导入完成后单击“完成”按钮，如图3-77所示。

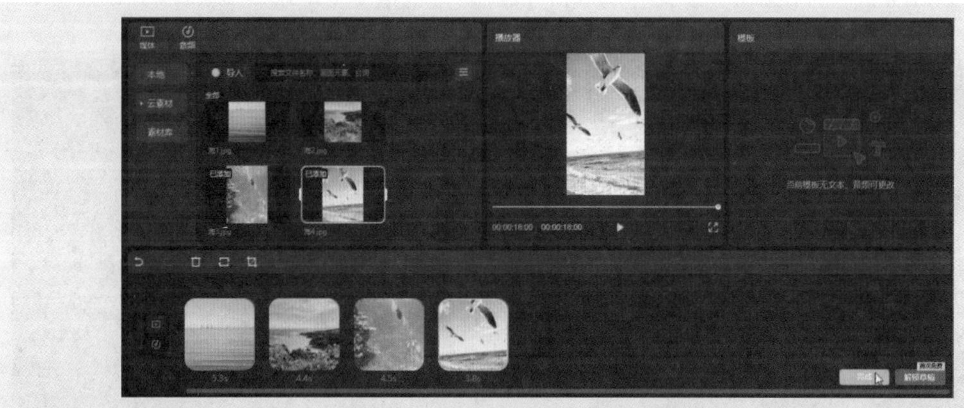

图 3-77

步骤 04 导入的素材随即自动生成视频片段，单击视频轨道左侧的“封面”按钮，如图3-78所示。

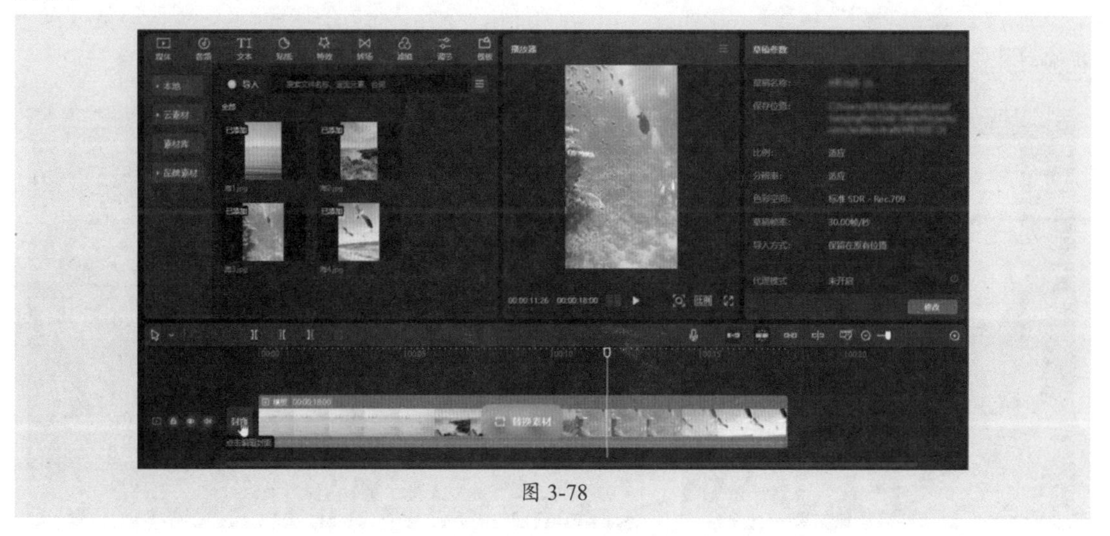

图 3-78

步骤 05 打开“封面选择”对话框，在视频轴中拖动黄色线条选择视频封面，随后单击“去编辑”按钮，如图3-79所示。

步骤 06 打开“封面设计”对话框，在“模板”选项卡中选择一个文字模板，如图3-80所示。

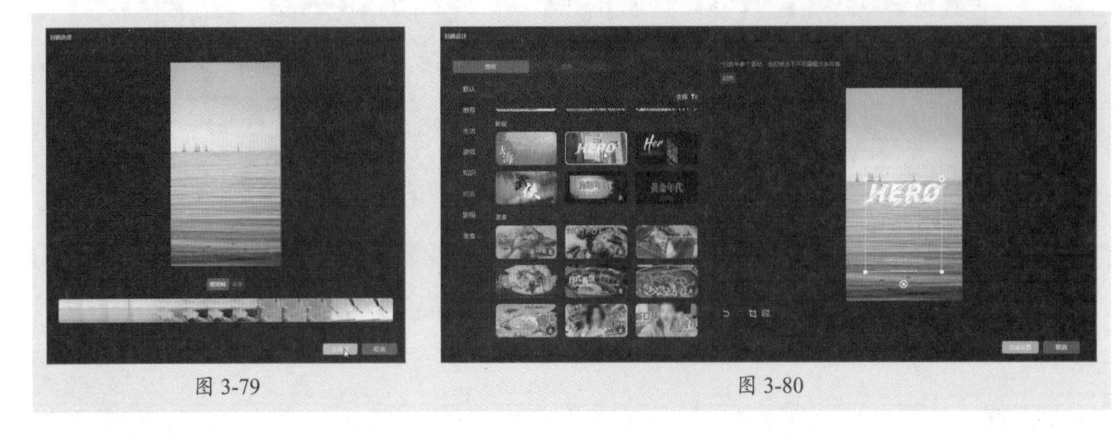
图 3-79　　图 3-80

步骤 07 在上方文本框中修改文本内容，设置完成后单击“完成设置”按钮，如图3-81所示。

步骤 08 封面设置完成后，单击窗口右上角的“导出”按钮，如图3-82所示。

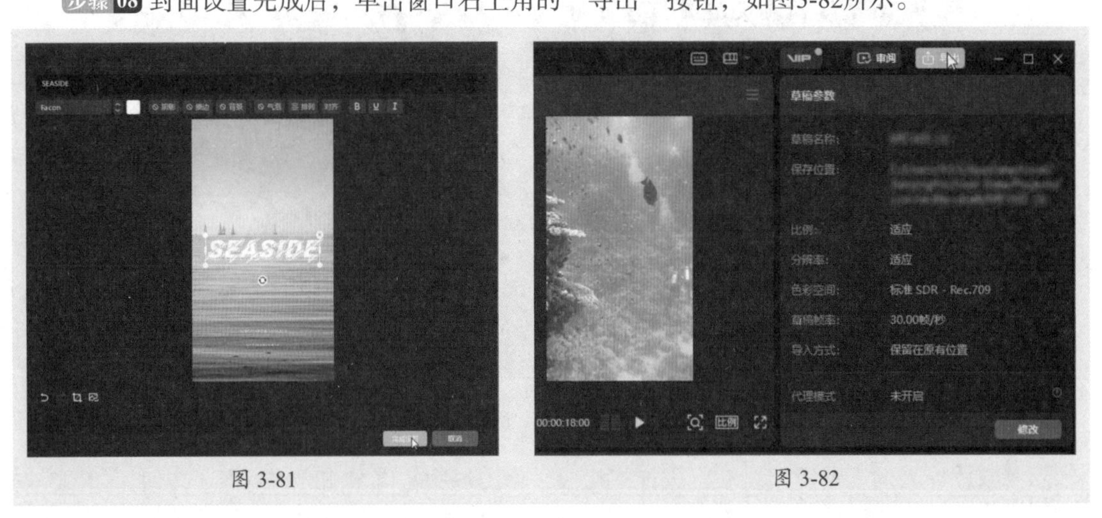

图 3-81　　图 3-82

步骤 09 设置好标题名称和导出位置，单击“导出”按钮，如图3-83所示。稍作等待便可将视频导出，如图3-84所示。

图 3-83　　图 3-84

新手答疑

1. Q：如何批量导入多个视频素材？

A：在创作界面单击“导入”按钮，如图3-85所示。打开“请选择媒体资源”对话框，按住Ctrl键依次单击要导入的视频文件，可以将这些文件同时选中，随后单击“打开”按钮，如图3-86所示，即可将选中的视频素材全部导入。

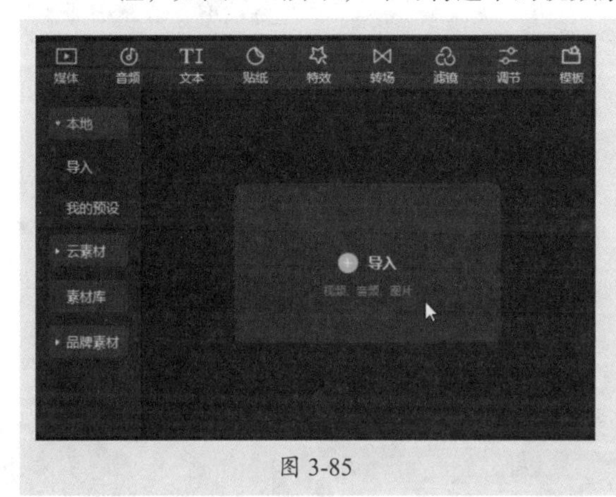

图 3-85

图 3-86

2. Q：如何删除媒体素材库中导入的本地素材？

A：在“本地”选项卡中选中要删除的素材，按Delete键，如图3-87所示，即可将所选素材删除，如图3-88所示。

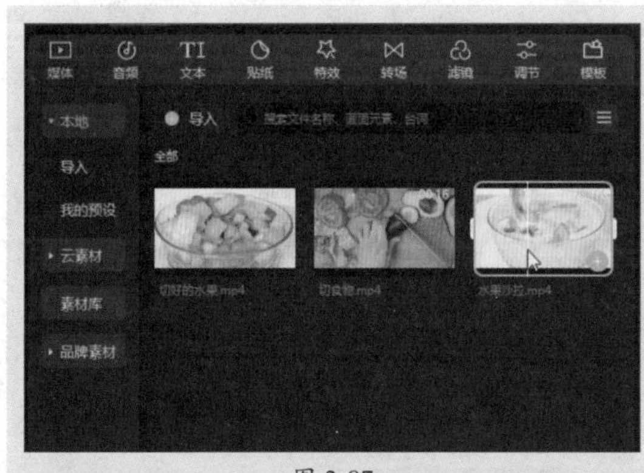

图 3-87

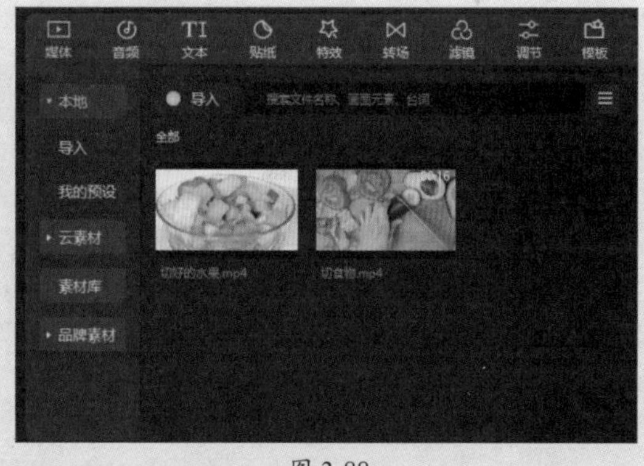

图 3-88

3. Q：如何快速缩放时间线窗口？

A：在时间线窗口中拖动缩放滑块可快速缩放窗口中的轨道，向左拖动为缩小，向右拖动为放大，如图3-89所示。

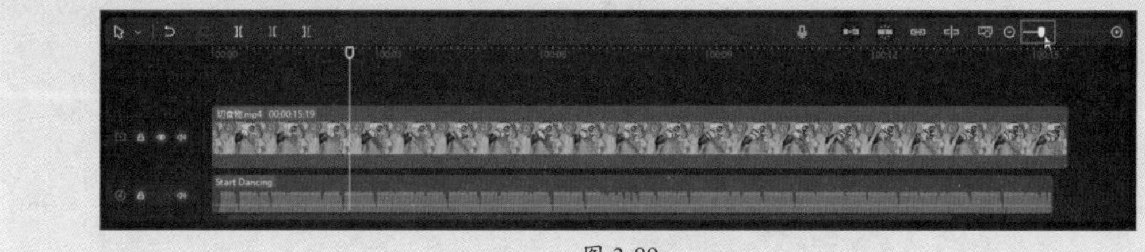

图 3-89

00:00:00

可爱的玫瑰花啊

第4章 字幕，让视频更专业

为视频添加文字或字幕能够让视频更具吸引力和可理解性，字幕不仅可以帮助观众理解视频内容，还可以让视频看起来更加专业和有条理。本章将介绍为视频添加字幕的常用方法。

4.1 创建字幕

字幕可以手动添加也可以根据音频自动识别为字幕。下面介绍如何手动创建字幕并设置字幕的效果。

4.1.1 创建基本字幕

字幕是视频中最基本的元素，为了吸引用户观看以及理解视频内容，可以为关键内容添加字幕。下面介绍具体操作方法。

步骤 01 在时间线窗口中将时间轴停留在需要插入字幕的位置，在素材区中打开“文本”素材库，单击“默认文本”右下角的按钮，时间线窗口中随即新增文本轨道，并在时间轴右侧插入文本框，如图4-1所示。

图 4-1

步骤 02 在“文本”功能区中输入字幕内容，该内容随即在文本框中显示，如图4-2所示。

图 4-2

步骤 03 将光标移动到播放器窗口中的字幕文本框左上角，如图4-3所示。光标变成双向箭头时按住鼠标左键进行拖动，缩放字幕，如图4-4所示。

图 4-3

图 4-4

步骤 04 将光标移动到字幕文本框上方，按住鼠标左键进行拖动，移动字幕位置。在移动字幕的过程中，播放器中会显示水平或垂直中心参考线，帮助确定字幕在画面中的位置，如图4-5所示。将字幕移动到合适位置后松开鼠标左键即可，如图4-6所示。

图 4-5

图 4-6

知识拓展

在文本轨道中将光标移动到文本框素材右侧，光标变成形状时，按住鼠标左键进行拖动可以调整字幕显示的时长，如图4-7所示。

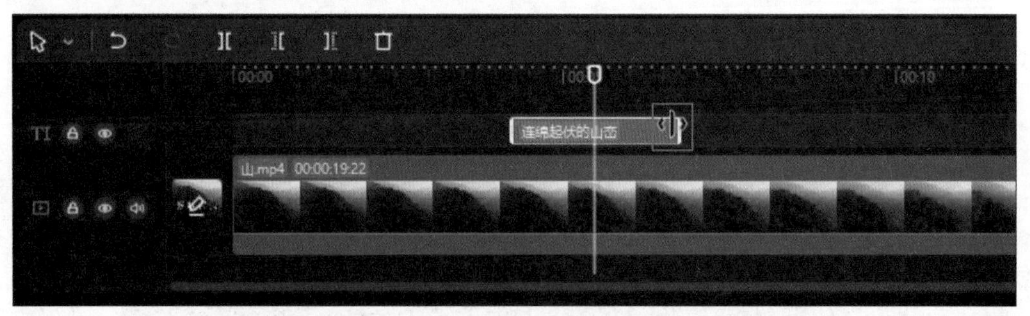

图 4-7

4.1.2 设置字幕样式

扫码看效果

添加字幕后还可以对字幕的样式进行设置，使其看起来更具艺术效果。例如设置字体、颜色、对齐方式、添加描边、阴影等效果。字幕样式可以在功能区中的“文本”功能区中进行设置，如图4-8～图4-10所示。

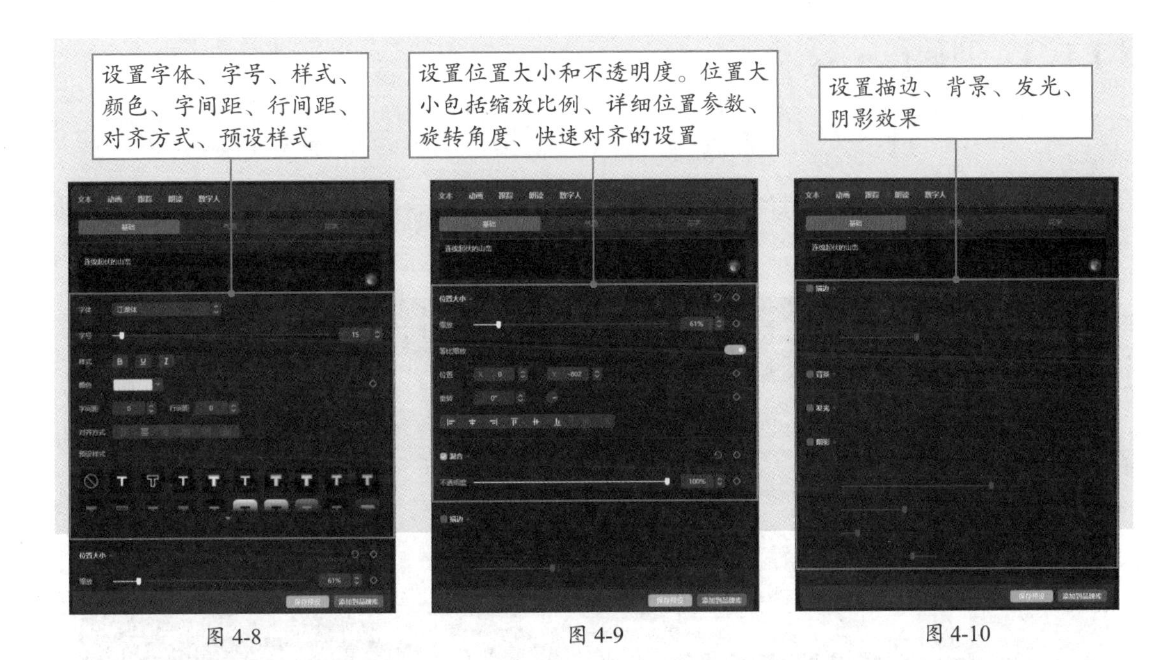

图 4-8　　　　图 4-9　　　　图 4-10

下面介绍设置字幕样式的具体操作方法。

步骤 01 选中字幕文本框，在“文本”功能区中单击“字体”下拉按钮，下拉列表中包含“全部”和“可商用”两个分组，为了防止出现版权问题，用户可以在“可商用”分组中选择需要的字体。此处选择“江湖体”选项，如图4-11所示。

步骤 02 单击“颜色”下拉按钮，在展开的颜色列表中选择合适的颜色，如图4-12所示。

步骤 03 勾选“描边”复选框，设置颜色为黑色，粗细为30；随后勾选“阴影”复选框，设置颜色为白色，随后设置好不透明度、模糊度、距离以及角度各项参数，如图4-13所示。字幕的设置效果如图4-14所示。

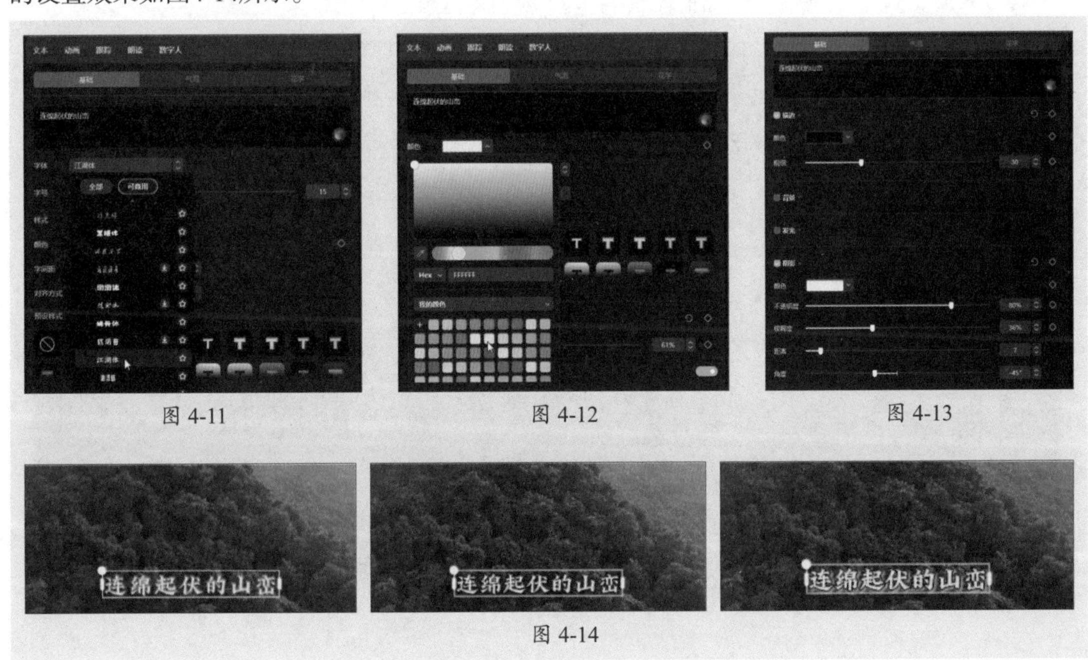

图 4-11　　　　图 4-12　　　　图 4-13

图 4-14

4.1.3　创建花字效果

花字让字幕更有趣味性，剪映提供了非常多的花字效果供用户选择。下面详细介绍花字的创建方法。

步骤 01 在时间线窗口中定位好时间轴，打开“文本”素材库，单击“花字”选项卡，如图4-15所示。

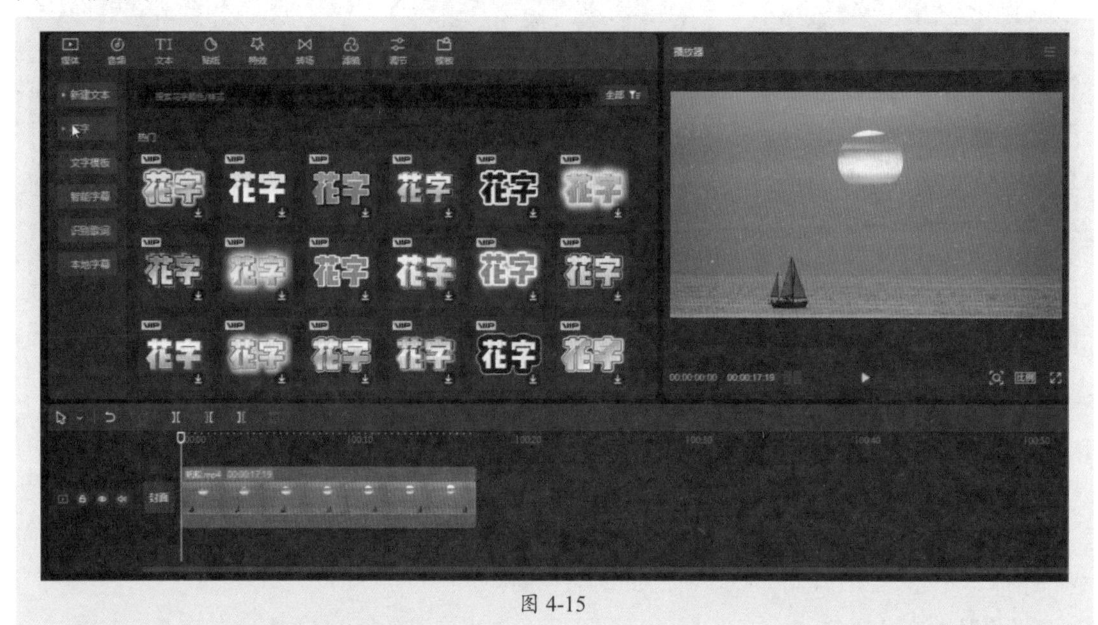

图 4-15

步骤 02 选择“发光”分类，将光标移动到想要使用的花字上方，先单击下载该花字，下载完成后该花字右下角会显示⊕按钮，单击该按钮。时间线窗口中随即添加一个文本轨道，并在时间轴右侧显示花字文本框，如图4-16所示。

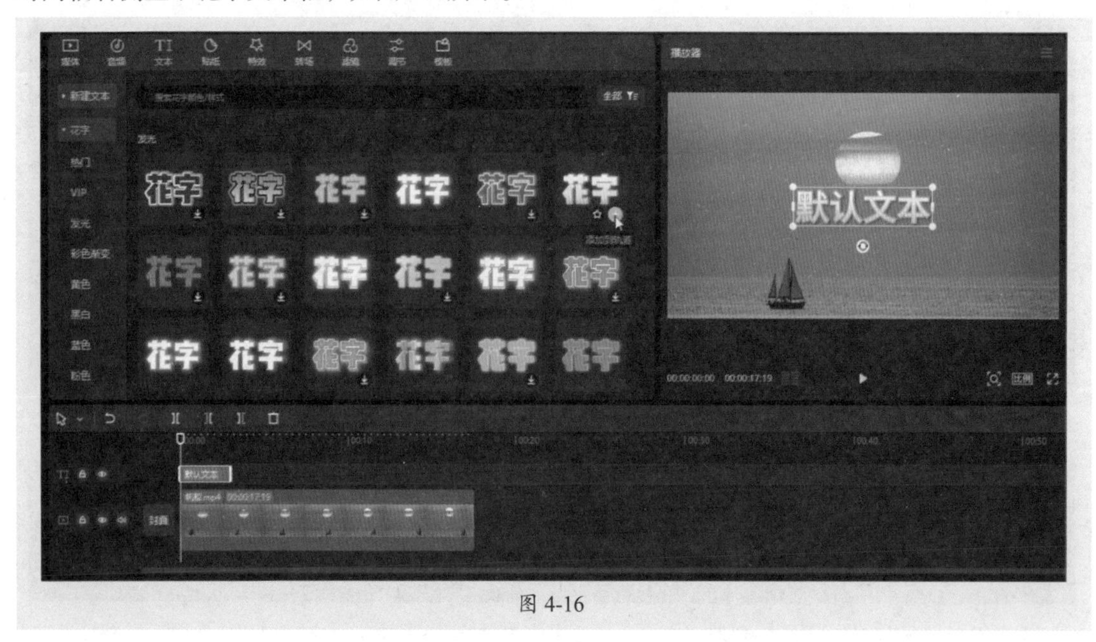

图 4-16

步骤 03 在“文本”功能区中的文本框内输入相应文字，如图4-17所示。

图 4-17

步骤04 在“文本”功能区中的“基础”选项卡内还可以对花字的字体、对齐方式等进行设置，如图4-18所示。

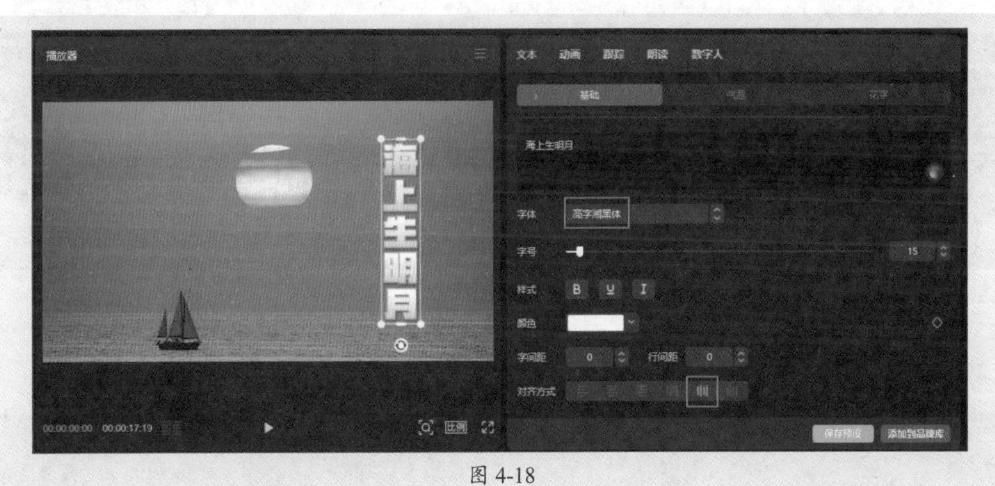

图 4-18

步骤05 在“文本”功能区中切换至“花字”选项卡，在这里可以选择其他花字模板，如图4-19所示。

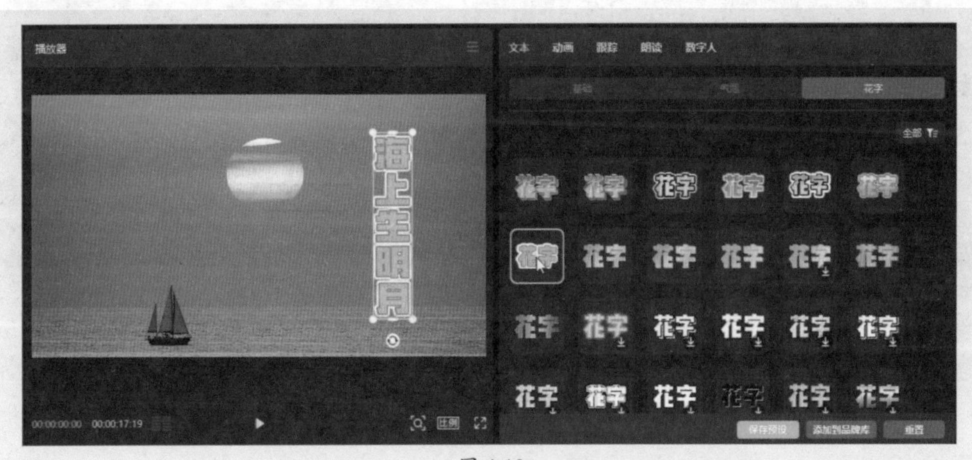

图 4-19

4.1.4 创建气泡效果

扫码看效果

除了花字，剪映还提供了丰富的气泡效果，能够帮助用户快速制作出精美的文字效果。为文字添加气泡效果的具体操作方法如下。

步骤01 在“文本”素材库中打开“新建文本”选项卡，单击“默认文本”右下角的按钮，添加文本框，如图4-20所示。

图 4-20

步骤02 在“文本”功能区中的文本框内输入相应内容，如图4-21所示。

图 4-21

步骤03 在“文本”功能区中打开“气泡”选项卡，选择相应的气泡模板，如图4-22所示。

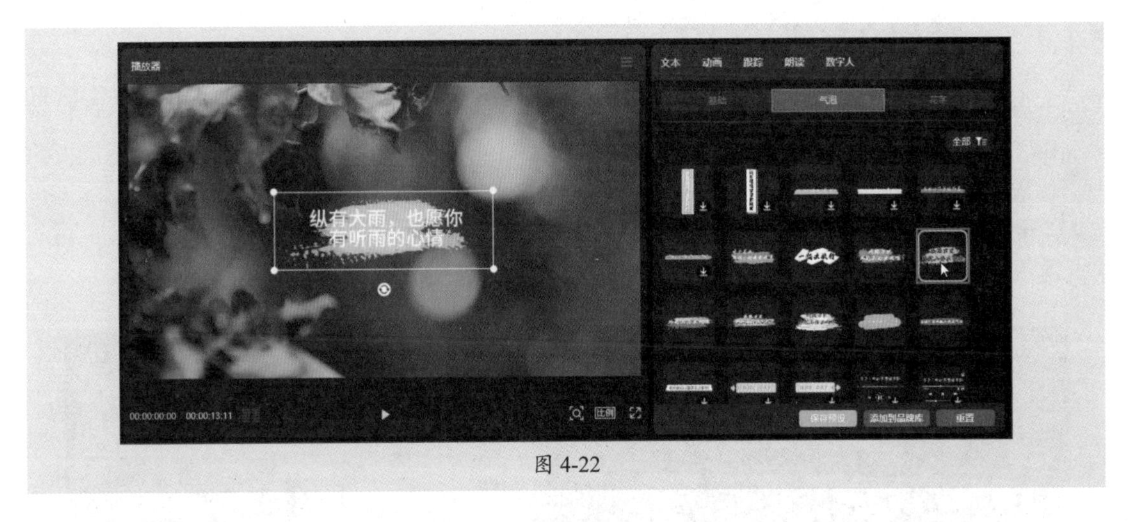

图 4-22

步骤04 对文字的版式进行适当调整。此处删除逗号，并按Enter键控制文本在合适的位置换行，如图4-23所示。

步骤05 拖动文本框任意一个边角的控制点，调整气泡大小，如图4-24所示。

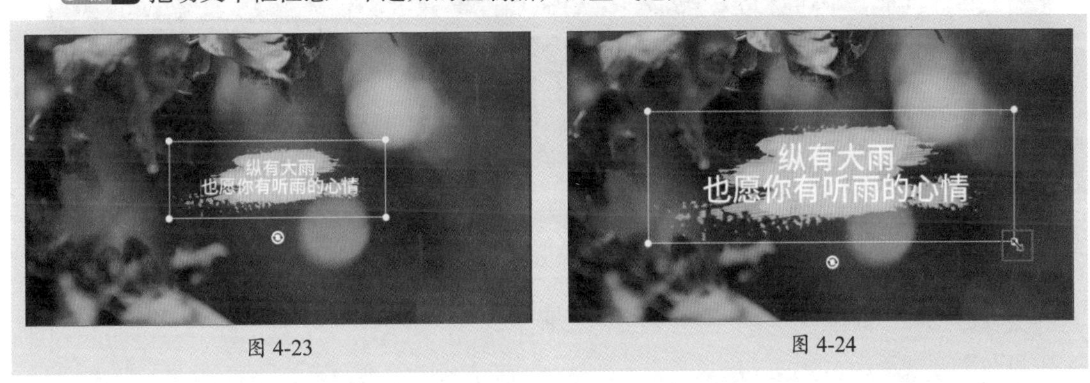

图 4-23　　图 4-24

步骤06 在文本轨道中拖动文本框素材右侧，使其时长与视频长度一致。这样，在视频播放过程中将会一直显示该气泡文字，如图4-25所示。

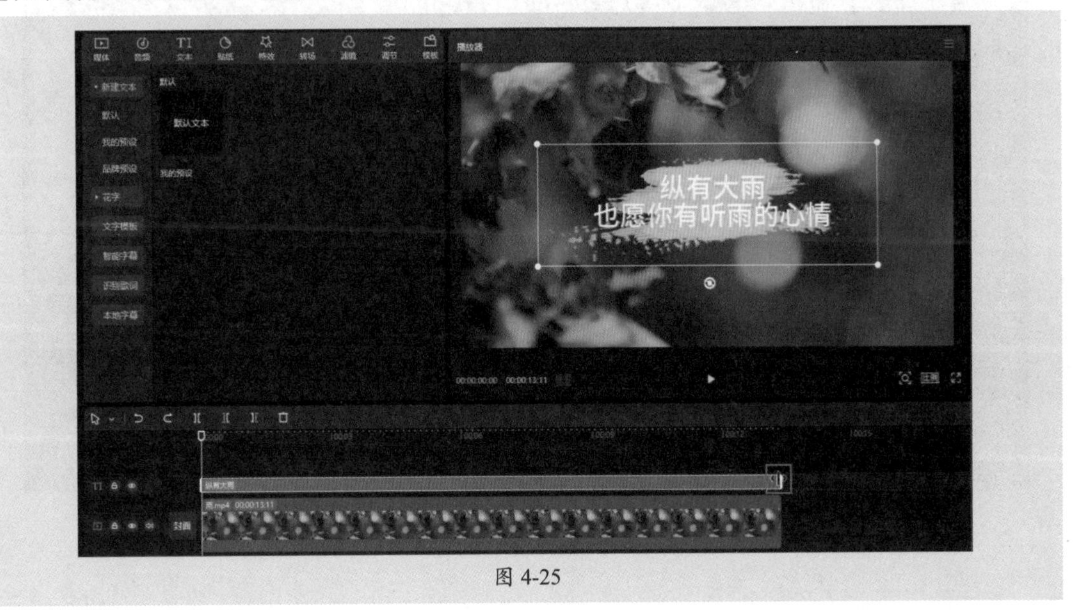

图 4-25

4.1.5 使用文字模板创建

扫码看效果

剪映的文本素材库中还提供了种类繁多的文字模板，且大多数文字模板都自带动画效果，用户只需选定某个文字模板便可得到炫酷的字幕。下面介绍文字模板的具体创建方法。

步骤 01 打开“文本”素材库，单击“文字模板”选项卡，展开所有文字模板分类，如图4-26所示。

图 4-26

步骤 02 选择“新闻”分类，并在合适的模板上方单击按钮，将该文字模板添加到文本轨道中，如图4-27所示。

图 4-27

步骤 03 保持文字模板为选中状态，在“文本”功能区中修改文本内容，如图4-28所示。

图 4-28

步骤 04 在“文本”功能区中设置文字模板的缩放比例和位置（或直接在播放器窗口中拖动文字模板进行调整），如图4-29所示。

图 4-29

步骤 05 设置完成后单击播放按钮，可以对该新闻标题文字模板进行预览，效果如图4-30所示。

图 4-30

动手练 千变万化的文字样式

扫码看操作

扫码看效果

添加基础字幕后可以使用系统预设的文字样式快速美化文字。下面介绍使用预设文字的具体操作方法。

步骤 01 导入视频片段，打开“文本”素材库，在“新建文本”选项卡中单击“默认文本”中的按钮，添加文本轨道，如图4-31所示。

图 4-31

步骤 02 在“文本”功能区中的文本框内输入相应的文本内容，如图4-32所示。

图 4-32

步骤 03 单击“预设样式”下方的“展开”按钮，展开所有预设的文本样式，如图4-33所示。

图 4-33

步骤 04 选择一个预设样式，文本内容随即应用该样式，如图4-34所示。

图 4-34

步骤 05 在播放器窗口中拖动文本框任意一个边角，缩放字幕，随后将字幕拖动到合适的位置，如图4-35所示。

步骤 06 使用预设文字样式制作字幕的效果如图4-36所示。

图 4-35

图 4-36

4.2 创建动态字幕

为字幕添加动画可以让字幕呈现动态效果，增加视频的美感和趣味性。剪映的动画效果包括入场、出场以及循环三种类型。下面对这三种动画的使用方法进行详细介绍。

4.2.1 添加入场动画

入场动画指对象（素材）在进入视线时做出的动画，为字幕添加入场动画的具体方法如下。

步骤 01 在时间线窗口中选中要添加动画的字幕元素，此处使用鼠标框选的方法将同一文本轨道中的文本元素全部选中，如图4-37所示。

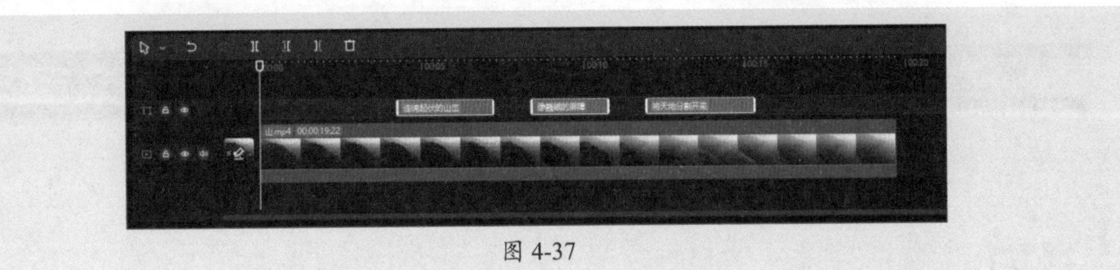

图 4-37

步骤 02 在“动画”功能区中的“入场”选项卡中选择相应的动画，如图4-38所示。选中的文本元素随即被添加该动画效果。

图 4-38

步骤 03 添加动画后可以在功能区底部调整动画时长，如图4-39所示。

图 4-39

知识拓展

添加入场动画后，在文本轨道中可以看到，所选文本元素底部会显示一条向右的箭头，如图4-40所示。

图 4-40

步骤 04 预览视频，查看为字幕添加入场动画的效果，如图4-41所示。

图 4-41

4.2.2 添加出场动画

出场动画指对象离开画面时做出的动画，用户可以为同一元素同时添加入场动画和出场动画。为字幕添加出场动画的具体方法如下。

步骤 01 在时间线窗口中选中需要添加动画的文本元素，打开“动画”功能区，切换到“出场”选项卡，选择需要的出场动画，如图4-42所示。

图 4-42

步骤 02 出场动画添加成功后，可以在动画功能区底部对动画时长进行调整，如图4-43所示。

图 4-43

步骤 03 预览视频，查看为字幕添加出场动画的效果，如图4-44所示。

图 4-44

4.2.3 添加循环动画

循环动画是一种连续播放并不断重复的动画效果，持续展示给观众。下面介绍为文本添加循环动画的具体操作方法。

步骤 01 在时间线窗口中选择要添加动画的文本元素，在“动画”功能区中打开“循环”选项卡，选择要使用的循环动画，如图4-45所示。

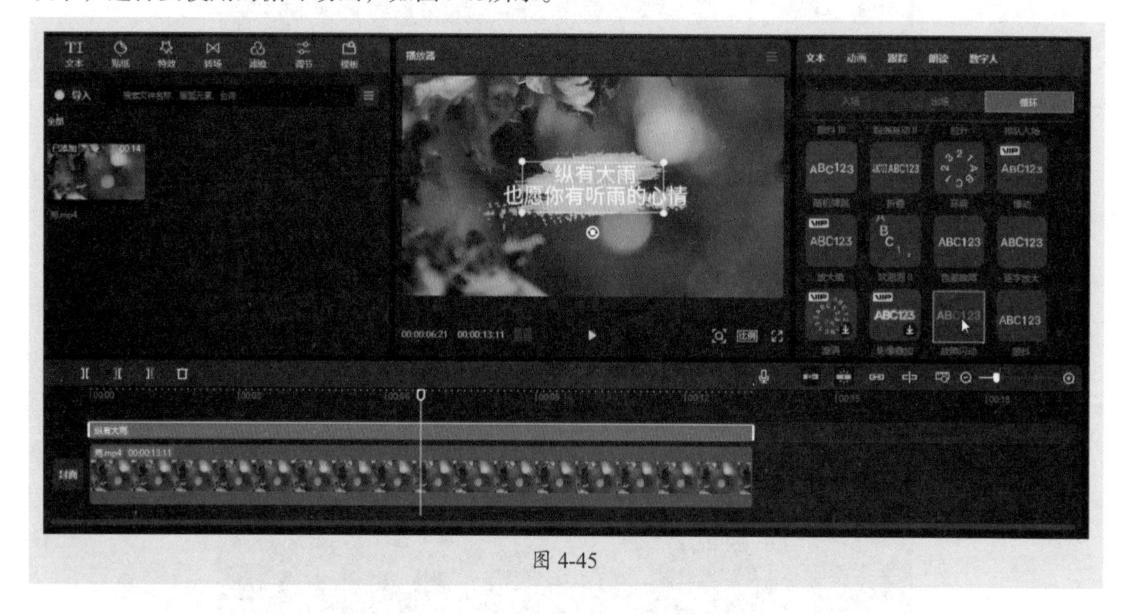

图 4-45

步骤 02 所选文本素材随即被添加相应循环动画，在动画功能区底部拖动滑块可以调整动画的速度，如图4-46所示。

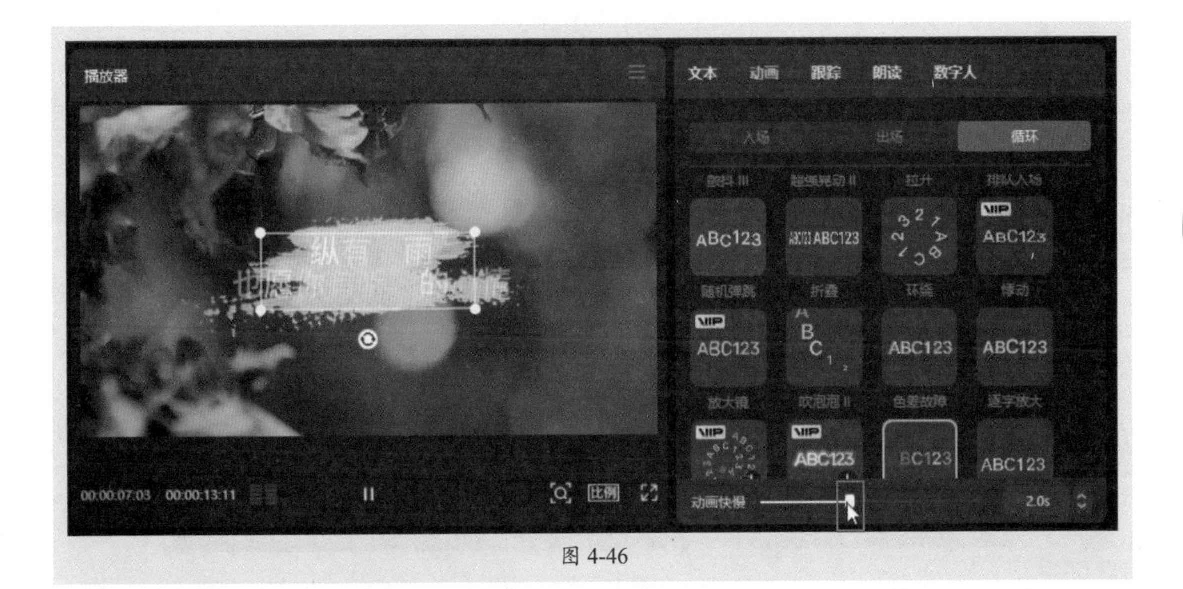

图 4-46

步骤 03 预览视频，查看为字幕添加循环动画的效果，如图4-47所示。

图 4-47

知识拓展

若要清除动画，可以在相应动画选项卡中单击“清除”按钮进行清除。例如，需要清除入场动画，则在“动画”功能区中打开“入场”选项卡，单击“无”按钮，如图4-48所示。

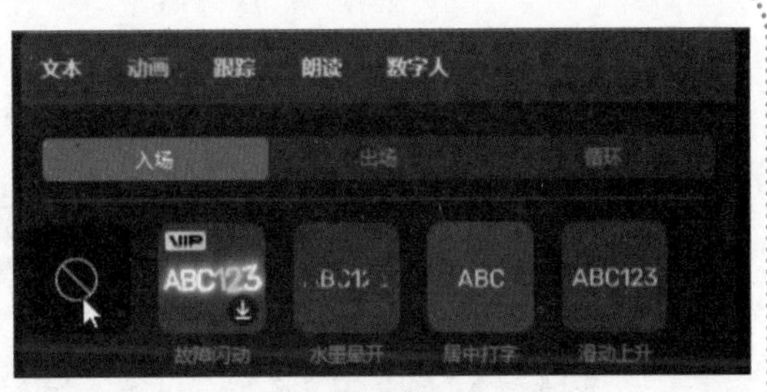

图 4-48

动手练 为花字添加动画效果

在添加完花字后，还可以为花字添加进入和退出动画，使花字字幕随着视频的节奏进行播放。具体操作方法如下。

扫码看操作

扫码看效果

步骤 01 在时间线窗口中移动时间轴，定位好要插入花字的时间点，打开“文本”素材库，单击“花字”选项卡，在合适的花字模板上

方单击 按钮，向文本轨道中添加相应花字，如图4-49所示。

图 4-49

步骤 02 在“文本”功能区中的“基础”选项卡中输入相应文字，如图4-50所示。

图 4-50

步骤 03 设置字体为“点宋体”，在播放器窗口拖动花字文本框，调整其位置，如图4-51所示。

图 4-51

步骤 04 切换至“动画”功能区，在“入场”选项卡中选择“向下溶解”动画效果，随后设置动画时长为1.2s，如图4-52所示。

图 4-52

步骤 05 切换到“出场”选项卡，选择“展开”动画效果，设置动画时长为0.9s，如图4-53所示。

图 4-53

步骤 06 预览视频，查看为花字添加入场和出场动画的效果，如图4-54所示。

图 4-54

4.3 智能识别字幕

剪映可自动识别音频中的文字，并将识别出的文字转换成字幕。下面介绍具体操作方法。

4.3.1 识别字幕

扫码看效果

智能识别字幕功能省去了手动输入字幕的麻烦。自动识别的字幕可以统一设置文本样式，并可以快速编辑和删除。下面介绍具体操作方法。

步骤 01 向剪映中导入包含人声的视频片段，打开“文本”素材库，单击“智能字幕”选项卡，如图4-55所示。

图 4-55

步骤 02 单击“识别字幕”中的“开始识别”按钮，如图4-56所示。

图 4-56

步骤 03 稍作等待后，音频中的人声随即被自动识别为字幕，在时间线窗口中的文本轨道中可以看到，这些字幕被自动分段显示，并与原声音位置对应。适当调整字幕的缩放比例，如图4-57所示。

图 4-57

步骤 04 打开“文本”功能区，切换到“花字”选项卡，为字幕应用一个满意的花字效果，如图4-58所示。

图 4-58

步骤 05 预览视频，查看自动识别的字幕效果，如图4-59所示。

图 4-59

知识拓展

在文本轨道中选择任意一个字幕，在窗口右上角会出现“字幕”功能区，在该功能区中可以快速浏览字幕、修改字幕中的错别字、添加新字幕、删除指定字幕等，如图4-60所示。

图 4-60

4.3.2 识别歌词

对于有背景音乐的歌曲音频，剪映也可以轻松提取其中的歌词，用户只需单击相应按钮即可快速完成操作。

扫码看效果

步骤 01 在剪映中导入视频和音频文件，并调整好音频在轨道中的位置，打开“文本”素材库，单击“识别格式”选项卡，随后单击“开始识别”按钮，如图4-61所示。

图 4-61

步骤 02 歌词识别完成后，时间线窗口中随即自动添加文本轨道，并显示识别出的歌词文本，如图4-62所示。

图 4-62

步骤03 预览视频，查看自动识别的歌词效果，如图4-63所示。

图 4-63

动手练 文本朗读

扫码看操作

扫码看效果

剪映不仅可以根据声音自动识别文字，也可以朗读文本，将文字转换成声音。剪映提供了多种声音供用户选择，例如，温柔淑女、小萝莉、萌娃、新闻男生、老婆婆、甜美女孩等。用户可以根据视频的内容选择合适的声音。

步骤01 在时间线窗口中的文本轨道内选中要朗读的文本素材，如图4-64所示。

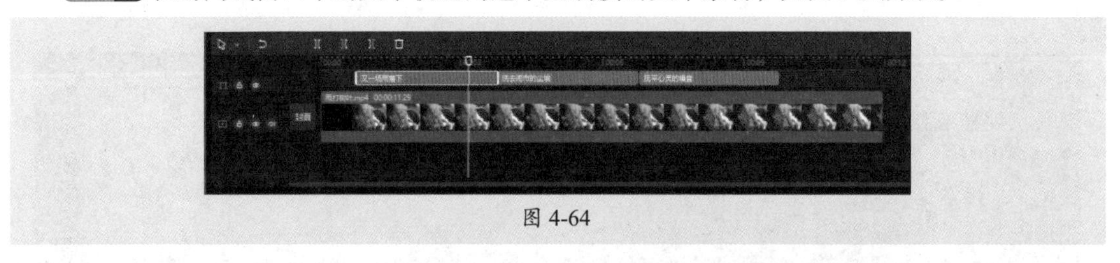

图 4-64

步骤02 在“朗读”功能区中单击需要的声音，即可预览该声音的朗读效果，如图4-65所示。

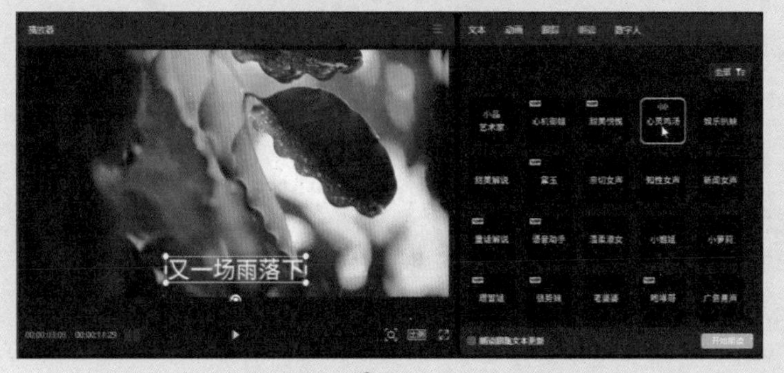

图 4-65

步骤 03 声音预览完毕后单击“开始朗读”按钮，如图4-66所示。

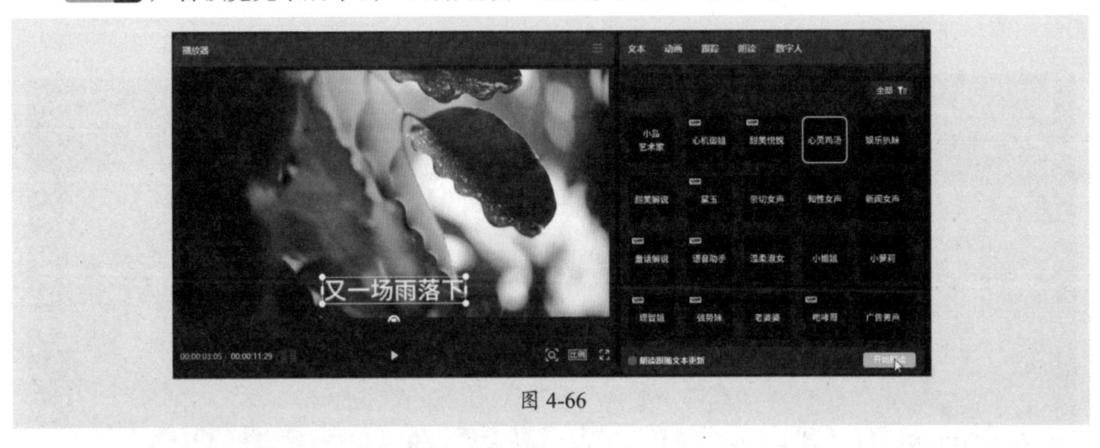

图 4-66

步骤 04 经过系统处理后，所选文本素材随即被指定声音朗读，时间轴中自动添加音频轨道显示该音频，如图4-67所示。

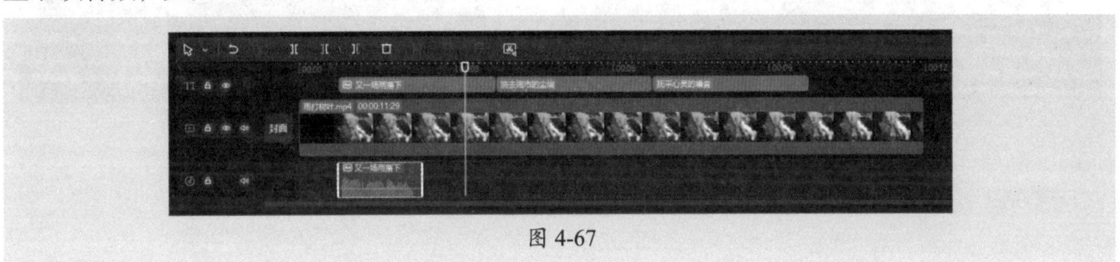

图 4-67

4.4 在视频中运用贴纸

剪映素材库中提供了大量的贴纸，这些贴纸根据类型的不同，常用于装饰、美化、遮挡、互动、引导等。

4.4.1 添加内置贴纸

扫码看效果

为视频添加贴纸的方法非常简单，用户只需在贴纸素材库中根据分类选择满意的贴纸即可应用。下面介绍具体操作方法。

步骤 01 打开“贴纸”素材库，单击“贴纸素材”选项卡，此时可以看到该选项卡中包含多种分类，如图4-68所示。

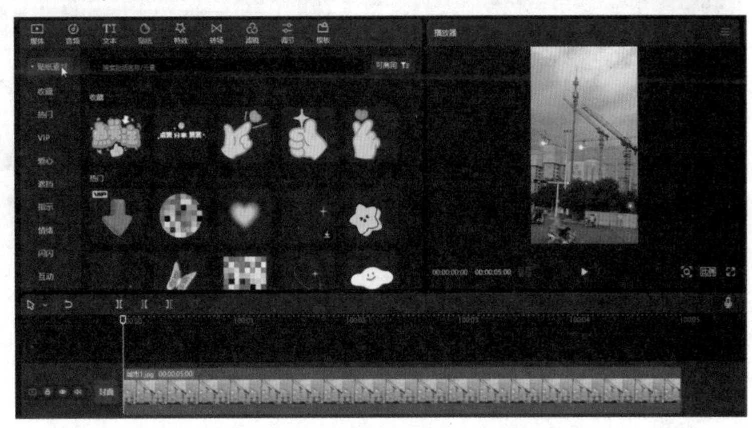

图 4-68

步骤 02 选择“电影感”分类，在需要使用的贴纸上方单击 按钮，时间线窗口中随即新增素材轨道，并显示新添加的贴纸素材，如图4-69所示。

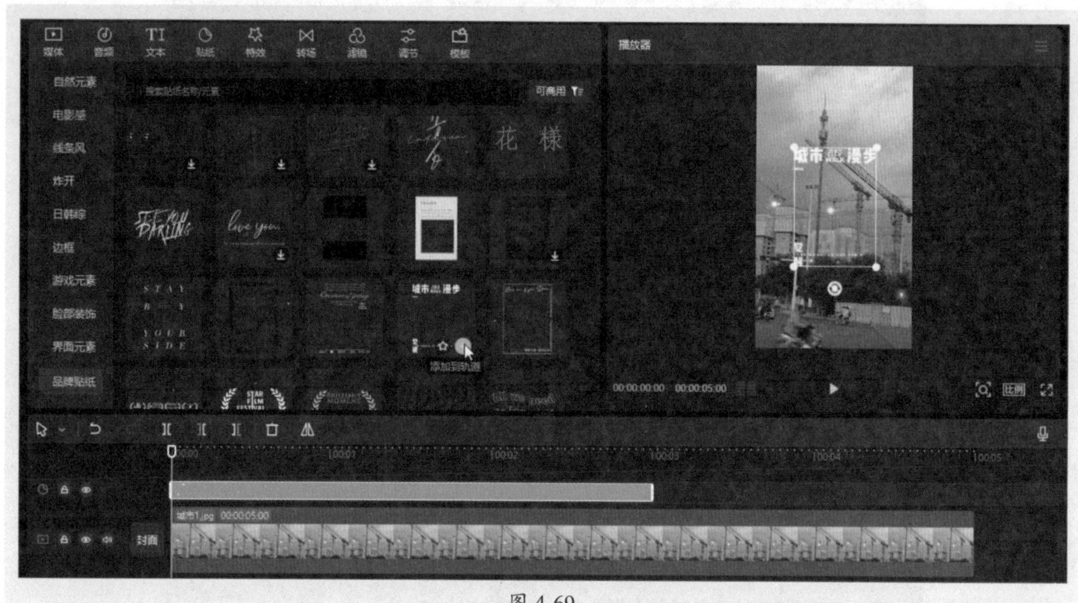

图 4-69

步骤 03 在播放器窗口中拖动贴纸，调整其大小和位置，如图4-70所示。

图 4-70

4.4.2 运动跟踪

扫码看效果

添加贴纸后，为了防止贴纸出现时太突兀，可以为贴纸添加入场动画。下面介绍具体操作方法。

步骤 01 导入视频素材，切换到“贴纸”素材库，打开“贴纸素材”选项卡，单击“指示”按钮，如图4-71所示。

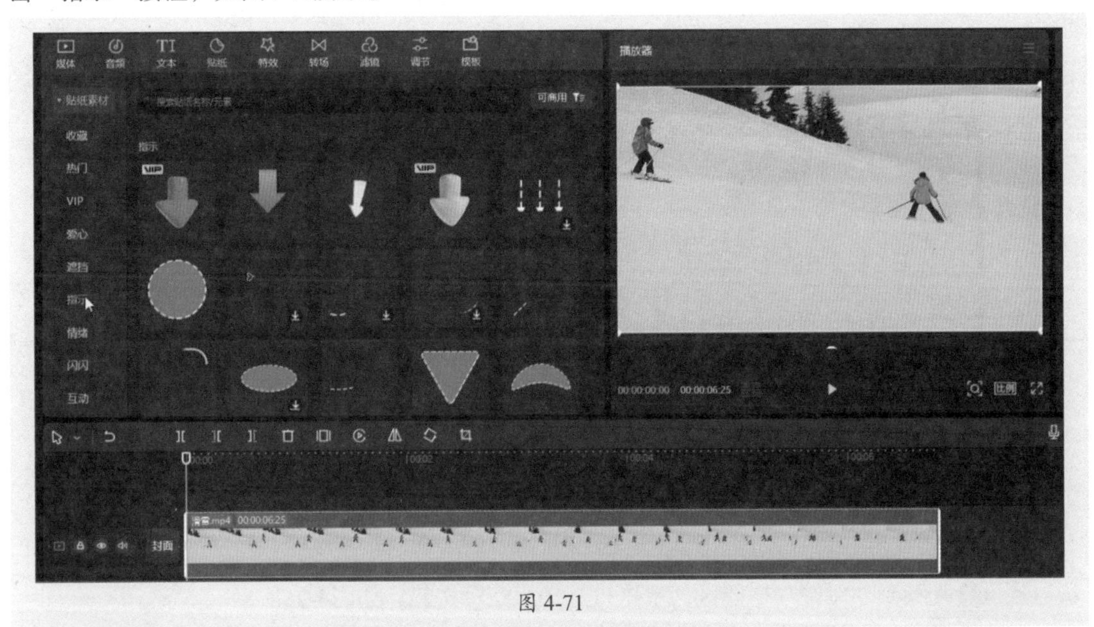

图 4-71

步骤 02 在需要使用的贴纸上方单击按钮，添加该贴纸素材，如图4-72所示。

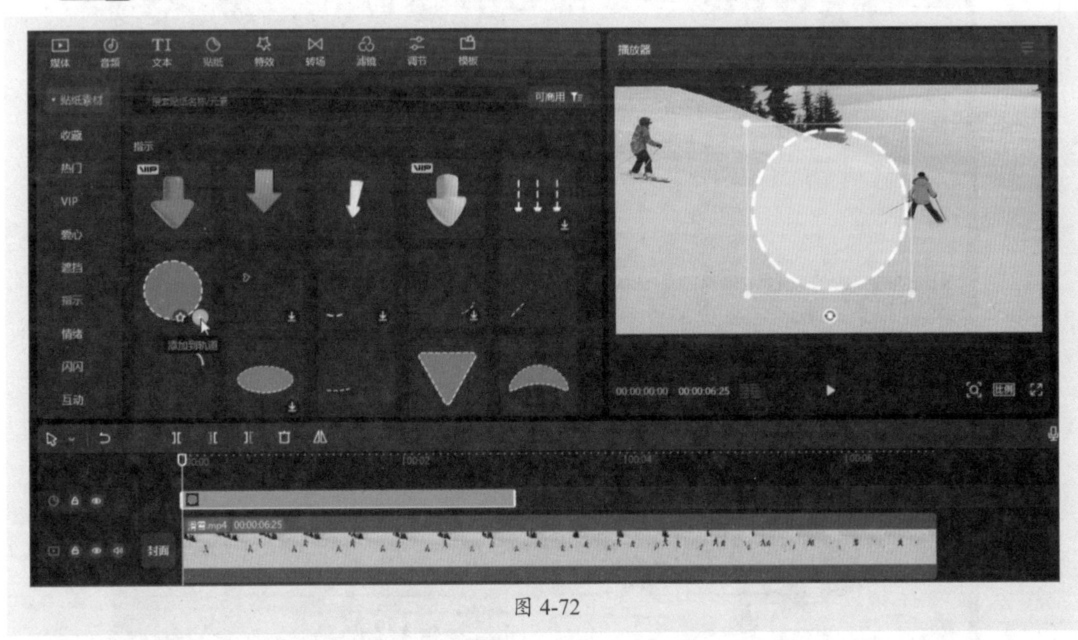

图 4-72

步骤 03 在时间线窗口中拖动贴纸素材右侧，使其与视频时长相同，如图4-73所示。

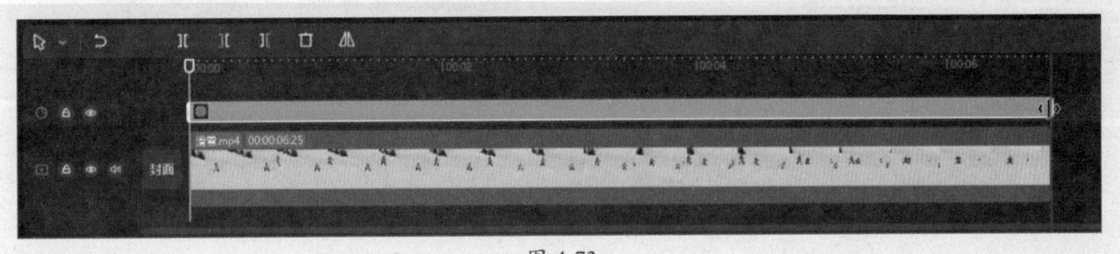

图 4-73

步骤 04 使时间轴停止在第一帧画面，在播放器窗口调整贴纸的大小和位置，此处将贴纸移动到画面需要跟踪的人物上方，如图4-74所示。

图 4-74

步骤 05 切换到“跟踪”功能区，单击“运动跟踪”按钮，如图4-75所示。

图 4-75

步骤 06 在播放器窗口中拖动黄色定位框，将其移动至贴纸上方，如图4-76所示。

图 4-76

步骤07 在“跟踪”功能区中单击“开始跟踪”按钮，如图4-77所示。系统随即进行跟踪处理，处理时长根据视频的长短决定。

图 4-77

步骤08 跟踪处理完成后，预览视频，查看运动跟踪效果，如图4-78所示。

图 4-78

知识拓展

在素材库中使用视频、音频、文本、贴纸等素材时，可以单击该区域右上角的“筛选”按钮，筛选可商用素材，如图4-79所示。

图 4-79

动手练 收藏常用贴纸

常用的贴纸可以添加至收藏夹，以便下次使用。下面介绍收藏贴纸的具体操作方法。

步骤 01 在“贴纸”素材库中，将光标移动至需要收藏的贴纸上方，单击☆按钮，即可收藏该贴纸，收藏成功后星星图标会变为黄色★，如图4-80所示。

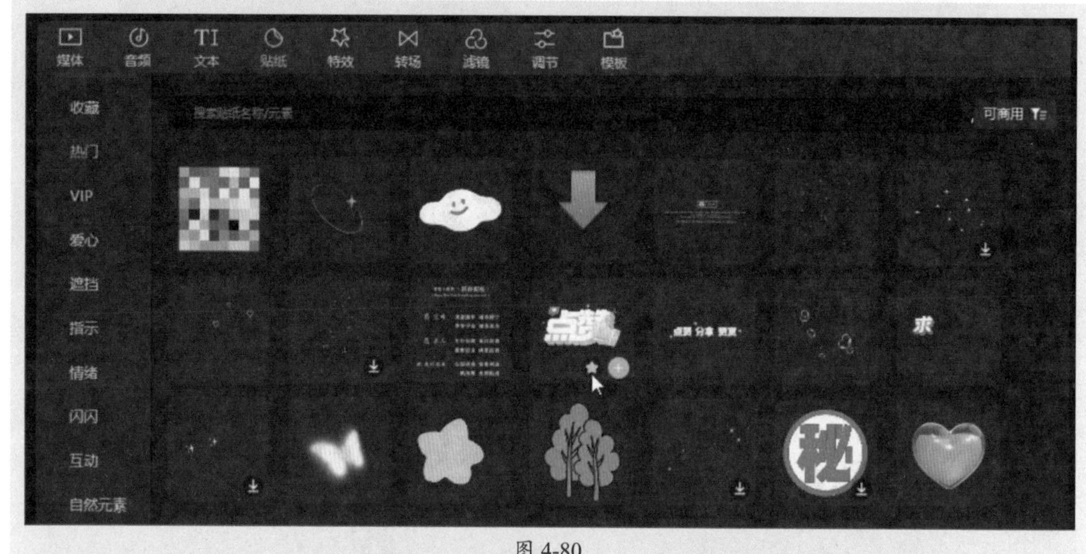

图 4-80

步骤 02 在“贴纸”素材库中打开“收藏”选项卡，可以查看收藏的所有贴纸，如图4-81所示。

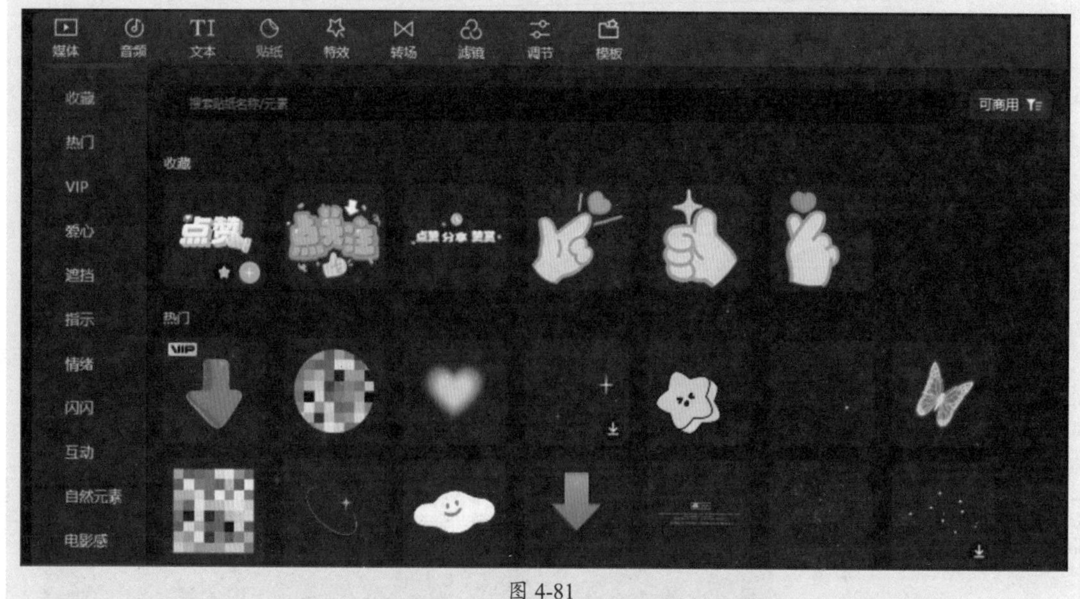

图 4-81

案例实战：制作文字故障片头

文字故障片头效果是一种常见的文字特效，如图4-82所示。通过对字幕的设置以及特效、混合模式等技巧的综合应用，便可制作出相应效果。下面介绍文字故障片头的具体操作步骤。

扫码看操作

扫码看效果

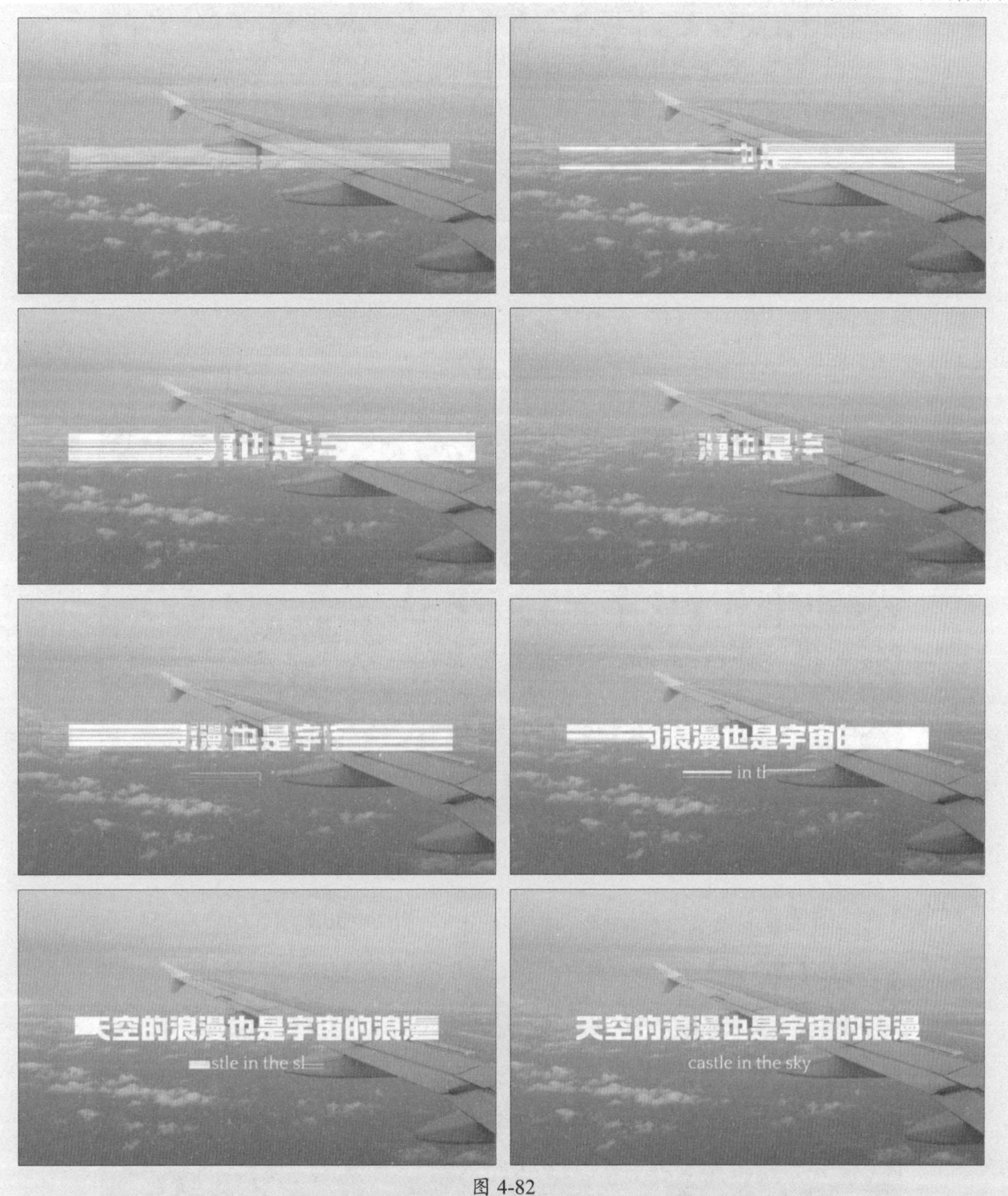

图 4-82

1. 添加字幕

步骤 01 启动剪映，在初始界面中单击“开始创作”按钮，如图4-83所示。

图 4-83

步骤 02 打开创作界面。在“文本”素材库中的“新建文本”选项卡中单击“默认文本”上的按钮，向时间线窗口中添加文本素材，如图4-84所示。

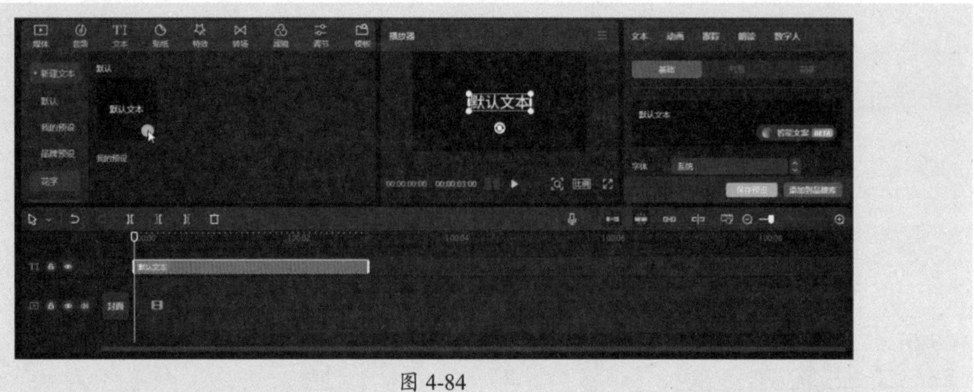

图 4-84

步骤 03 保持该默认文本素材为选中状态。在“文本”功能区中的“基础”选项卡中输入相应文字，如图4-85所示。

图 4-85

步骤 04 在当前选项卡中调整“缩放”比例为70%，如图4-86所示。

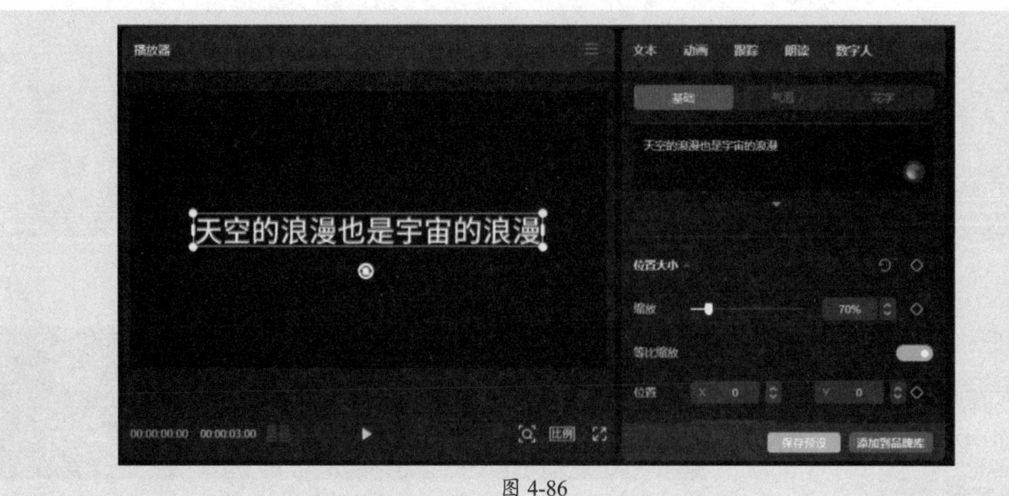

图 4-86

步骤05 设置“字体”为“高字标志黑”，如图4-87所示。

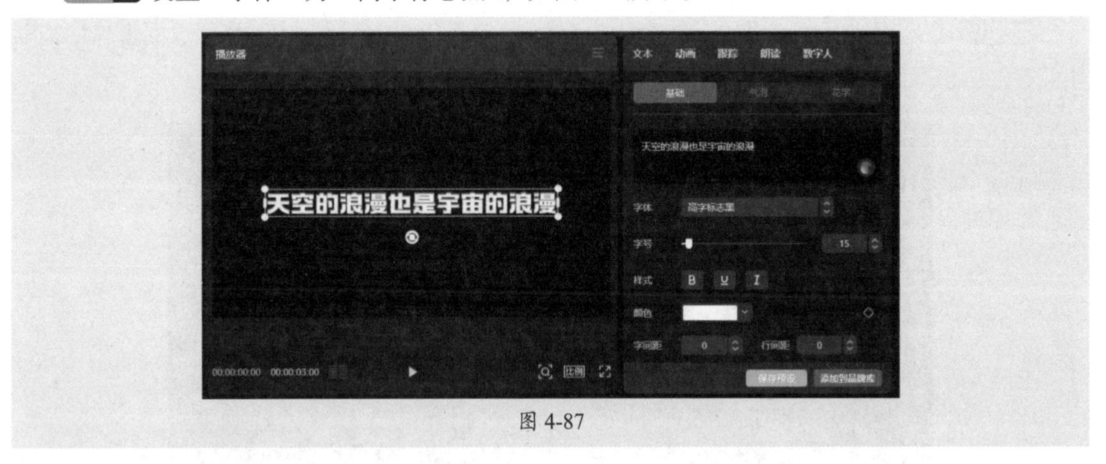

图 4-87

2. 为字幕添加动画

步骤01 保持文本素材为选中状态。切换到“动画”功能区，在“入场”选项卡中选择“故障打字机”动画效果，如图4-88所示。

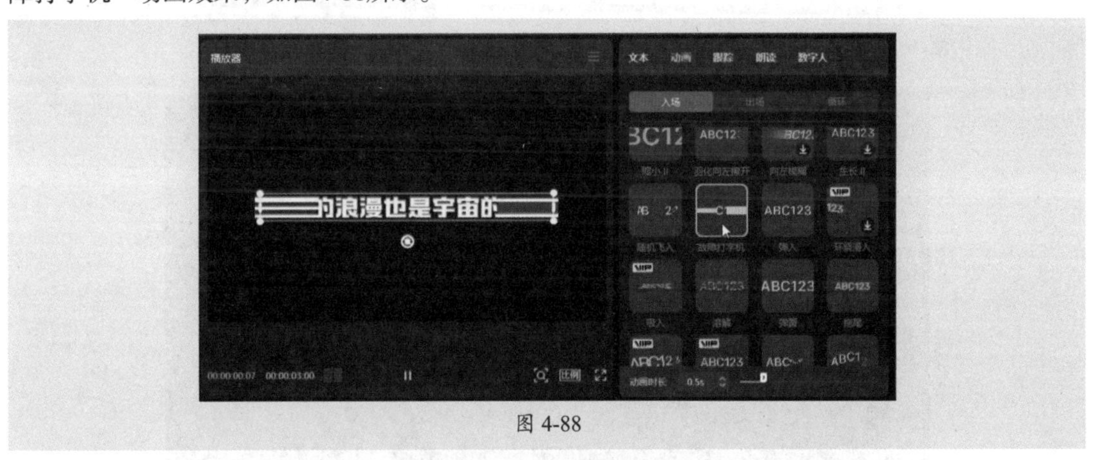

图 4-88

步骤02 在功能区下方设置“动画时长”为2.0s，如图4-89所示。

图 4-89

步骤03 在时间线窗口中“00:00:00:20”的时间点定位时间轴，继续添加一个新的默认文本素材。

步骤 04 在轨道中拖曳素材尾端，控制其结束时间与下方轨道中的素材相同。

步骤 05 输入相应内容。设置字体为Quattrocento-Regular、字号为10。在播放器窗口中拖动该文本框调整好位置，如图4-90所示。

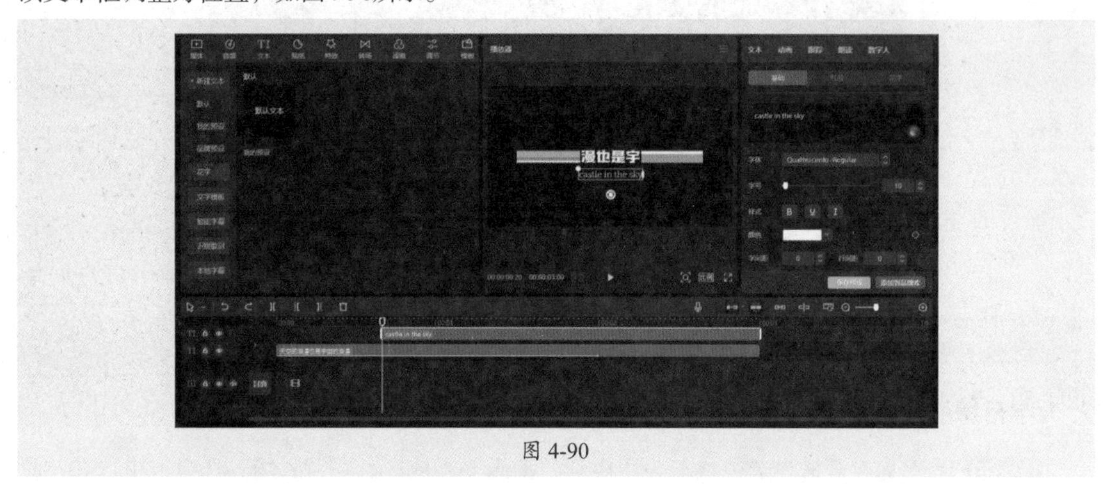

图 4-90

步骤 06 保持新添加的文本素材为选中状态，添加“故障打字机”入场动画，设置动画时长为1.6s，如图4-91所示。

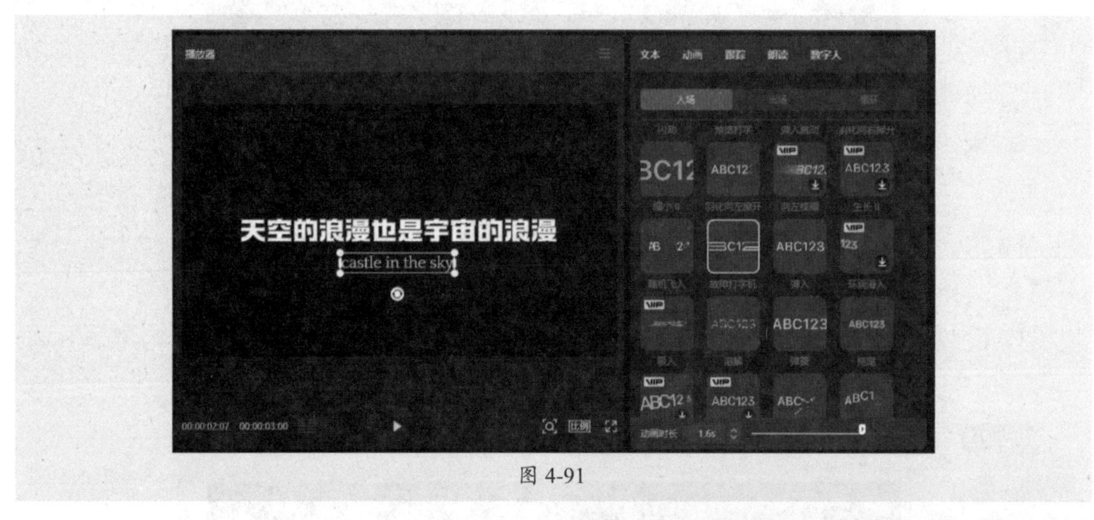

图 4-91

步骤 07 字幕设置完成后，导出为MP4格式备用，导出时设置标题为“故障文字”，如图4-92所示。

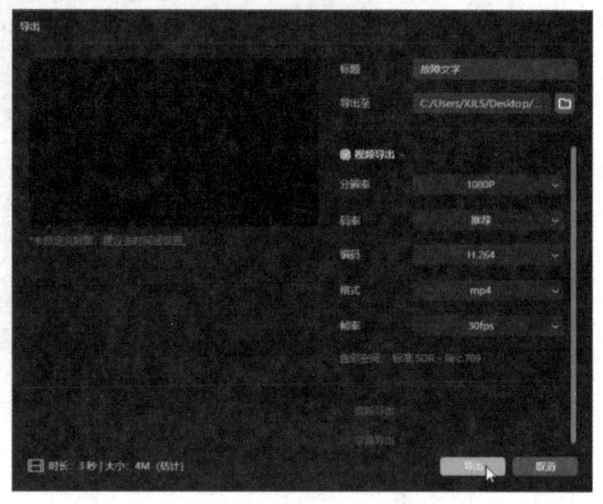

图 4-92

3. 制作片头效果

步骤 01 将导出的故障文字视频素材以及其他视频素材导入剪映创作界面，将“故障文字”视频素材拖动到上方轨道的最左侧，如图4-93所示。

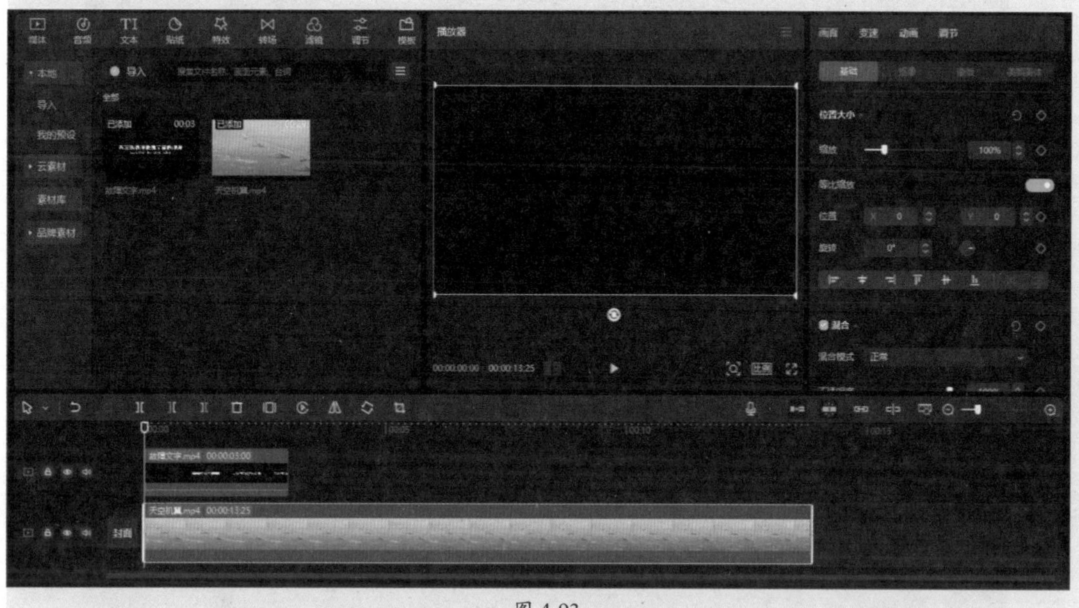

图 4-93

步骤 02 将时间轴定位于时间线窗口的最左侧。打开“特效”素材库，在“画面特效”选项卡中选择“动感”分类，选择“色差放大”特效，如图4-94所示。

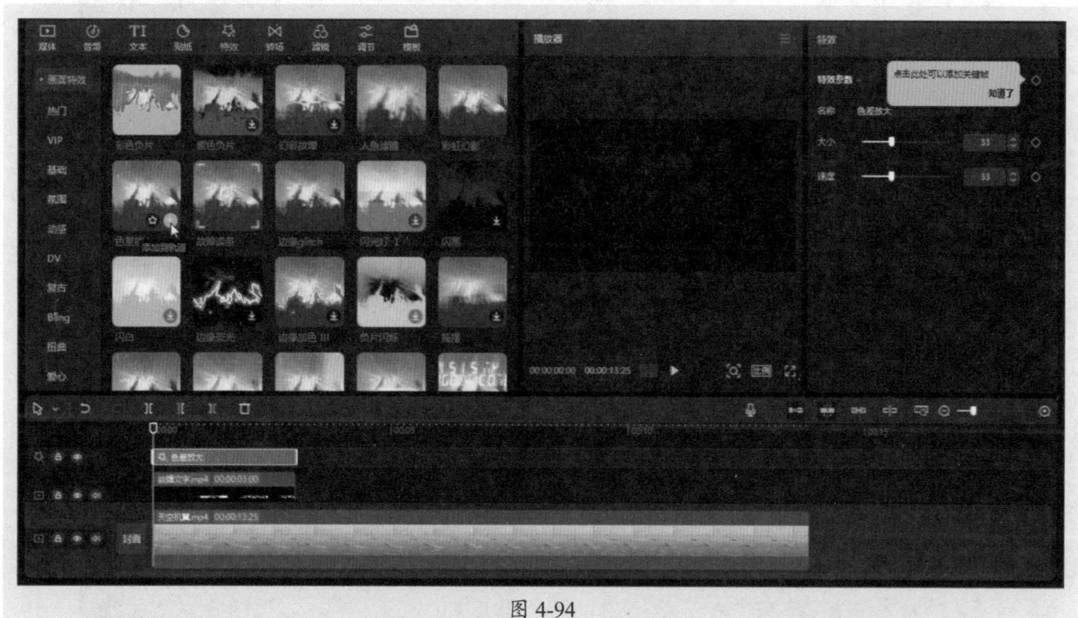

图 4-94

步骤 03 按住Ctrl键，在时间线窗口中依次单击“色差放大”特效以及“故障文字”视频素材，将这两个素材同时选中，随后右击所选素材，在弹出的快捷菜单中选择“新建复合片段”选项，如图4-95所示。

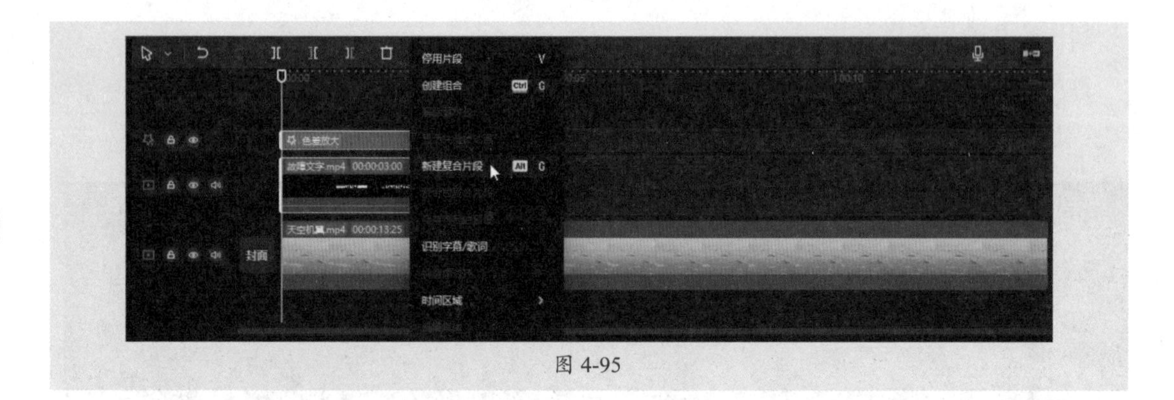

图 4-95

步骤 04 保持复合片段为选中状态，打开“画面”功能区，在“基础”选项卡中单击“混合模式”下拉按钮，在下拉列表中选择“滤色”选项，如图4-96所示。

图 4-96

步骤 05 至此完成文字故障片头的制作。单击“播放”按钮可预览最终效果，如图4-97所示。

图 4-97

新手答疑

1. Q：从素材库中添加素材时，为什么有些素材上方不显示⊕按钮？

A：初次使用系统提供的素材时需要先下载素材。单击素材即可下载，下载完成后将会显示⊕按钮，如图4-98所示。

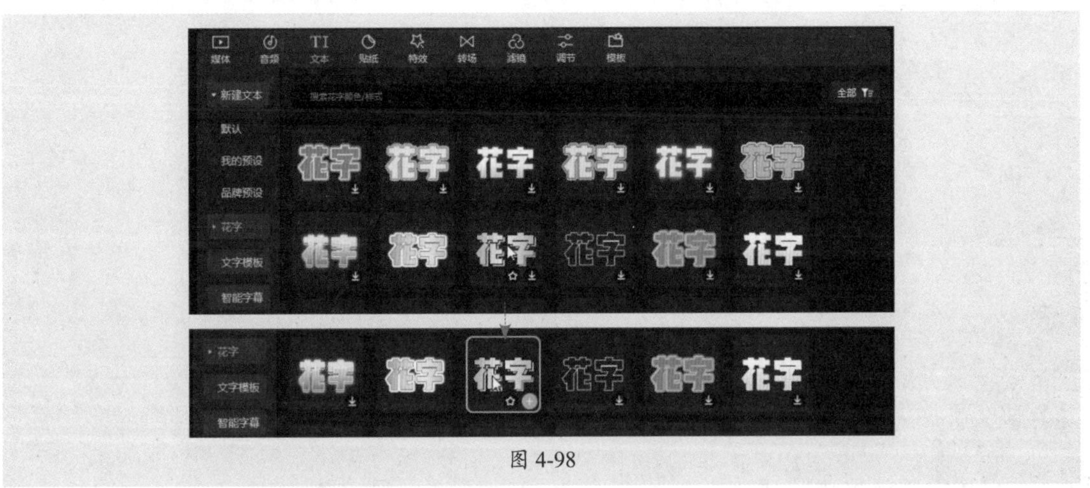

图 4-98

2. Q：如何取消素材的收藏？

A：在收藏夹中单击★按钮，即可取消相应素材的收藏，如图4-99所示。

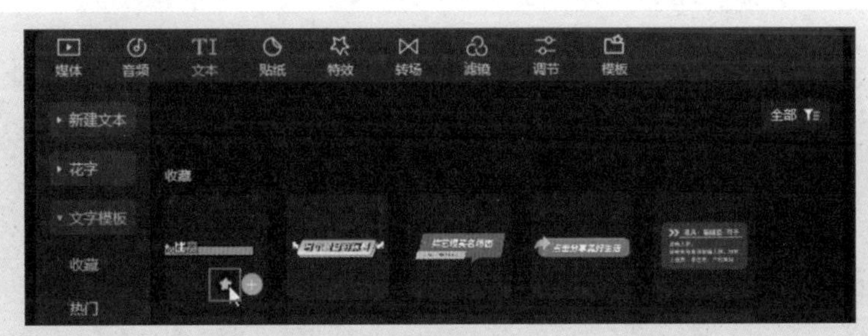

图 4-99

3. Q：如何为文本添加描边效果？

A：在“文本”功能区中的“基础”选项卡内勾选“描边”复选框，即可为文本添加描边效果，默认的描边为黑色，用户可以修改描边的颜色以及粗细，如图4-100所示。

图 4-100

00:00:00

第 5 章

配乐，让视频更活力

短视频除了需要有吸引人的内容外，还需要搭配合适的音乐才能达到较佳效果。音乐可以增强视频的氛围、情感和信息传递效果。因此，音乐的选择对于短视频的效果有着至关重要的使用。本章将对音频的添加和编辑进行详细介绍。

5.1 为视频添加配乐

高质量的短视频内容与音乐的节奏分不开，音乐是视频的灵魂，音乐能带动观众的情绪。在短视频制作中，音乐的选择应该被认真对待。

5.1.1 选择恰当的配乐

音乐在短视频中发挥着重要的作用，其既可以推进故事情节、烘托气氛，又能带动用户的情绪、引起共鸣、带来愉悦感，还可以增强视频的信息传递效果，同时提高视频的观看度和分享度。短视频制作者可以根据不同平台的特点和观众喜好，选择不同的音乐类型和风格，以获得更好的效果。常见的短视频配乐包括热门音乐、卡点音乐，以及情绪类音乐等。

1. 热门音乐

热门音乐即平台上比较火热的音乐，例如在抖音平台上非常火爆的背景音乐，用这样的背景音乐去配合简单明快、节奏清晰的画面，整个视频效果会非常出彩。

2. 卡点音乐

卡点顾名思义就是画幅的转换落在音乐或者节奏的最强音上，让画面和节奏更加协调与统一。卡点音乐是一种固定节奏的音乐，节拍强烈，变化丰富，使人快乐和兴奋。卡点音乐可以是各种风格，如流行、摇滚、蓝调、舞曲等。

3. 情绪类音乐

情绪类音乐主要是为了配合画面的情绪，要与画面和内容相契合。情绪音乐的类型包括轻快、舒缓、浪漫、动感、伤感、治愈等。

在选择背景音乐时，需要注意以下问题。首先，背景音乐的选择需要符合视频的主题和内容，不能与视频的内容产生冲突。其次，背景音乐的音量不能过大，否则会干扰到视频的观赏体验。最后，需要尊重版权，不使用未经许可的音乐，以免引发法律问题。

5.1.2 从音乐库中添加配乐

扫码看效果

剪映音频素材库中提供了海量的音乐素材，并且根据音乐的风格进行了细致的分类，用户可以根据视频的内容选择需要的背景音乐。下面介绍具体的操作方法。

步骤 01 在剪映创作界面中导入视频。打开“音频”素材库，单击“音乐素材”选项卡，如图5-1所示。

图 5-1

步骤 02 在展开的“音乐素材”选项卡中选择需要的音乐分类，此处选择“清新”分类，在添加音乐之前可以单击音乐选项，对音乐进行试听，如图5-2所示。

图 5-2

步骤 03 试听之后若确定要使用该音乐，则单击音乐选项中的按钮，将当前音乐添加到时间线窗口中的音频轨道中，如图5-3所示。

图 5-3

知识拓展

若音频长度超过视频，可以对多余的音频片段进行裁剪。拖动时间轴定位裁剪点，单击“向右裁剪”按钮，即可将多出的音频裁剪掉，如图5-4所示。

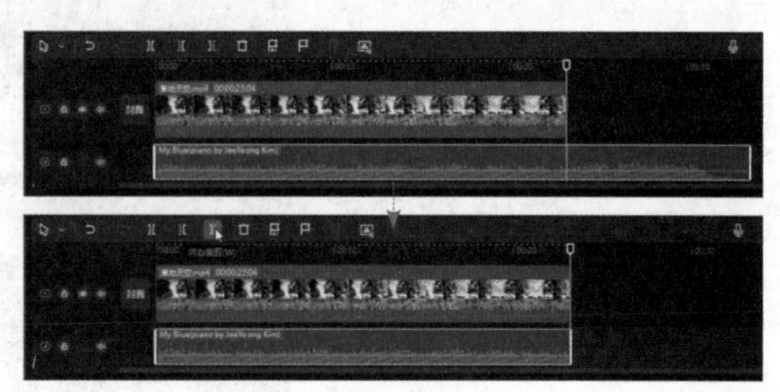

图 5-4

5.1.3 导入本地配乐

用户也可以使用自己准备的背景音乐，向剪映中导入音频文件的方法和导入视频基本相同。下面介绍导入本地音频文件的具体操作方法。

步骤 01 在“媒体”素材区中打开“本地”选项卡，单击“导入”按钮，如图5-5所示。

步骤 02 在打开的对话框中选择要使用的音频文件，并单击“打开”按钮，即可导入该音频文件。单击音频上方的按钮，可以将音频添加到轨道中，如图5-6所示。

图 5-5

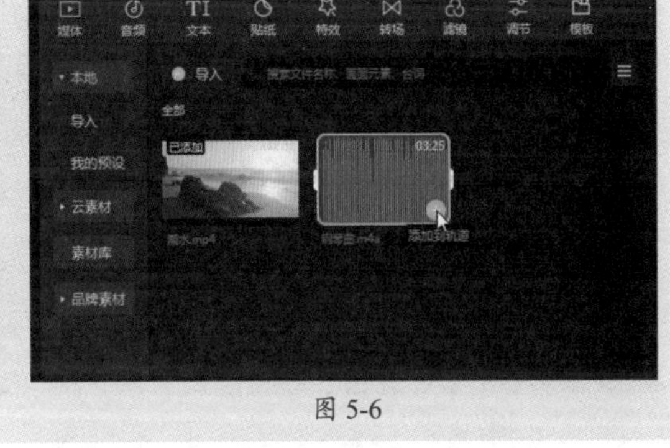

图 5-6

5.1.4 提取视频中的音乐

除了直接导入音频文件，剪映还支持提取视频中的音乐。如果用户想使用某段视频中的音乐，可以使用该功能。下面介绍具体操作方法。

步骤 01 打开“音频”素材库，单击“音频提取”按钮，在打开的界面中单击“导入”按钮，如图5-7所示。

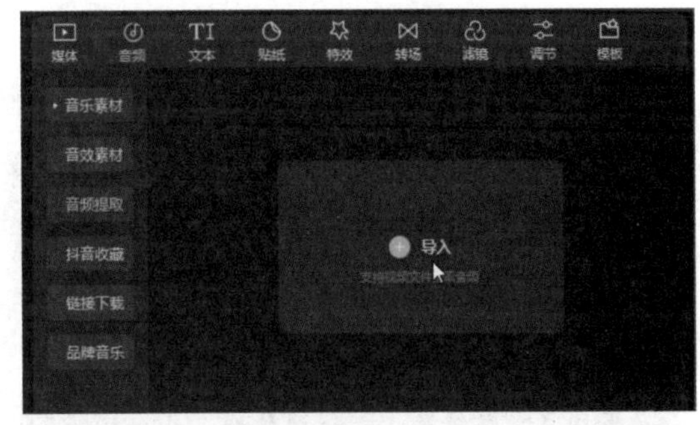

图 5-7

步骤 02 在打开的对话框中选择需要使用的视频文件，单击“打开”按钮，如图5-8所示。

图 5-8

步骤 03 所选视频文件中的背景音乐随即被导入剪映中，单击该音频中的 按钮，即可将背景音乐添加到轨道中，如图5-9所示。

图 5-9

动手练 根据名称搜索音乐

在剪映中，根据歌曲名称或歌手姓名可以快速搜索到相关的音乐素材。下面介绍具体的操作方法。

步骤 01 打开“音频”素材库，在“音乐素材”选项卡中的文本框内输入要搜索的歌曲名称或歌手姓名，随后单击要搜索的内容，如图5-10所示。

步骤 02 当前选项卡中随即显示搜索到的音乐，单击试听无误后可将音乐添加到轨道中，如图5-11所示。

图 5-10

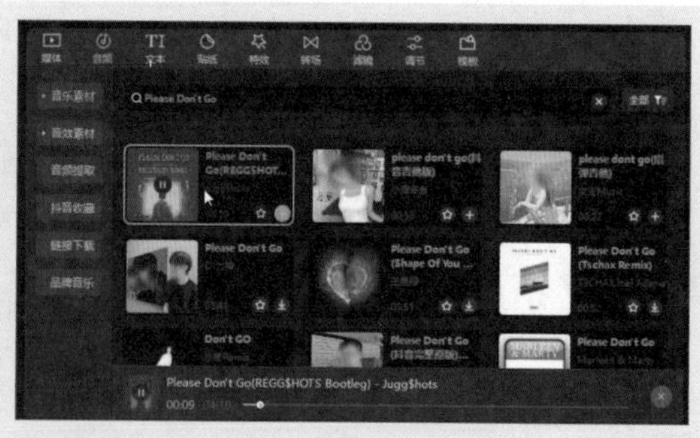

图 5-11

5.2 对视频原声进行处理

用户可以对视频的声音进行各种编辑，例如调整音频的音量、去除音频噪音、声音变调等。另外，视频中的声音与画面可以分离，进行单独编辑。

5.2.1 调整原声音量

扫码看效果

当视频的音量过大或过小时，可以对其音量进行快速调整。下面介绍调整视频音量的具体操作方法。

步骤 01 在时间线窗口中选中需要调整音量的视频素材，打开“音频”功能区。在“基础”选项卡中可以看到“音量”调整滑块，默认状态下音量显示为“0.0dB”，如图5-12所示。

步骤 02 向右拖动滑块可以增大音量，如图5-13所示。

步骤 03 向左拖动滑块可以减小音量，如图5-14所示。

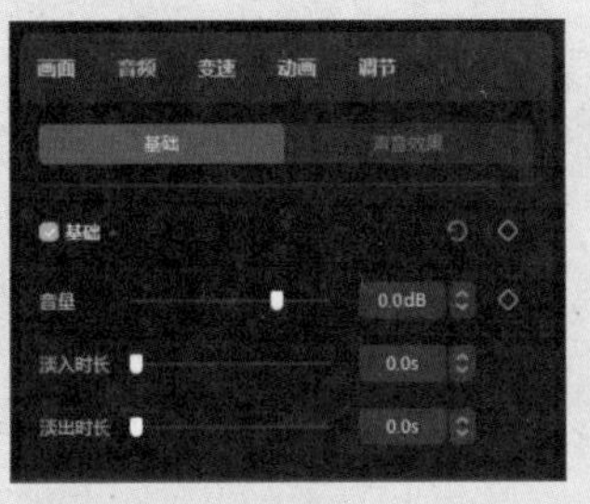

图 5-12

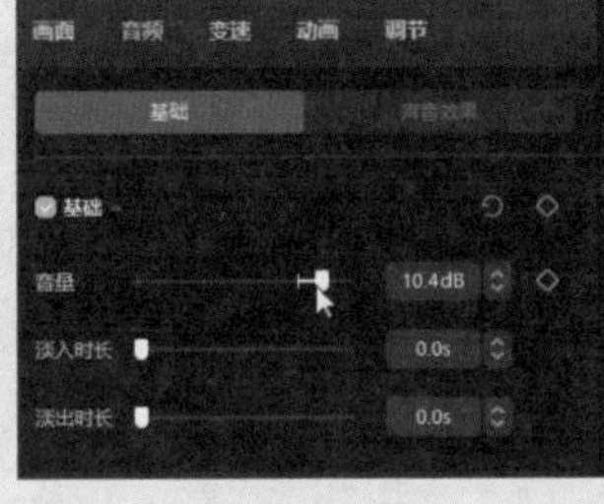

图 5-13

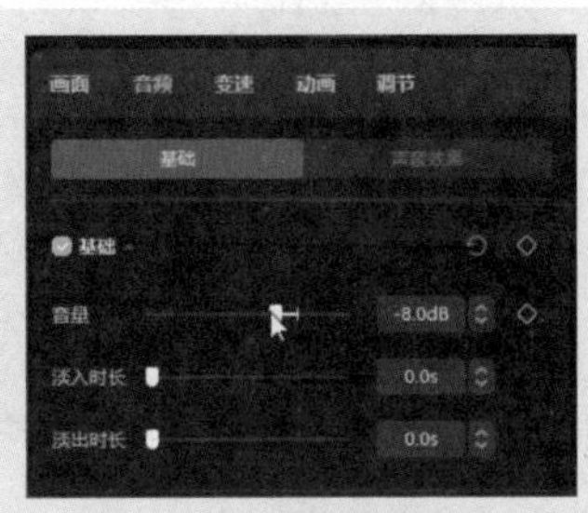

图 5-14

知识拓展

用户可以在视频轨道中快速调整音量大小。音、视频一体的视频素材中会显示声音波纹以及一条横线，将光标移动到横线上方，光标变成双向箭头时按住鼠标左键进行拖动，即可调整音量。将横线向上拖动为增加音量，将横线向下拖动为减小音量，如图5-15所示。

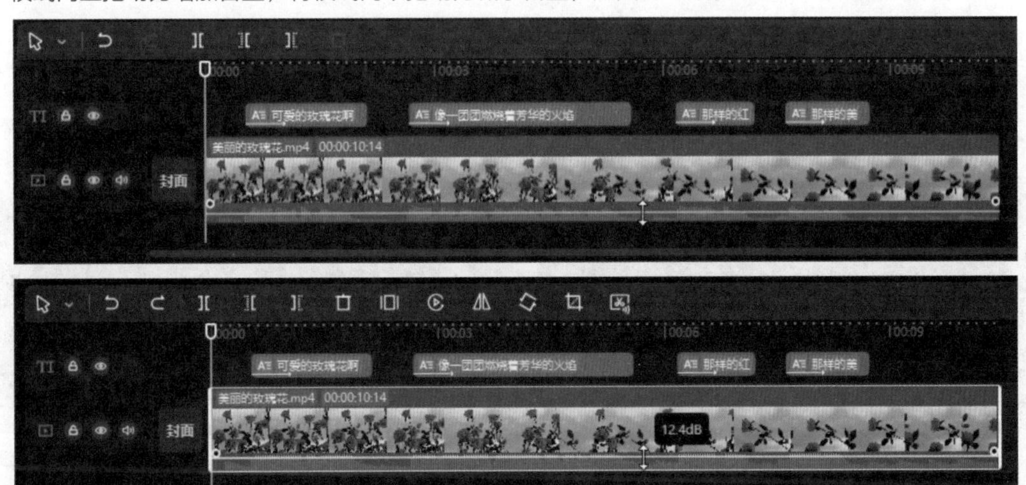

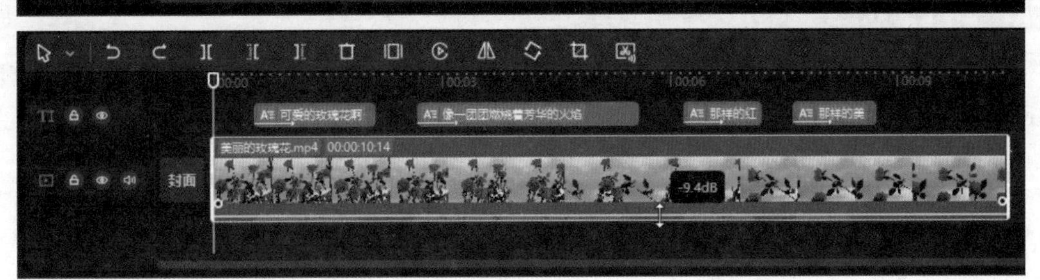

图 5-15

5.2.2 对原声进行降噪

剪映提供了一键降噪功能，在时间线窗口中选择需要进行降噪处理的视频或音频片段。在“基础”功能区中勾选“音频降噪”复选框，即可完成降噪，如图5-16所示。

图 5-16

5.2.3 音频分离

视频的声音可以与画面分离，在不同轨道中显示，以便对画面或声音进行单独编辑。下面介绍音频分离的具体操作方法。

步骤 01 在视频轨道中右击视频素材，在弹出的快捷菜单中选择“分离音频”选项，如图5-17所示。

步骤 02 所选视频中的音频随即被分离出来，自动在新建的音频轨道中显示，如图5-18所示。

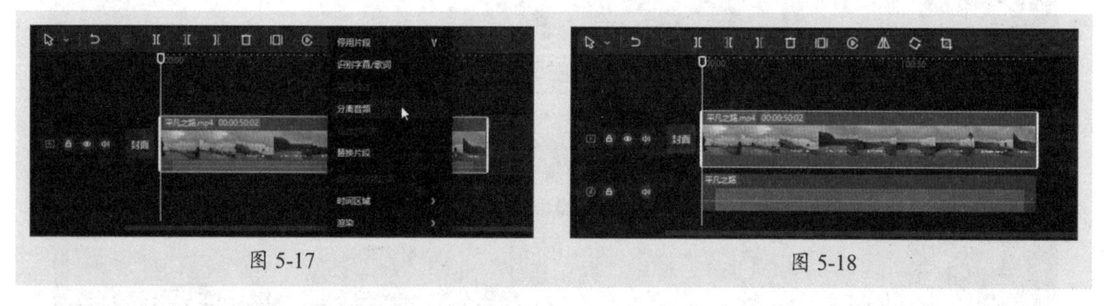

图 5-17　　图 5-18

动手练 停用背景音乐

编辑视频的过程中若想在不播放背景音乐的条件下，保留背景音乐文件，可以使用“停用片段”功能进行处理。下面介绍具体操作方法。

步骤 01 在音频轨道中右击音频素材，在弹出的快捷菜单中选择“停用片段”选项，如图5-19所示。

步骤 02 所选音频素材随即被停用，播放视频时，该音频将不会被播放，如图5-20所示。

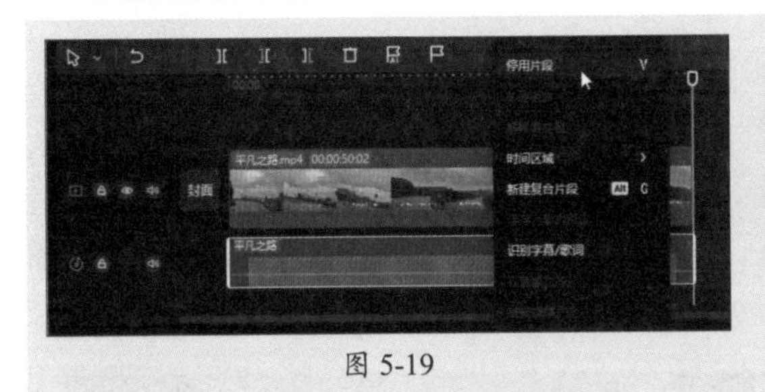

图 5-19

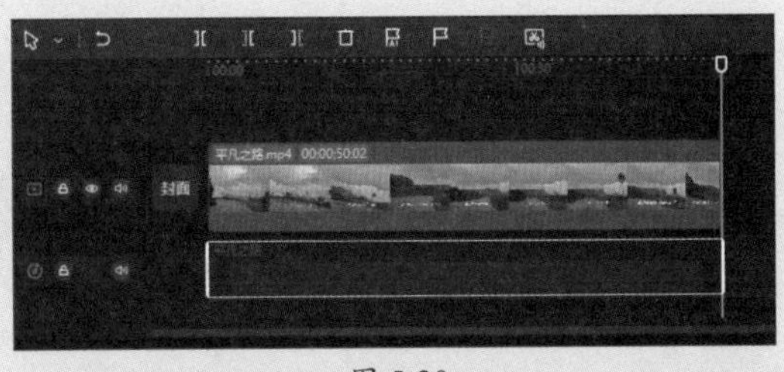

图 5-20

步骤 03 若要让停用的音频恢复播放，可以右击被停用的音频素材，在弹出的快捷菜单中选择“启用片段”选项，如图5-21所示。

图 5-21

5.3 对配乐进行二次编辑

音频除了可以进行最基础的编辑以外，还可以进行更多的优化处理，例如对音频进行分割、设置声音渐入渐出、音频变速和变调，以及设置音频踩点等。

5.3.1 分割音频素材

有时需要将一段音频素材分割成多段，并对分割后的每段音频进行单独编辑。分割音频的方法与分割视频相同。只需在时间线窗口中选择音频素材，然后拖动时间轴定位分割位置，单击“分割”按钮，即可分割视频，如图5-22所示。

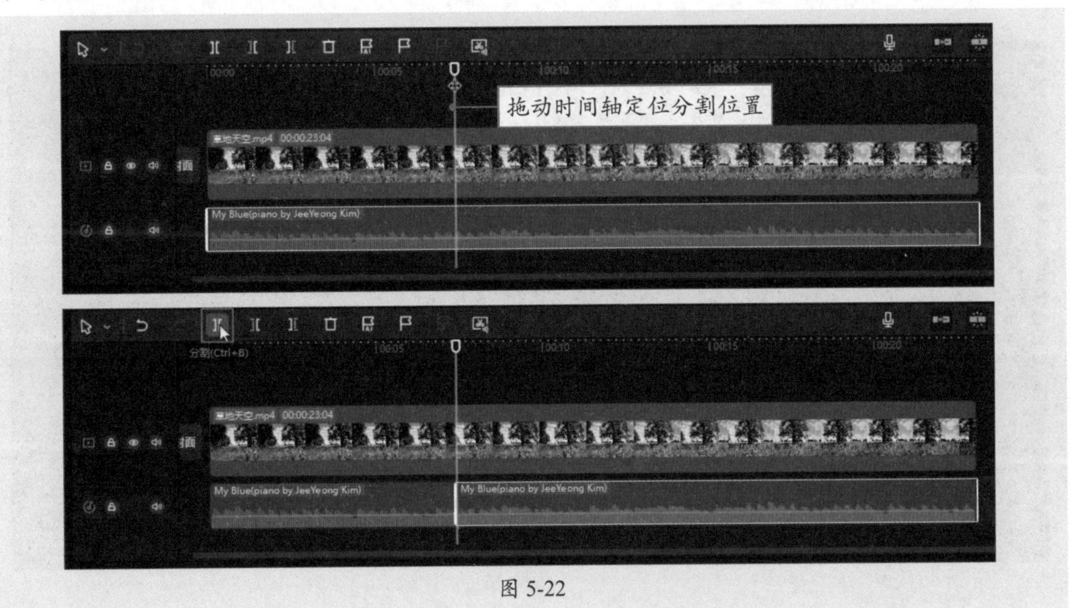

图 5-22

5.3.2 音频的淡入淡出

为视频添加背景音乐后，为了让音乐更好地融入视频，不会因为突然出现或停止而显得太突兀，可以为其设置淡入、淡出效果。淡入是音量由小逐渐转大的过程，淡出则正好相反，是音量由大逐渐转小的过程。下面详细介绍如何为音频设置淡入淡出效果。

在时间轴窗口中选择音频素材，打开“基础”功能区，拖动“淡入时长”滑块可以设置音频淡入的时间长度，拖动“淡出时长”滑块可以设置视频淡出的时间长度，如图5-23所示。

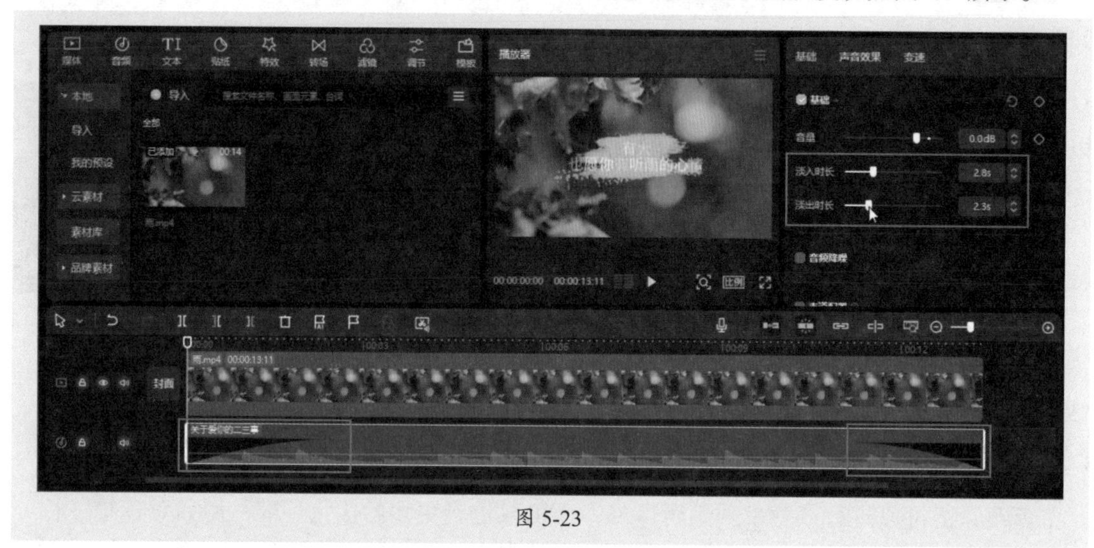

图 5-23

5.3.3 音频变速

通过音频变速可以调整语速，加快或放缓音频的播放速度。设置音频变速的方法非常简单，下面介绍具体操作步骤。

步骤 01 选中要进行变速的音频片段，打开“变速”功能区，此时可以看到音频的默认播放速度倍数为1.0x，如图5-24所示。

图 5-24

步骤 02 向右拖动滑块，可以加快音频播放速度，视频总时长随之变短，如图5-25所示。

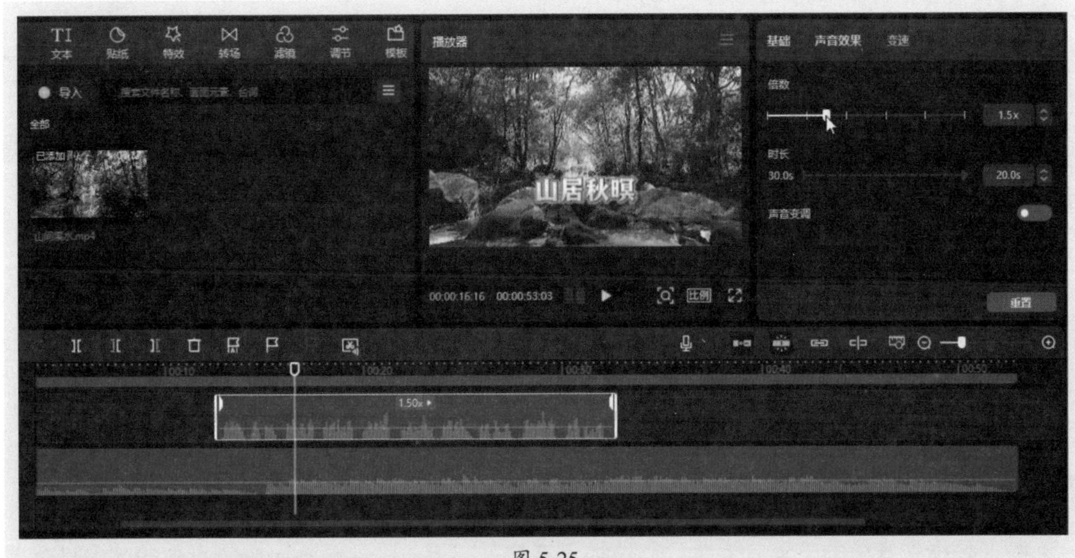

图 5-25

步骤 03 向左拖动滑块，可以放缓音频播放速度，视频总时长随之变长，如图5-26所示。

图 5-26

5.3.4 声音变调

视频或音频的原声可以进行变调处理，增加视频的趣味性。声音变调产生在音频变速的基础上。用户可以先设置变速再开启“声音变调”开关，或先开启“声音变调”开关再调整变速。下面介绍声音变调的具体操作方法。

步骤 01 在时间线窗口中选择需要对声音进行变调处理的视频或音频素材，打开“变速”功能区，单击“声音变调”按钮，使开关呈开启状态，如图5-27所示。

步骤 02 拖动“倍数”滑块，设置音频变速，即可让声音变调，如图5-28所示。

步骤03 用户也可单击“时长”右侧的 按钮，通过调整视频总时长控制音频变速，如图5-29所示。

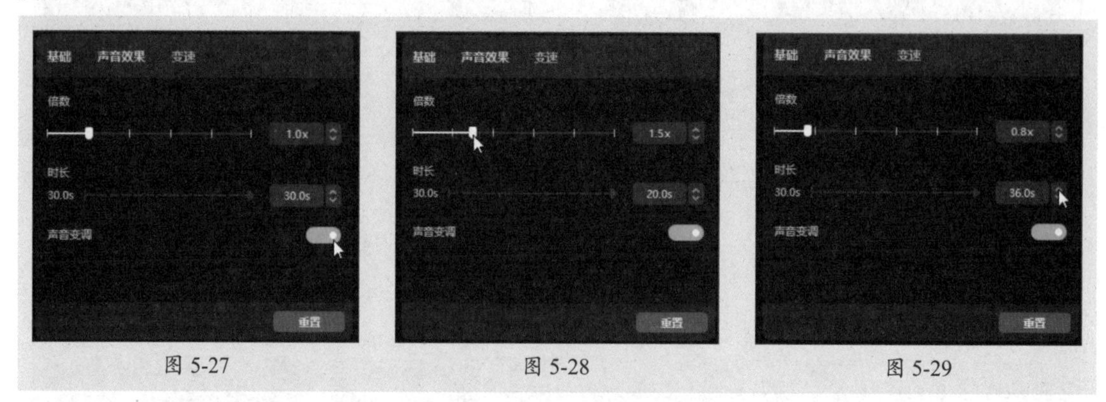

图 5-27　　图 5-28　　图 5-29

5.3.5　音频踩点

踩点是指在音乐的节奏、旋律、节拍等元素的基础上，将视频画面按照音乐的节奏进行剪辑，以达到画面与音乐完美同步的效果。下面介绍如何在剪映中对音乐进行踩点。

步骤01 在剪映中导入音频素材，随后将音频选中，单击“自动踩点”按钮，根据需要在下拉列表中选择踩点的频率，此处选择“踩节拍||”选项，如图5-30所示。

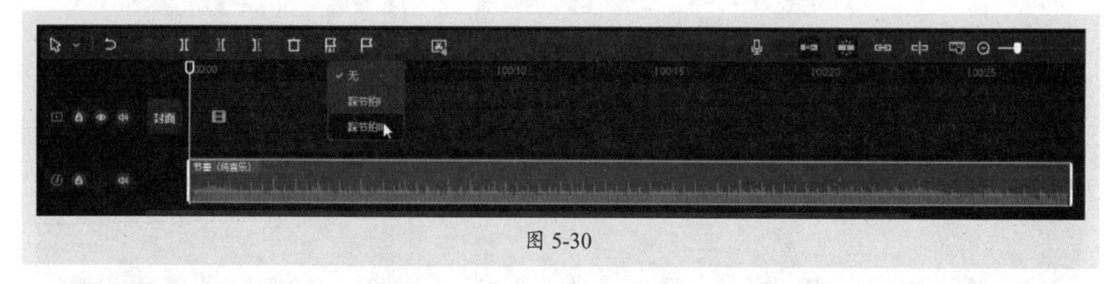

图 5-30

步骤02 所选音频片段随即根据节拍被自动添加踩点标记，如图5-31所示。

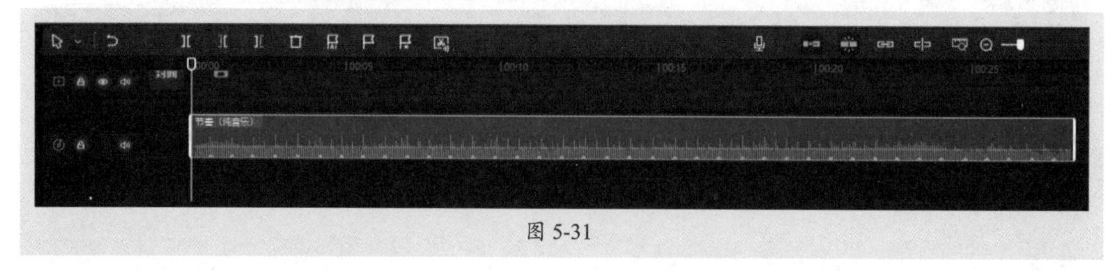

图 5-31

动手练　手动为音频踩点

除了自动踩点，用户也可以为音频手动踩点。下面介绍具体操作方法。

步骤01 在时间线窗口中选择音频片段，拖动时间轴定位时间点，随后单击“手动踩点”按钮，如图5-32所示。

步骤02 音频素材中时间轴对应的位置随即被添加踩点标记，如图5-33所示。

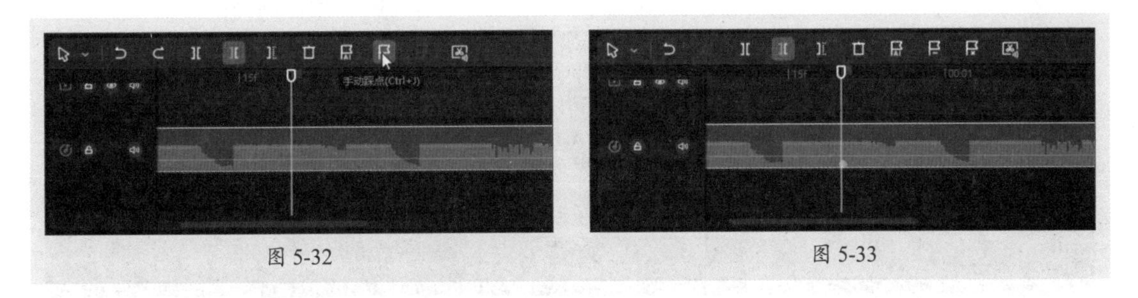

图 5-32　　图 5-33

步骤 03 参照上述方法继续在音频素材中手动添加更多踩点标记，如图5-34所示。

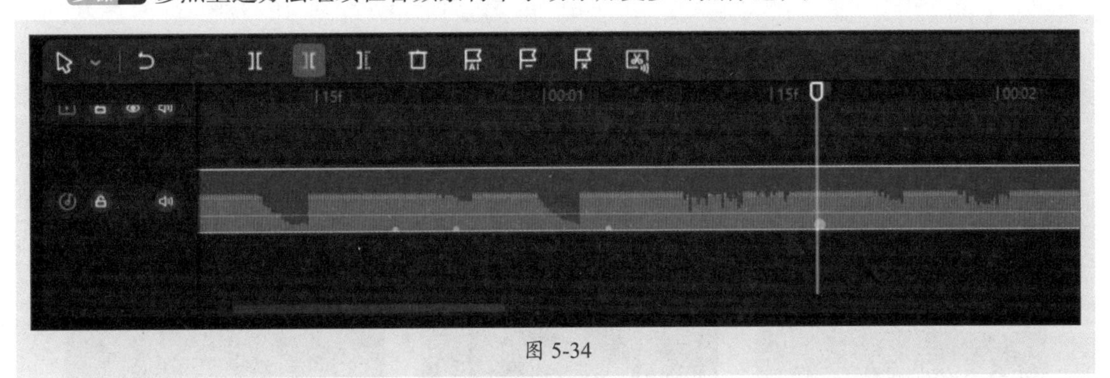

图 5-34

步骤 04 若要删除某个踩点，可以将时间轴拖动到该踩点上方，随后单击“删除踩点”按钮 ，如图5-35所示，即可将其删除。

步骤 05 若要删除所有踩点，单击“清空踩点”按钮即可，如图5-36所示。

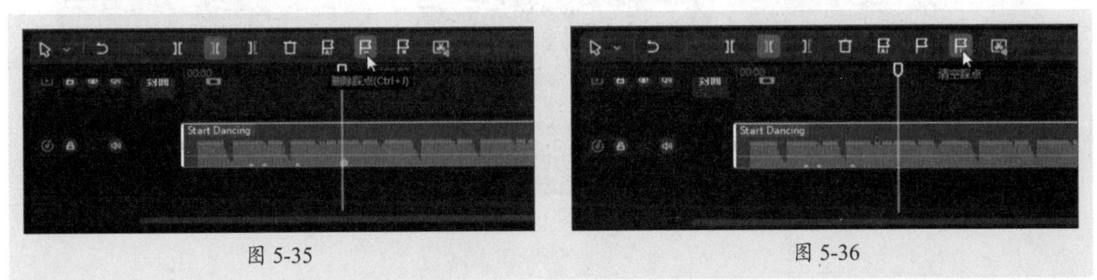

图 5-35　　图 5-36

5.4 添加音效与录音

在剪映中剪辑视频的过程中还可以录制声音，并为声音添加各种效果，以达到修饰、润色等目的。

5.4.1 录制声音

剪映支持一边剪辑一边录制旁白声音，并可以将录制的旁白自动添加到音频轨道中。下面介绍具体操作方法。

步骤 01 在时间线窗口中拖动时间轴，定位旁白的开始位置，单击“录音”按钮，如图5-37所示。

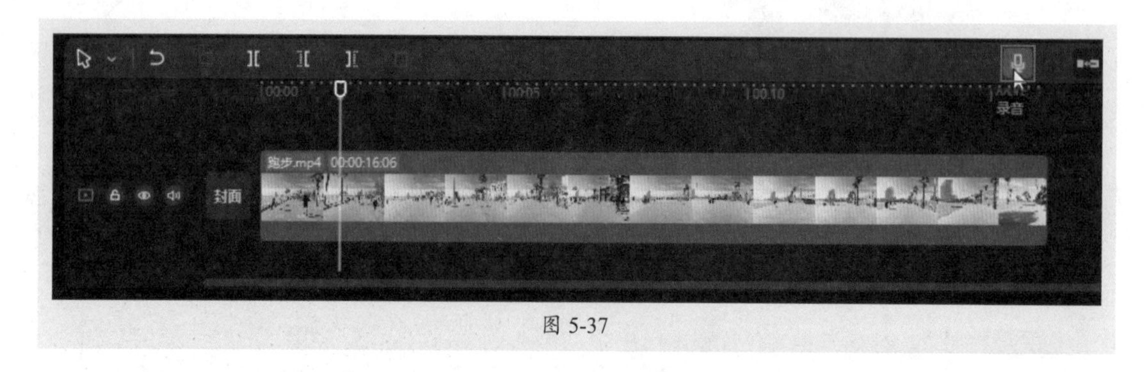

图 5-37

步骤 02 系统随即打开“录音”对话框，勾选“回声消除”和“草稿静音”复选框，如图5-38所示。

步骤 03 单击“点击开始录制”按钮录制旁白，如图5-39所示。

步骤 04 录制过程中“录音”对话框中会显示当前录制的时长，录制完成后，单击“点击结束录制”按钮，如图5-40所示。

图 5-38　　图 5-39　　图 5-40

步骤 05 时间线窗口中随即自动添加音频轨道，并显示录制的旁白片段，如图5-41所示。

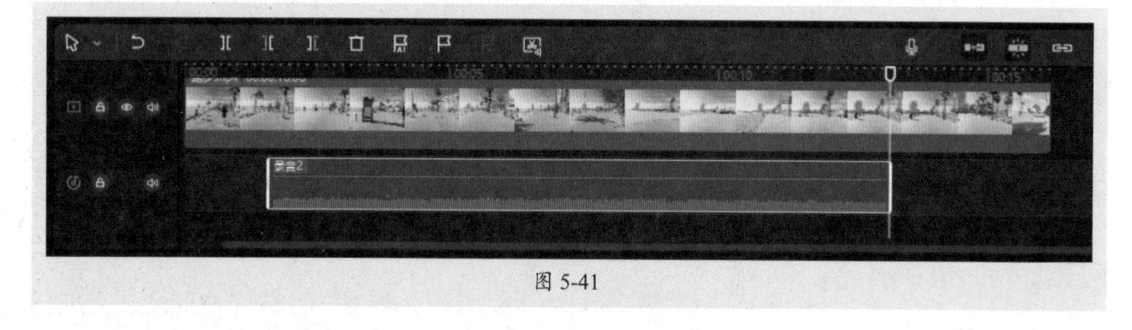

图 5-41

5.4.2 设置声音效果

对音频进行编辑时可以设置声音效果，例如更改音色、设置音效、将正常说话的声音变为曲调等。下面介绍具体操作方法。

1. 设置音色

步骤 01 在时间线窗口中选中要添加音效的视频片段，打开“声音效果”功能区，“音色”选项卡中包含多种音色选项，在需要的音色选项上方单击，如图5-42所示。

步骤 02 所选音频中的声音随即自动改变音色，在功能区底部可以对“音调”和“音色”参数进行调整，如图5-43所示。

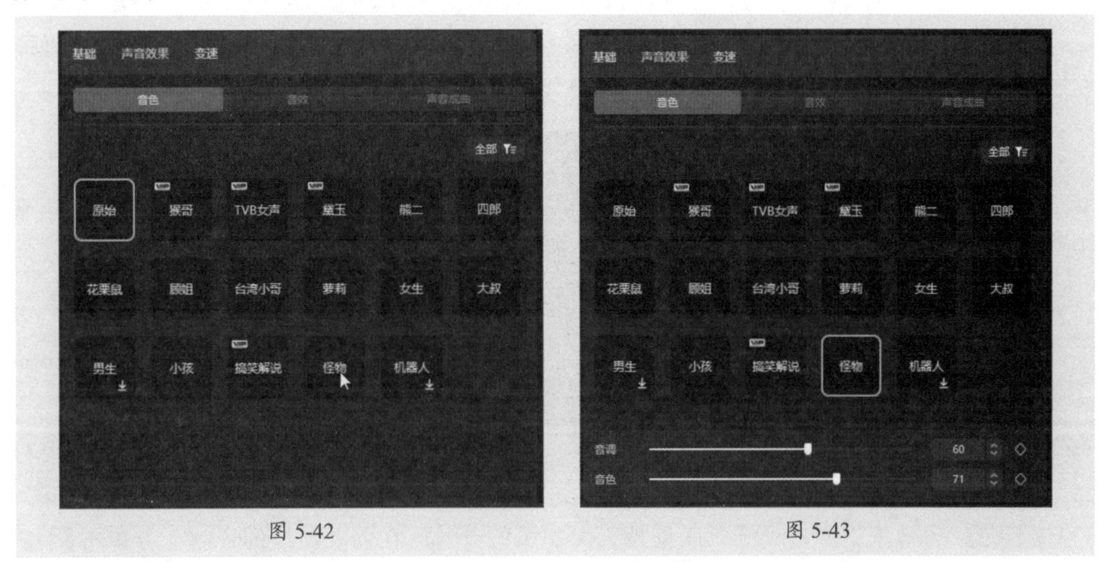

图 5-42

图 5-43

2. 设置音效

在“声音效果”功能区中打开“音效”选项卡，在该选项卡中包含扩音器、黑胶、合成器、颤音等多种音效，在需要使用的音效选项上方单击即可应用该音效。选择音效后还可以在功能区下方设置相应参数，如图5-44所示。

3. 声音成曲

在“声音效果”功能区中打开“声音成曲”选项卡，在需要的曲调选项上方单击即可为所选音频片段应用该曲调，如图5-45所示。

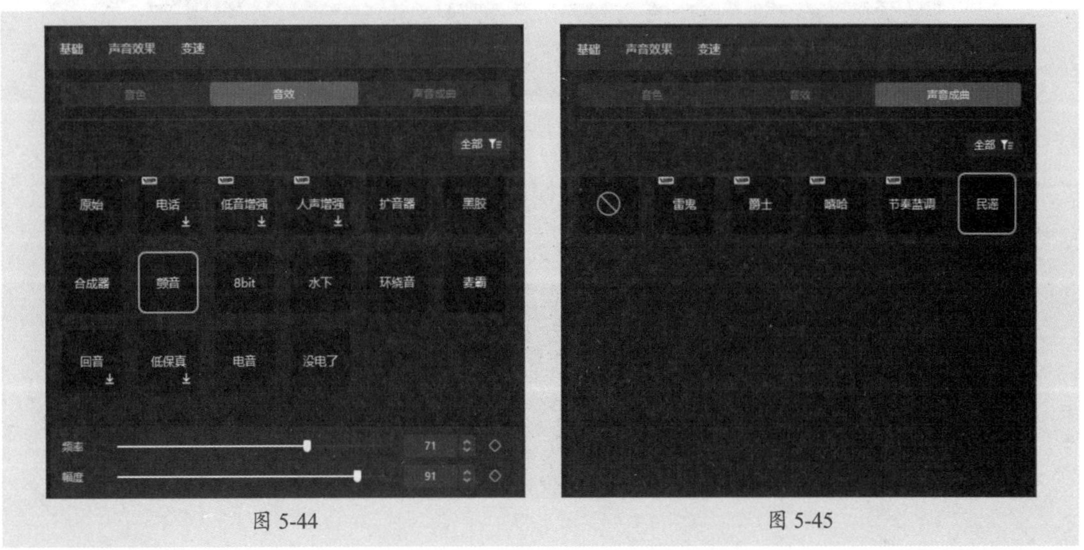

图 5-44

图 5-45

动手练 为视频添加场景音效

剪映中除了有海量音乐素材，还包含各种类型的音频特效，例如笑声、综艺、机械、BGM、人生、转场、游戏、魔法、打斗、环境音等，用户可以根据视频的内容添加相应音效。下面介绍如何为视频添加点赞音效。

步骤 01 在时间线窗口中拖动时间轴，定位好音效的插入时间点。

步骤 02 打开“音频”素材库，单击“音效素材”选项卡，在文本框中输入“点赞”，随后在展开的下拉列表中选择“点赞”选项，如图5-46所示。

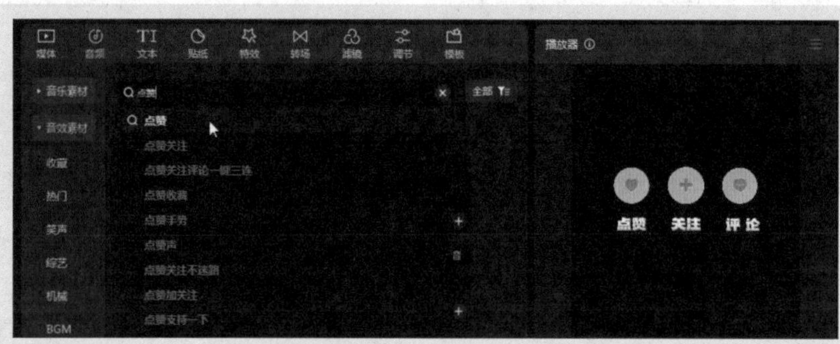

图 5-46

步骤 03 “音效素材”选项卡中随即搜索出相关的音效。在需要使用的音效上方单击 按钮，在时间线窗口中随即新建音频轨道，并在时间轴定位的时间点添加该音效，如图5-47所示。

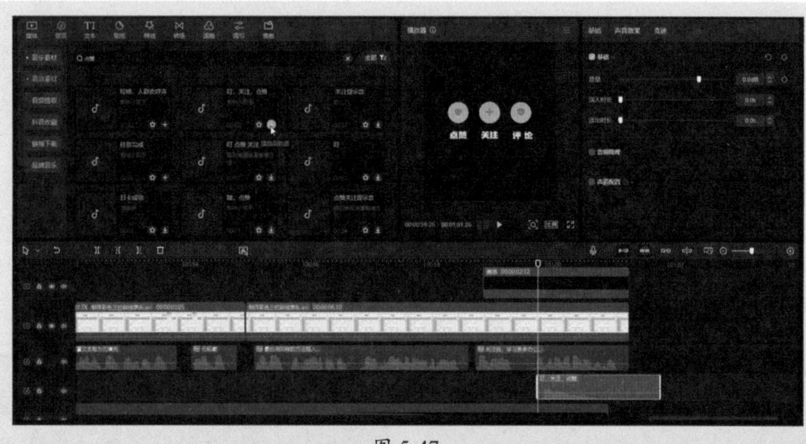

图 5-47

步骤 04 将光标移动至刚添加的音效素材右侧，光标变成 形状时按住鼠标左键进行拖动，使其与视频片段的最右侧对齐，完成操作，如图5-48所示。

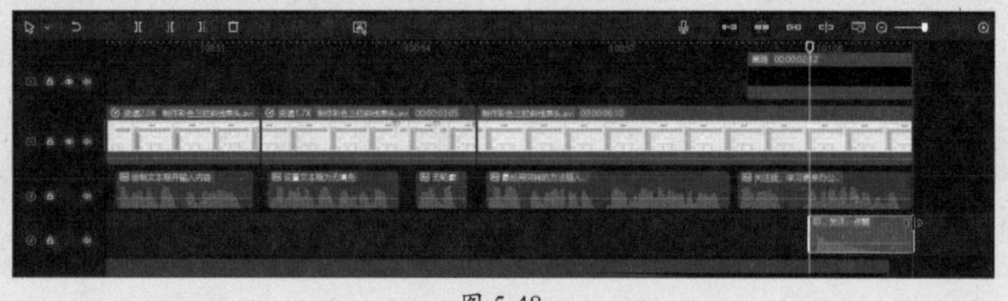

图 5-48

案例实战：电影解说短视频的制作

影视剧解说类短视频是目前热度很高的一类视频题材，本案例将介绍在剪映中制作电影解说类短视频的常用技巧。

扫码看效果

步骤01 启动剪映，并打开创作界面，导入视频和音频素材，随后将素材添加到轨道中，如图5-49所示。

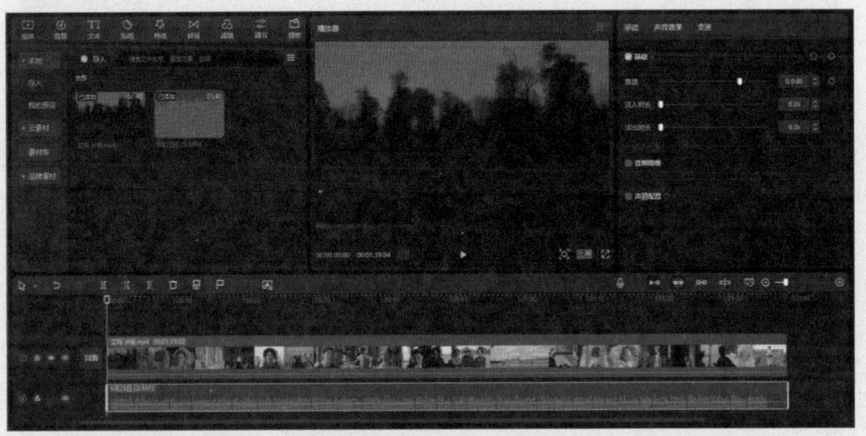

图 5-49

步骤02 在时间线窗口中选中音频素材，在“基础”功能区中拖动音量滑块，适当增大音量，如图5-50所示。

图 5-50

步骤03 在音频轨道中右击音频素材，在弹出的快捷菜单中选择“识别字幕/歌词”选项，如图5-51所示。

图 5-51

步骤 04 剪映随即自动识别音频中的声音，并显示为字幕，如图5-52所示。

图 5-52

步骤 05 调整好字幕的大小和位置，并在“字幕”功能区中查看所有字幕内容，对错别字、断句等进行修改，如图5-53所示。

图 5-53

步骤 06 将时间轴移动到轨道的最左侧，打开“音频”功能区，在“音乐素材”选项卡中选择合适的背景音乐并添加到轨道中，如图5-54所示。

图 5-54

步骤 07 选中新添加的音乐素材，移动时间轴，确定好位置，随后单击“向左裁剪”按钮，如图5-55所示，所选音频素材随即将时间轴左侧部分裁剪掉，如图5-56所示。

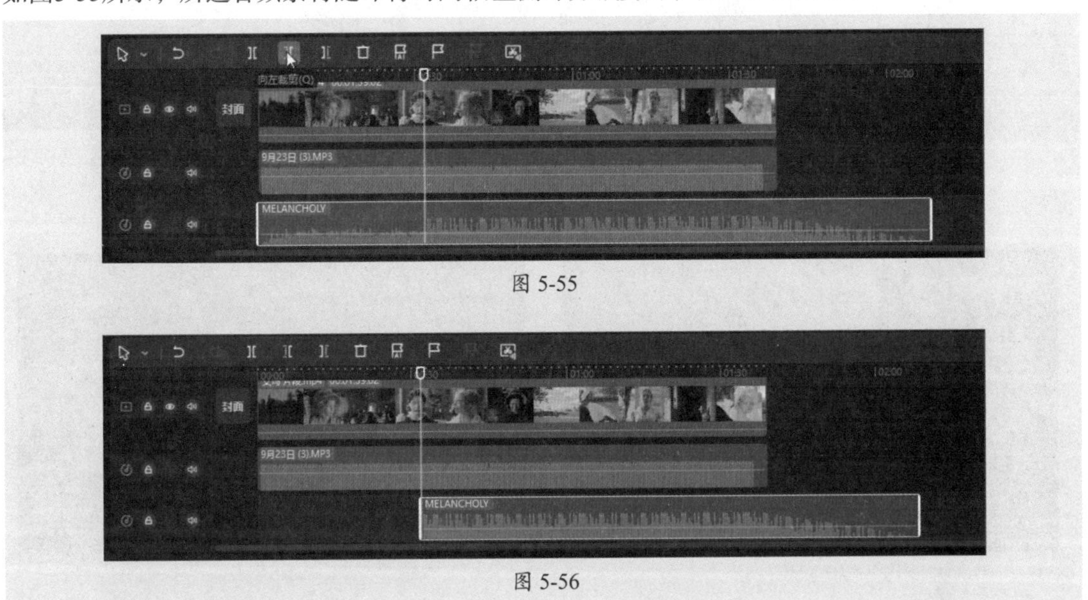

图 5-55

图 5-56

步骤 08 将光标移动到背景音乐素材上方，按住鼠标左键进行拖动，将其移动到当前轨道的最左侧，如图5-57所示。

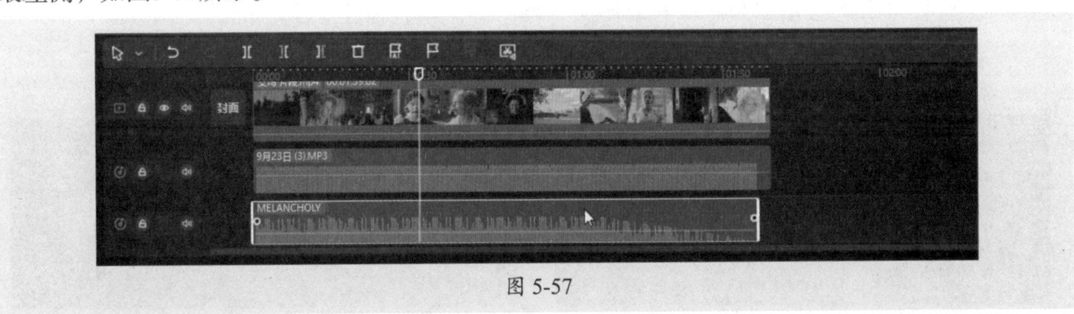

图 5-57

步骤 09 保持音乐素材为选中状态，在“基础”功能区中拖动淡入时长滑块，设置背景音乐淡入时长为“4.0s”，如图5-58所示。至此完成所有操作。

图 5-58

新手答疑

1. Q：如何精确调整音量大小？

A：选中音频素材，打开“基础”功能区，在“音量”选项右侧输入具体参数值，随后按Enter键即可精确调整音量大小，如图5-59所示。除此之外，也可以单击音量选项右侧的▣按钮，精确调整音量，单击上箭头为增大音量，单击下箭头为减小音量，如图5-60所示。

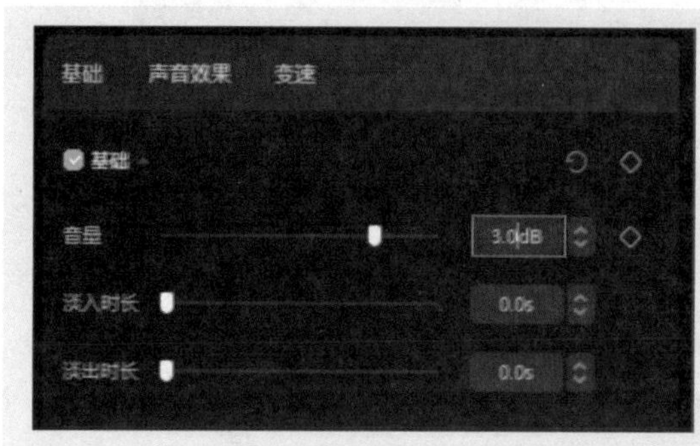

图 5-59

图 5-60

2. Q：如何关闭视频原声？

A：在需要关闭原声的视频或音频轨道左侧单击“关闭原声”按钮，即可关闭该轨道中所有素材的声音，如图5-61所示。若要恢复原声，则在轨道左侧单击“开启原声”按钮，如图5-62所示。

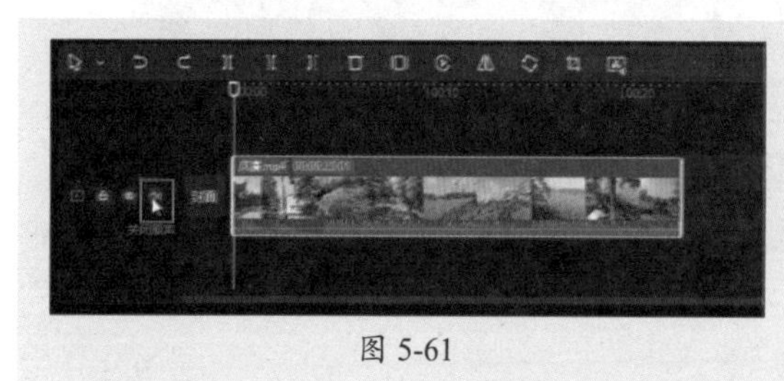

图 5-61

图 5-62

3. Q：为音频设置变速或变调后，如何快速恢复成初始效果？

A：在轨道中选择设置了变声效果的音频素材，打开“变速”功能区，单击“重置”按钮，如图5-63所示。音频的变速和变声随即被取消，恢复为初始状态，如图5-64所示。

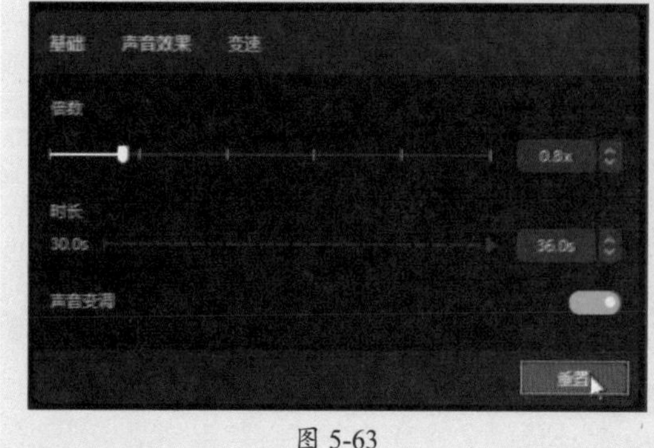

图 5-63

图 5-64

第6章 转场特效，让视频更酷炫

转场和特效是视频剪辑过程中的常用技巧。“转场”在两个视频片段之间使用，可以使画面自然过渡。“特效”则可以为视频或图片快速营造出不同的氛围。本章将对剪映中转场和特效的使用方法进行详细介绍。

6.1 添加视频转场效果

在剪辑视频时，为了平滑过渡两段素材，通常会在两段素材之间添加转场效果。另外，转场还可以让视频画面变得更丰富。

6.1.1 用素材片段进行转场

扫码看效果

用户可以在两段视频之间插入剪映自带的转场素材，剪映素材库中包含很多转场素材，这些转场素材通常自带动画和音效，用户可以在两段视频之间使用内置的转场素材制作切换效果明显的转场效果。下面介绍使用内置转场素材的具体步骤。

步骤 01 向剪映中导入视频素材，并将两段素材添加到视频轨道中。将时间轴移动至后面一段视频的任意时间点上（或将时间轴移动至两段视频的衔接位置），如图6-1所示。

图 6-1

步骤 02 在媒体素材库中打开“素材库”选项卡，选择“转场”分类，在需要使用的转场素材上单击 按钮，所选转场素材随即被添加至两段视频之间，如图6-2所示。

图 6-2

步骤 03 保持转场素材为选中状态，打开“变速”功能区，在“常规变速”选项卡中调整转场动画的播放速度，此处将倍数设置为“2.0x”，如图6-3所示。

图 6-3

步骤04 预览视频，查看为两段视频添加系统内置转场素材的效果，如图6-4所示。

图 6-4

知识拓展

若想单独关闭转场素材的音效，而不影响当前轨道中其他素材声音的播放，可以选中转场素材，打开“音效”功能区，在“基础”选项卡中将音量调整至最小即可，如图6-5所示。

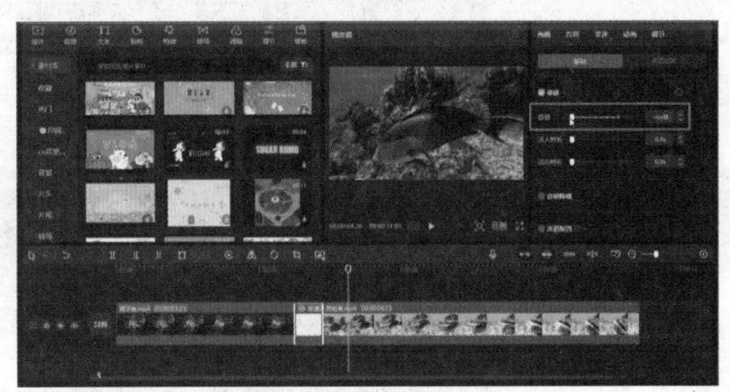

图 6-5

6.1.2 用内置转场效果进行转场

扫码看效果

剪映提供了丰富的基础转场效果，用户可以通过简单的操作为视频添加转场特效。剪映的基础转场效果包括叠化、运镜、模糊、幻灯片、光效、拍摄、扭曲、故障、分割、自然、MG动画等。下面介绍内置转场效果的使用方法。

步骤 01 向剪映中导入视频素材，并将视频添加到轨道中。将时间轴移动到两段视频的衔接处，如图6-6所示。

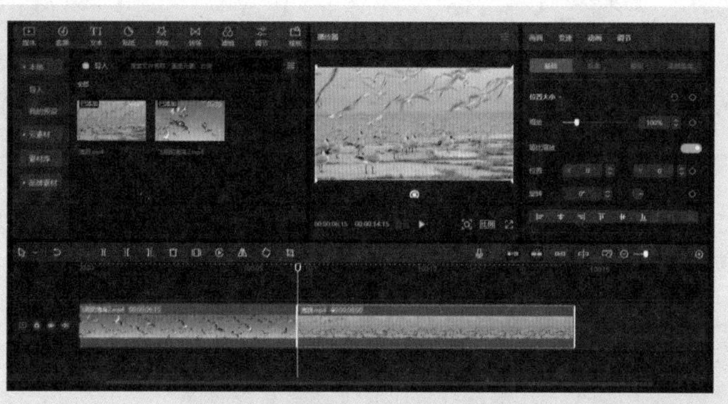

图 6-6

步骤 02 打开“转场”素材库，在“转场效果”选项卡中选择“模糊”分类，单击“亮点模糊”效果上方的+按钮，为两段视频添加相应的转场效果，如图6-7所示。

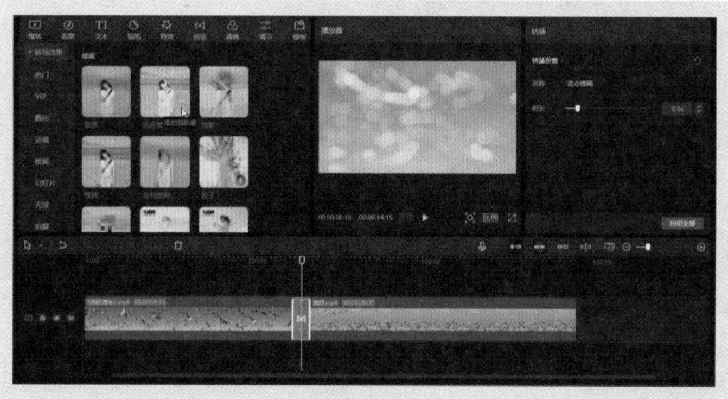

图 6-7

步骤 03 在“转场”功能区中拖动“时长”滑块，调整转场时长，如图6-8所示。

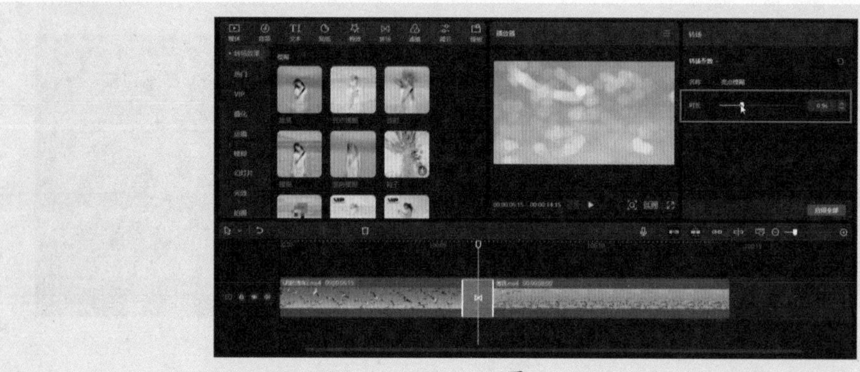

图 6-8

步骤 04 预览视频，查看为两段视频素材添加“亮点模糊”转场的效果，如图6-9所示。

图 6-9

动手练 批量添加转场效果

若要为视频轨道中的所有视频片段同时添加转场效果，一个一个地添加比较麻烦，此时可以先添加一个转场效果，随后将该转场应用到全部视频片段即可。下面详细介绍操作步骤。

扫码看操作

扫码看效果

步骤 01 向剪映中导入多个视频素材，随后将这些视频素材全部添加到一个视频轨道中。将时间轴移动到第二段视频素材上方，如图6-10所示。

图 6-10

步骤 02 打开“转场”素材库，在“转场效果”选项卡中选择“叠化”分类，随后在“叠化”转场效果上方单击 按钮，为前两个视频片段添加相应转场效果，如图6-11所示。

图 6-11

步骤 03 在“转场”功能区中拖动“时长”滑块，调整时长为1.0s，两段视频之间的转场标志也随即变长，如图6-12所示。

图 6-12

步骤 04 在“转场”功能区底部单击“应用全部”按钮，轨道中所有视频片段随即全部应用当前转场效果，如图6-13所示。

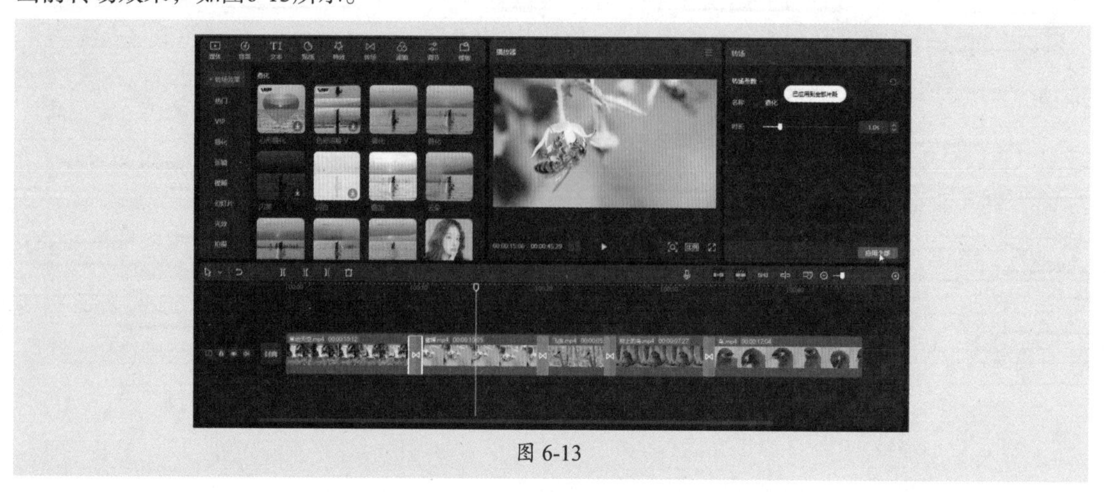

图 6-13

步骤 05 预览视频，查看部分视频片段的转场效果，如图6-14所示。

图 6-14

6.2 添加视频特效

特效可以快速改变照片或视频的视觉效果，提升作品的艺术性和观赏性。剪映提供的特效包括画面特效和人物特效两大类。下面介绍特效的使用方法。

6.2.1 画面特效

画面特效指对整个画面添加特效，包括氛围、动感、DV、复古、Bling、扭曲、爱心、综艺、潮酷、自然、边框、电影、金粉、光、投影、分屏、纹理、漫画、暗黑等效果。下面介绍如何为视频添加水彩晕染特效。

扫码看效果

步骤 01 向轨道中添加视频片段，将时间轴拖动到需要添加特效的位置，打开“特效”素材库，随后打开“画面特效”选项卡，选择“氛围”分类，在“水彩晕染”特效上方单击按钮，时间线窗口中随即自动添加特效轨道，并显示相应特效，如图6-15所示。

图 6-15

步骤 02 在时间线窗口中拖动特效右侧，调整特效时长，如图6-16所示。

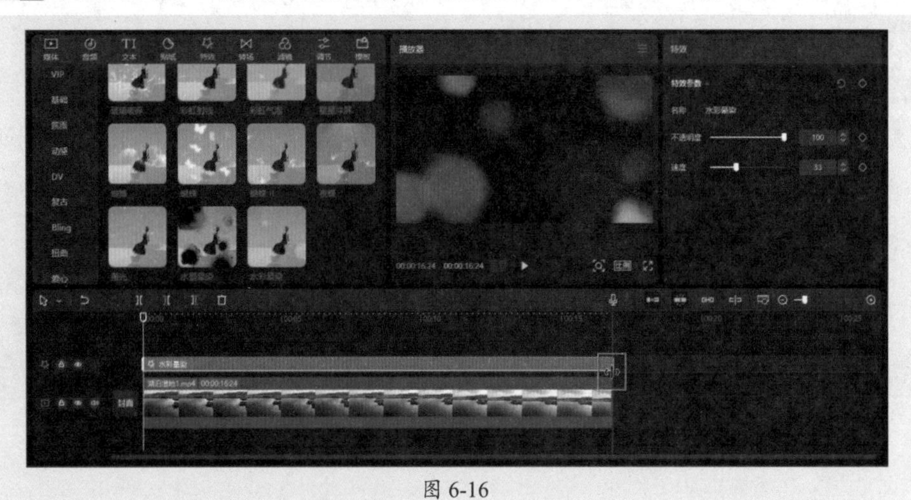

图 6-16

步骤 03 保持特效素材为选中状态，在“特效”功能区中可以对“不透明度”和“速度”进行适当调整，如图6-17所示。

图 6-17

步骤 04 预览视频，查看为视频片段添加水彩晕染特效的前后对比效果，如图6-18所示。

图 6-18

6.2.2 人物特效

人物特效指对人物本身添加特效，例如大头特效、戴眼镜特效、耳机特效等。和贴纸不同的是，这些特效会随着视频中的人物位置的变化而变化。剪映内置的人物特效类别包括情绪、头饰、身体、克隆、挡脸、环绕、手部、形象等。下面介绍如何为人物添加“热力光谱”特效。

步骤 01 向剪映中导入视频素材，并将视频添加到轨道中。打开“特效”素材库，随后打开“人物特效”选项卡，如图6-19所示。

图 6-19

步骤 02 选择“身体”分类，在“热力光谱||”特效上方单击按钮，将该特效添加至轨道中，如图6-20所示。

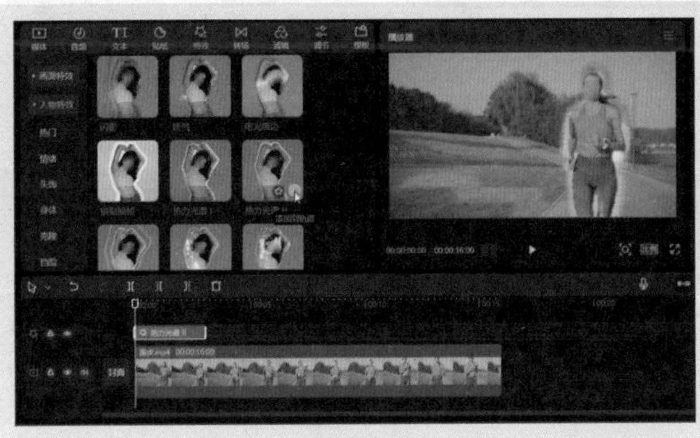

图 6-20

步骤 03 调整特效时长，在“特效”功能区中可以对“氛围”和“滤镜”参数进行适当调整，如图6-21所示。

图 6-21

步骤 04 预览视频，查看为画面中的人物添加“热力光谱”特效的效果，如图6-22所示。

图 6-22

动手练 制作分屏特效

扫码看操作

剪映提供了多种分屏特效，包括两屏、三屏、四屏、六屏、九屏、黑白三格、九屏跑马灯、两屏分割、动态格等。下面介绍如何为视频设置两屏分割效果。

步骤 01 向剪映中导入视频素材，随后将素材添加到轨道中。打开“特效”素材库，随后单击“画面特效”选项卡，如图6-23所示。

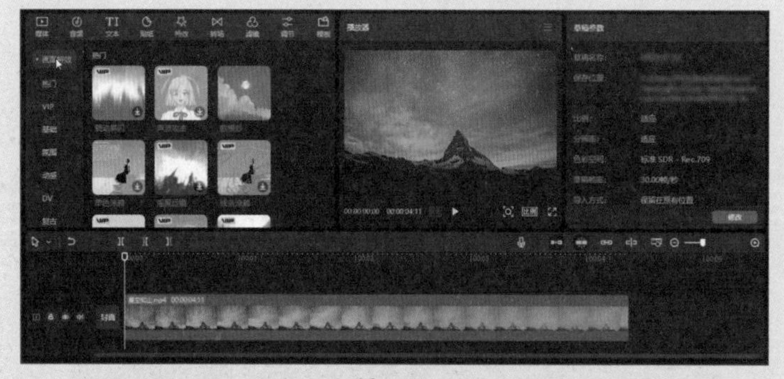

图 6-23

步骤 02 选择“分屏”分类，在“两屏分割”特效上方单击按钮，将该特效添加到新建的轨道中，如图6-24所示。

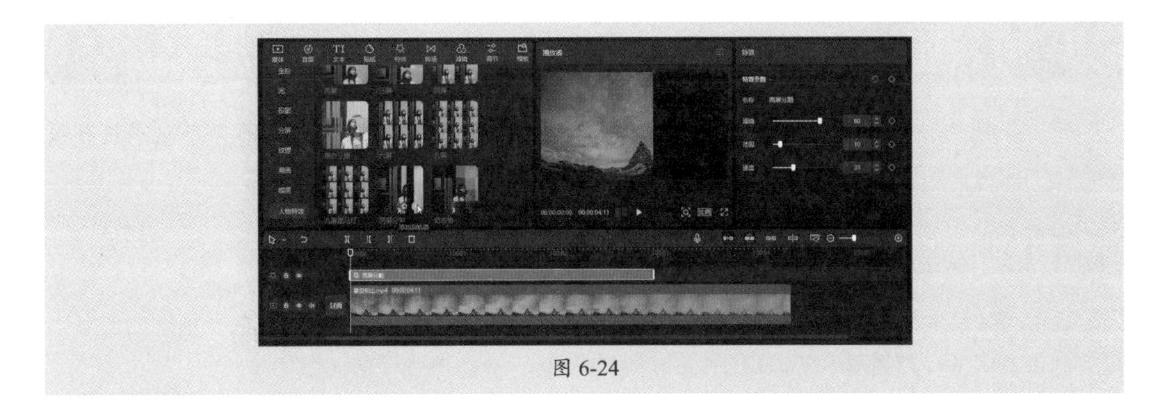

图 6-24

步骤 03 在轨道中拖动特效右侧，调整其时长。随后在“特效”功能区中设置滤镜、范围、速度参数值，如图6-25所示。

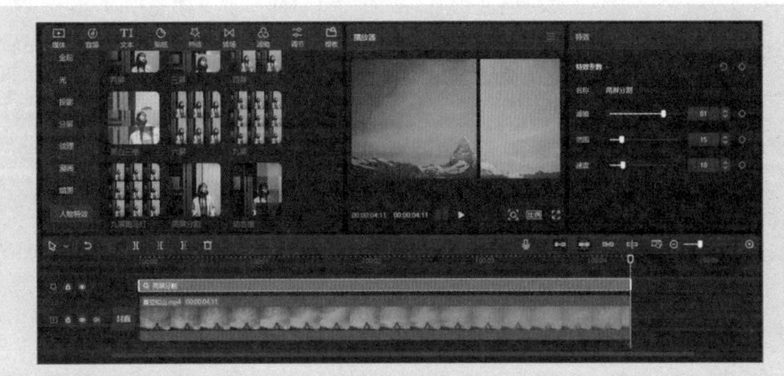

图 6-25

步骤 04 预览视频，为视频添加两屏分割特效的效果如图6-26所示。

图 6-26

6.3 用蒙版添加特殊效果

蒙版在视频剪辑中十分常用，使用蒙版可以给视频添加各种特效，提升视频的观赏性和吸引力。下面对剪映中蒙版的使用方法进行详细介绍。

6.3.1 添加蒙版

目前剪映专业版提供线性、镜面、圆形、矩形、爱心以及星形6种蒙版。选择不同的蒙版，可以制作不同的视频效果，下面以添加圆形蒙版为例，介绍添加蒙版的具体步骤。

步骤 01 向剪映中导入视频素材，并将素材添加到视频轨道中，如图6-27所示。

图 6-27

步骤 02 选中轨道中的视频片段，在“画面”功能区中打开“蒙版”选项卡，单击“圆形”蒙版，此时在播放器窗口中可以看到，视频已经应用相应蒙版，画面变为圆形，如图6-28所示。

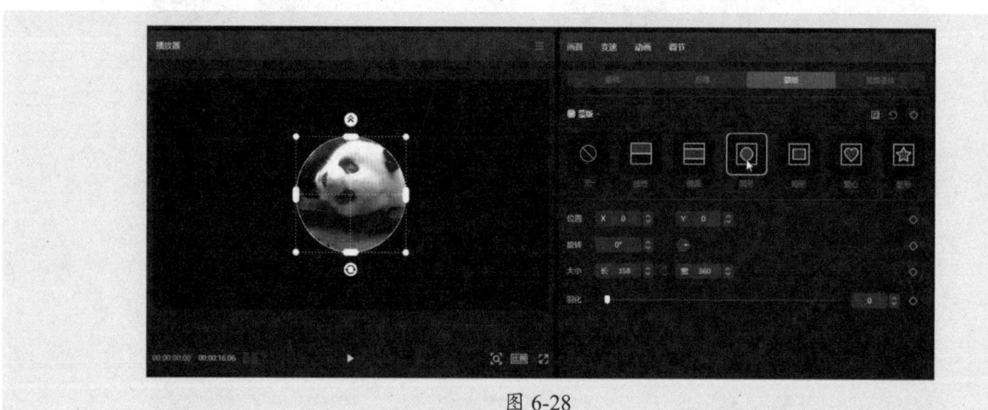

图 6-28

6.3.2 调整蒙版大小

添加蒙版后可以对蒙版的大小进行调整，以确定所保留画面的大小。下面仍以圆形蒙版为例进行介绍。

步骤 01 为视频片段添加蒙版后，在播放器窗口中拖动蒙版四个边角处的任意一个圆形控制点，可以等比放大或缩小蒙版，如图6-29所示。

步骤 02 拖动蒙版上、下、左、右位置的▭或▯形状控制点，可以改变蒙版比例，快速调整蒙版的大小，如图6-30所示。

图 6-29

图 6-30

6.3.3 蒙版羽化

扫码看效果

为蒙版添加羽化效果，可以使蒙版的边缘部分虚化，达到一种渐变的效果。下面介绍设置羽化的具体操作方法。

步骤 01 在播放器窗口中拖动按钮，即可为蒙版添加羽化效果，向远离蒙版的方向拖动可以增大羽化范围，如图6-31所示。向靠近蒙版的方向拖动则可以减小羽化范围，如图6-32所示。

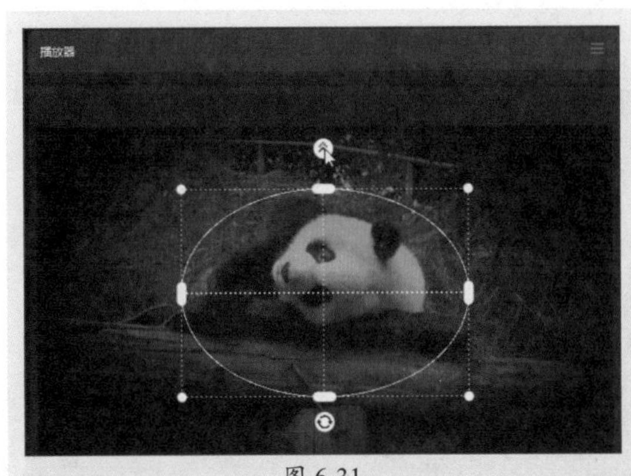

图 6-31

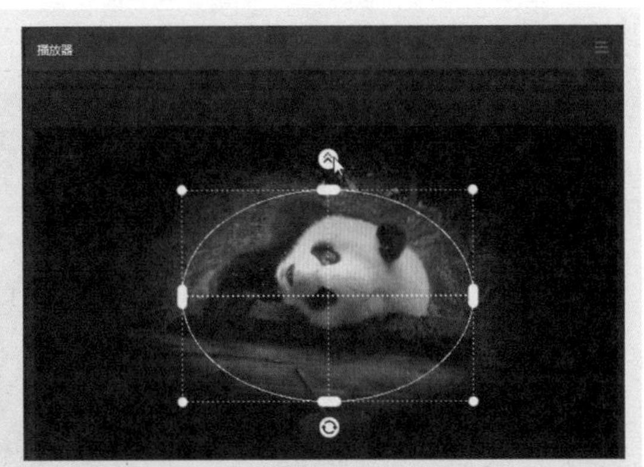

图 6-32

步骤 02 预览视频，可以查看为蒙版添加羽化的效果，如图6-33所示。

图 6-33

知识拓展

除了在播放器窗口中拖动控制点调整蒙版的大小和羽化，也可以通过“画面”功能区中的“蒙版”选项卡内提供的选项设置蒙版的位置、旋转、大小、羽化等各项参数，如图6-34所示。

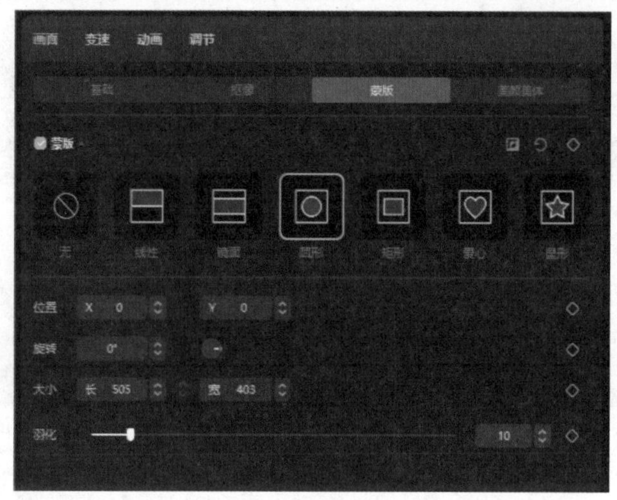

图 6-34

6.3.4 反转蒙版

使用“反转”功能可以使蒙版的选区自动反转。下面介绍蒙版反转的具体操作方法。

步骤01 向轨道中导入两段视频素材，并放在两个轨道中重叠显示，对视频进行裁剪，使两段素材时长相同，如图6-35所示。

图 6-35

步骤02 保持上方轨道中的视频素材为选中状态，打开“画面”功能区，切换到“蒙版”选项卡，选择“镜面”蒙版，上方轨道中的视频片段随即应用该蒙版，如图6-36所示。

图 6-36

步骤 03 在“蒙版”选项卡中单击“反转”按钮，即可将蒙版的选区反转，如图6-37所示。

图 6-37

6.3.5 移动和旋转蒙版

应用蒙版后若觉得蒙版显示的画面不合适，还可以移动蒙版位置，并可以旋转蒙版，让画面呈现出艺术效果。

扫码看效果

步骤 01 在时间线窗口选择上方轨道中的视频片段，打开“画面”功能区，切换至“蒙版”选项卡，单击“线性”蒙版按钮，为上方轨道中的视频应用该蒙版，如图6-38所示。

图 6-38

步骤 02 在“播放器”窗口中拖动按钮，旋转蒙版，如图6-39所示。

步骤 03 拖动蒙版边界线，调整蒙版区域，如图6-40所示。

图 6-39

图 6-40

知识拓展

当使用镜面、圆形、矩形、爱心、星形蒙版时，还可以通过鼠标拖动的方式移动蒙版的位置，如图6-41所示。

图 6-41

动手练 使用蒙版制作画中画效果

在轨道中添加多段视频，使用蒙版的羽化功能可以制作两幅画面重叠显示的画中画效果。下面介绍具体的操作方法。

扫码看操作

扫码看效果

步骤 01 向剪映中导入两段大熊猫视频，并将视频添加到轨道中，默认情况下，两段视频在一个轨道中显示，如图6-42所示。

图 6-42

步骤 02 拖动时长较短的视频片段，将其移动到上方轨道中显示，如图6-43所示。

图 6-43

步骤 03 将时间轴拖动到上方轨道中视频的结束位置，选中下方轨道中的视频，单击“向右裁剪”按钮，将下方轨道中视频的多余画面删除，如图6-44所示。

图 6-44

步骤 04 选中上方轨道中的视频片段，打开“画面”功能区，切换至“蒙版”选项卡，选择“矩形”蒙版，如图6-45所示。

图 6-45

步骤 05 在“播放器”窗口中拖动蒙版周围的控制点调整其大小，随后将光标移动到蒙版上方，按住鼠标左键进行拖动，适当调整其位置，如图6-46所示。

步骤 06 拖动⌃按钮，调整蒙版羽化值为80，如图6-47所示。

图 6-46

图 6-47

步骤 07 预览视频，查看两段视频画面重叠显示的画中画效果，如图6-48所示。

图 6-48

案例实战：制作旋转3D魔方卡点相册

本例将综合运用之前介绍过的知识点，制作旋转3D魔方卡点宠物相册。制作过程中将使用到音乐自动踩点、蒙版、动画以及特效等操作技巧。下面详细介绍制作步骤。

扫码看操作

扫码看效果

1. 导入素材并设置视频尺寸

步骤01 向剪映中导入素材（本例为6张猫咪图片），并将素材依次添加到视频轨道中，如图6-49所示。

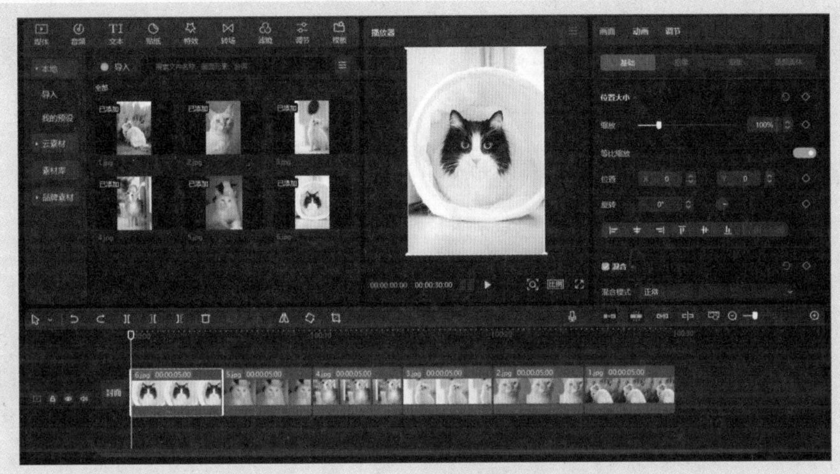

图 6-49

步骤02 从“音乐”素材库中的“音乐素材”选项卡内选择一段合适的背景音乐，添加到音频轨道中，如图6-50所示。

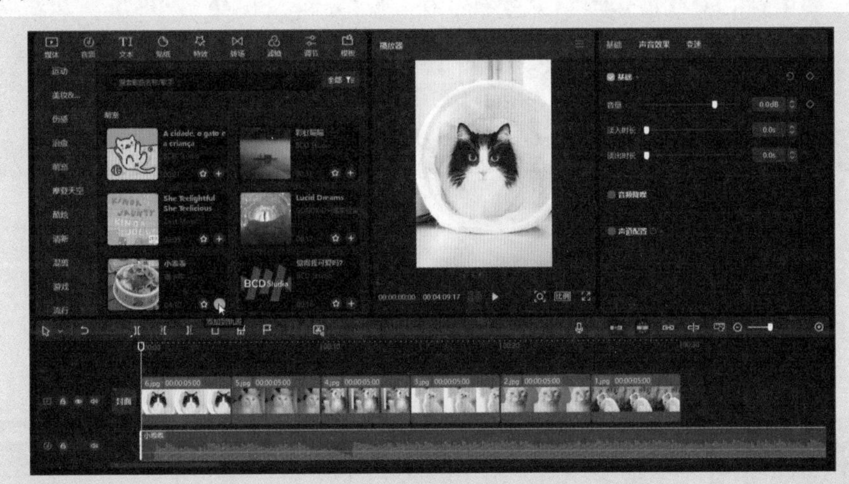

图 6-50

步骤03 单击播放器窗口右下角“比例”按钮，在下拉列表中选择“9：16”选项，将视频设置为相应比例，如图6-51所示。

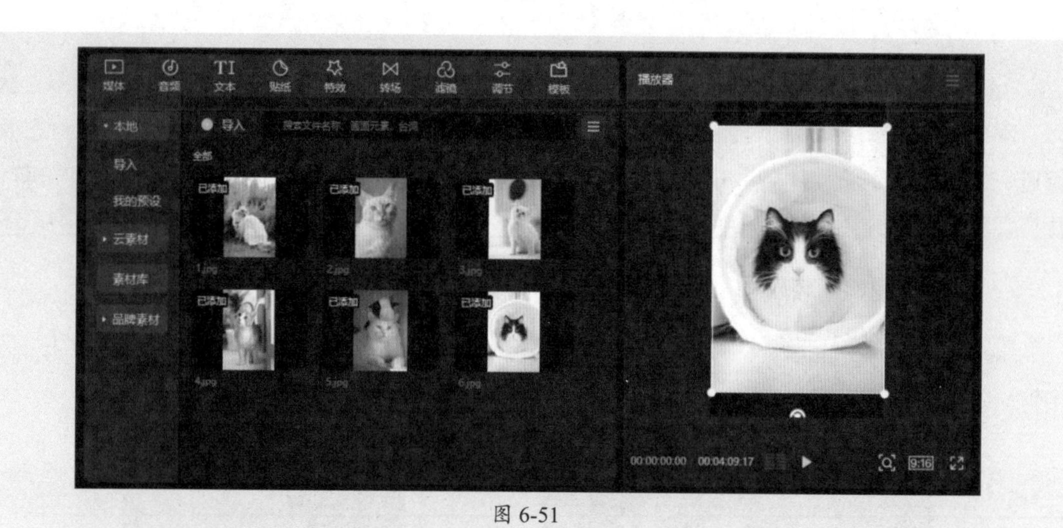

图 6-51

步骤 04 选中视频轨道中的第一张图片素材，在“画面”功能区中的“基础”选项卡内设置“背景填充”效果为“模糊”，选择一个合适的模糊选项，随后单击“全部应用”按钮，将该背景效果应用到所有图片素材，如图6-52所示。

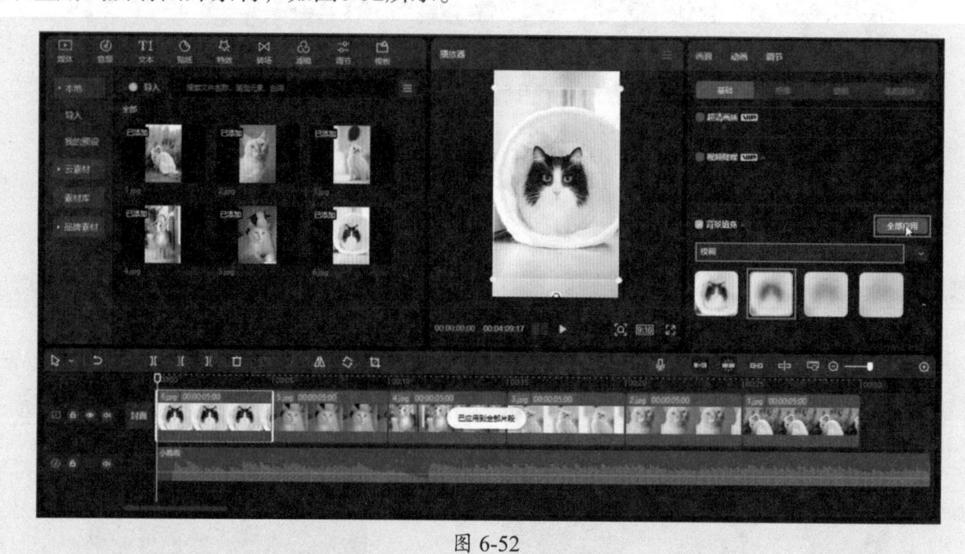

图 6-52

2. 设置音乐踩点效果

步骤 01 在时间线窗口中选择音频素材，单击“自动踩点”下拉按钮，在下拉列表中选择“踩节拍 I”选项，如图6-53所示。

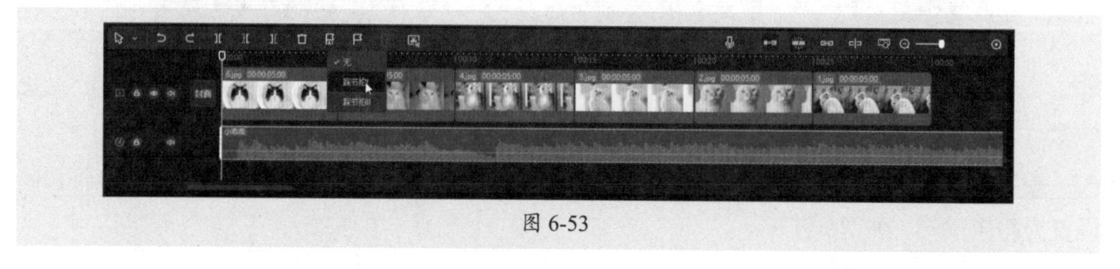

图 6-53

步骤 02 音频素材中随即显示黄色的圆形踩点标记，根据踩点标记的位置调整视频轨道中第一个素材的时间，使其结束位置与第一个踩点标记对齐，如图6-54所示。

图 6-54

步骤03 参照上一步骤，继续调整视频轨道中其他素材的时长，使每一个素材都与相应的踩点标记对齐，如图6-55所示。

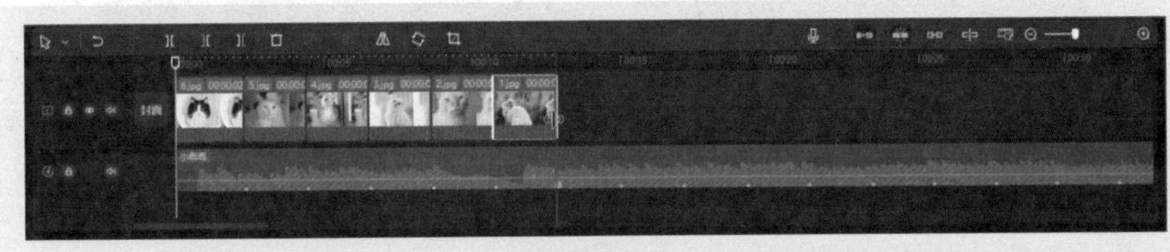

图 6-55

步骤04 在时间线窗口中选中音乐素材，将时间轴拖动至视频轨道中最后一个素材的末尾处，单击“向右裁剪”按钮，将多余的音乐删除，如图6-56所示。

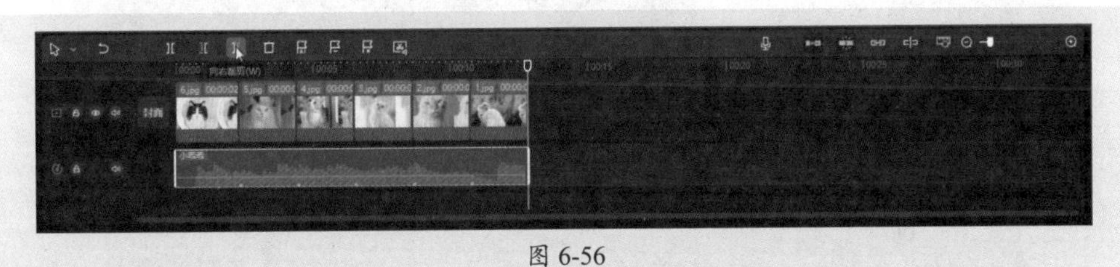

图 6-56

3. 添加蒙版和特效

步骤01 选中视频轨道中的第一个素材，在“画面”功能区中打开“蒙版”选项卡，选择“镜面”蒙版，如图6-57所示。

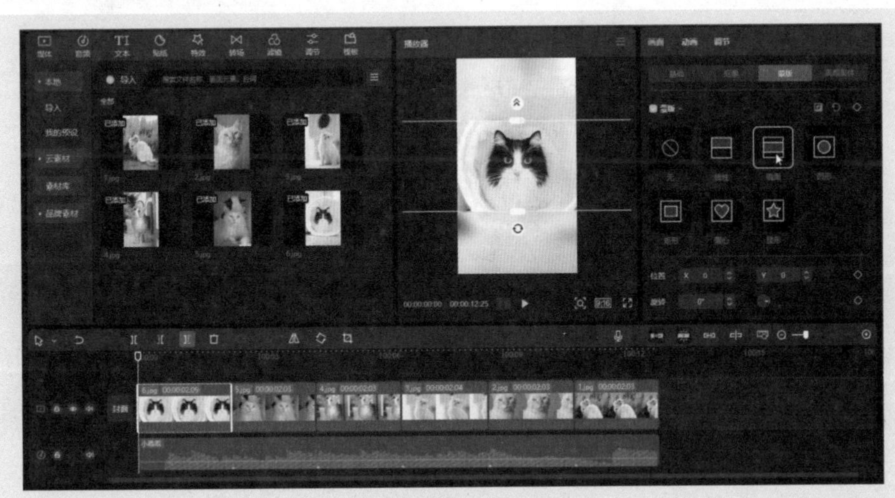

图 6-57

步骤 02 在“播放器”窗口中沿逆时针方向拖动按钮，使蒙版旋转-90°，如图6-58所示。

图 6-58

步骤 03 向远离画面的方向拖动按钮，将羽化值调整为最大（100），如图6-59所示。

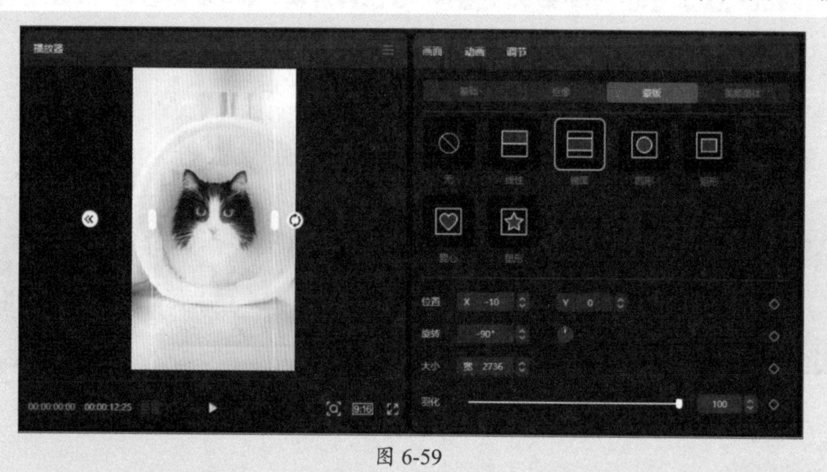

图 6-59

步骤 04 保持视频轨道中的第一个素材为选中状态，打开“动画”功能区，切换到“组合”选项卡，选择“魔方”动画效果，如图6-60所示。随后重复上述步骤，继续为视频轨道中的其他素材添加相同蒙版以及动画效果。

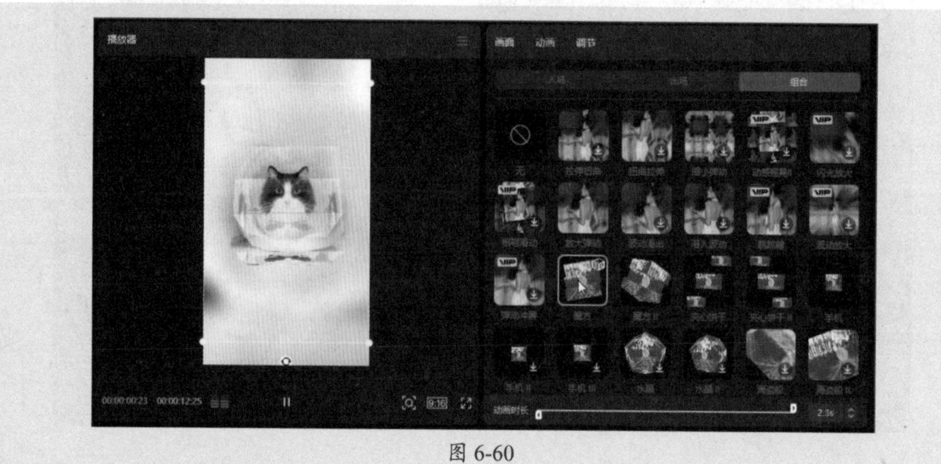

图 6-60

步骤05 将时间轴移动到视频轨道的最左侧，打开“特效”素材库，在“画面特效”选项卡中选择“动感”分类，添加“霓虹灯”特效，如图6-61所示。

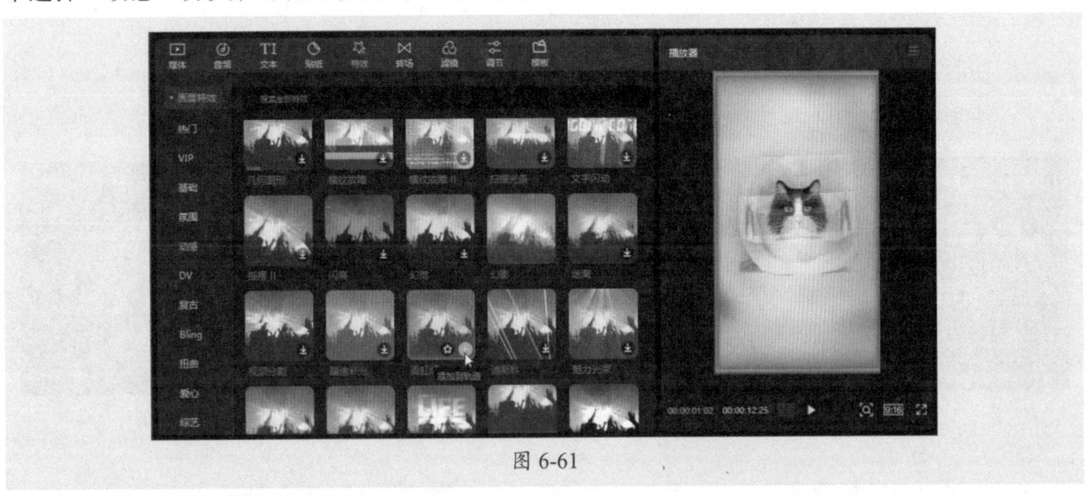

图 6-61

步骤06 时间线窗口中随即添加特效轨道，拖动霓虹灯特效右侧的白色区域，将其时长设置为与视频轨道中的素材时长相同，至此完成所有操作，如图6-62所示。

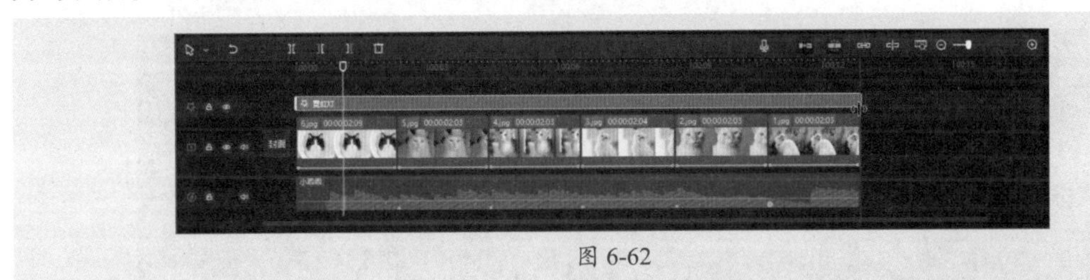

图 6-62

步骤07 预览视频，查看旋转3D魔方卡点宠物相册的效果，如图6-63所示。

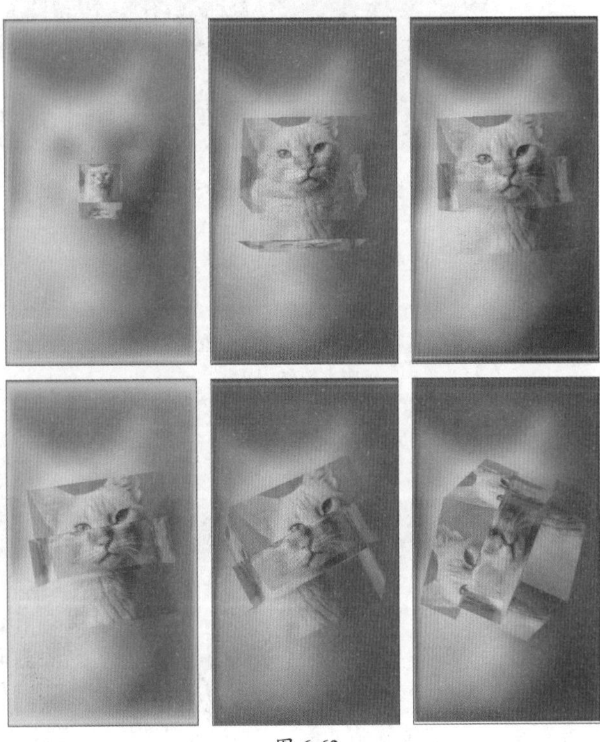

图 6-63

新手答疑

1. Q：如何删除转场效果？

A：在时间线窗口中选中两个素材片段之间的转场效果，如图6-64所示，按Delete键即可将其删除，如图6-65所示。

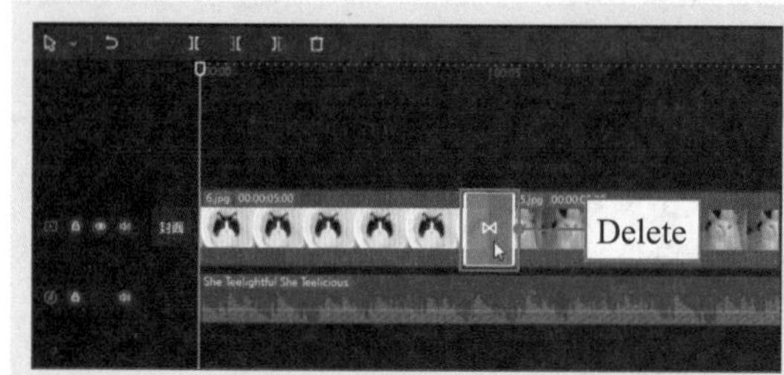

图 6-64

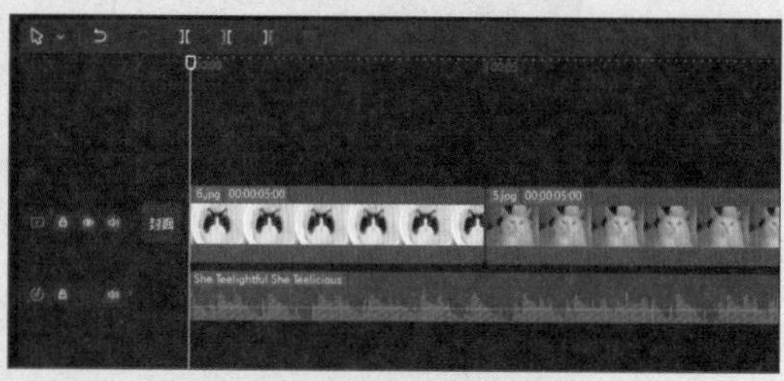

图 6-65

2. Q：如何更改转场效果？

A：选中两个素材之间的转场效果，在“转场”素材库中重新添加新的转场效果即可完成更改，如图6-66所示。

图 6-66

3. Q：如何删除蒙版？

A：在视频轨道中选中应用了蒙版的素材，在“画面”功能区中打开“蒙版”选项卡，单击“无”按钮即可删除蒙版，如图6-67所示。

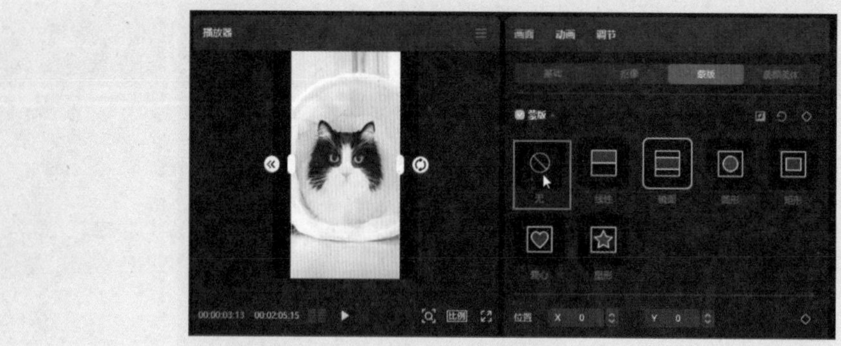

图 6-67

00:00:00

第7章 滤镜和美颜，让画面更出彩

滤镜和美颜是短视频制作过程中最常用的工具之一。选择正确的滤镜可以极大地改善原始视频的质量。剪映内置的美颜和滤镜提供了一系列参数，可以一键调整肤色、磨皮，增加亮度、饱和度，改变色相，等等。本章将详细介绍剪映中美颜和滤镜的使用技巧。

7.1 调色视频画面

调色是短视频制作过程中非常重要的环节之一，调色可以改变视频画面的颜色、亮度、对比度等参数，从而使画面更加生动、有趣、美观。

7.1.1 添加基础滤镜

剪映提供各种风格类型的滤镜，使用不同的滤镜可以瞬间营造出不同的氛围感。下面以添加基础滤镜为例介绍滤镜的添加方法。

步骤 01 在剪映中导入素材，将素材添加到视频轨道中，并根据需要调整好时间轴的位置。打开“滤镜”素材库，在“滤镜库”选项卡中选择“基础”分类，可以看到“基础”滤镜包括5种效果，分别为中性、质感暗调、去灰、清晰以及净白。在需要使用滤镜的地方单击＋按钮，即可将该滤镜添加到滤镜轨道中，如图7-1所示。

图 7-1

步骤 02 在滤镜轨道中拖动滤镜素材右侧，调整其时长。另外，在“滤镜”功能区中还可以调整滤镜的强度，如图7-2所示。

图 7-2

步骤 03 视频未添加滤镜以及添加不同基础滤镜的效果如图7-3所示。

图 7-3

7.1.2 添加艺术滤镜

剪映内置的滤镜还包括旅行、风景、美食、夜景、风格化、相机模拟、复古胶片、影视级、人像、露营、室内、黑白等类型，如图7-4所示。用户可以根据需要为视频片段添加具有艺术效果的滤镜。使用内置滤镜的方法基本相同，在时间线窗口中调整好时间轴的位置，在“滤镜”素材库中根据类型选择相应滤镜并将其添加至轨道中即可，如图7-5所示。

图 7-4

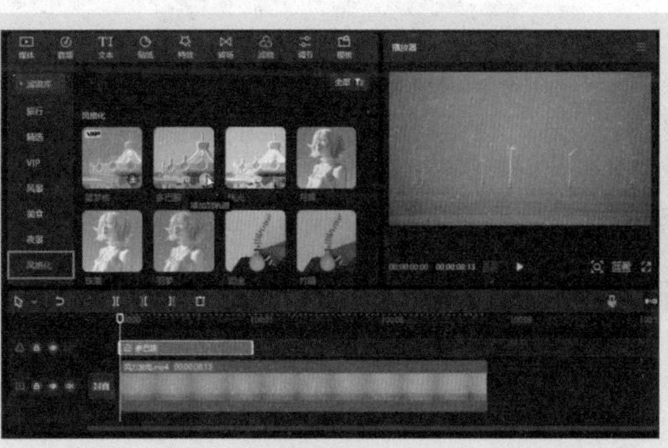

图 7-5

视频未添加滤镜以及添加不同基础滤镜的效果如图7-6所示。

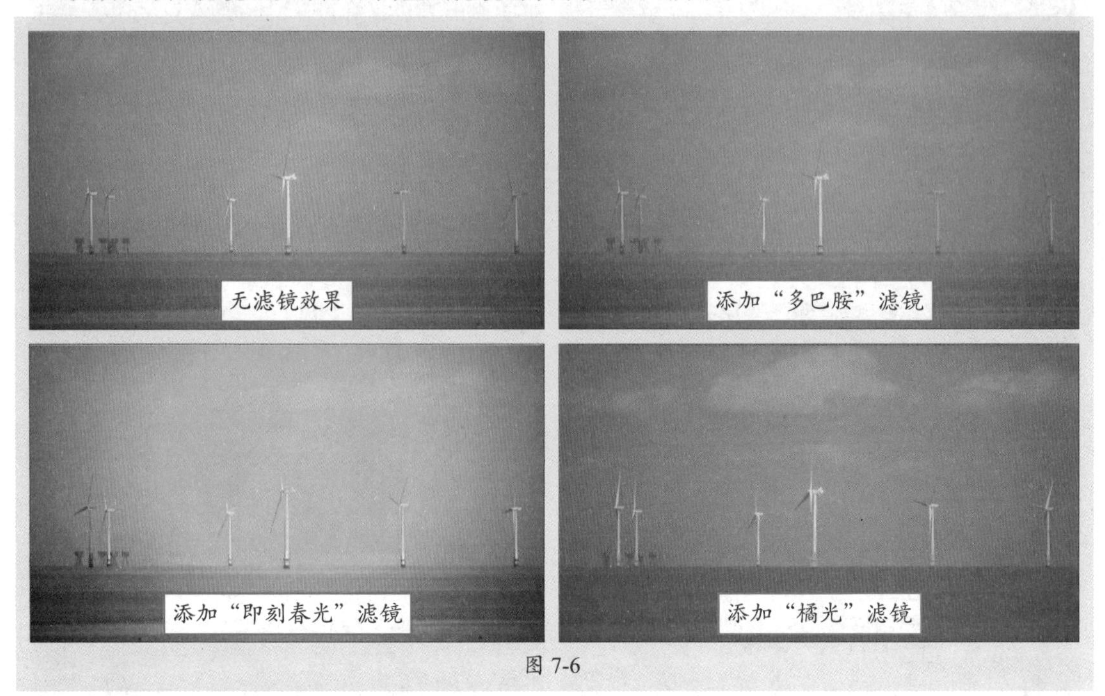

图 7-6

动手练 画面擦除由黑白变彩色

扫码看操作

使用滤镜和转场等操作技巧，可以将一段正常的视频片段制作成画面逐渐擦除，由黑白变成彩色的效果。下面介绍具体操作步骤。

步骤 01 向剪映中导入视频素材，并将素材添加到视频轨道中，如图7-7所示。

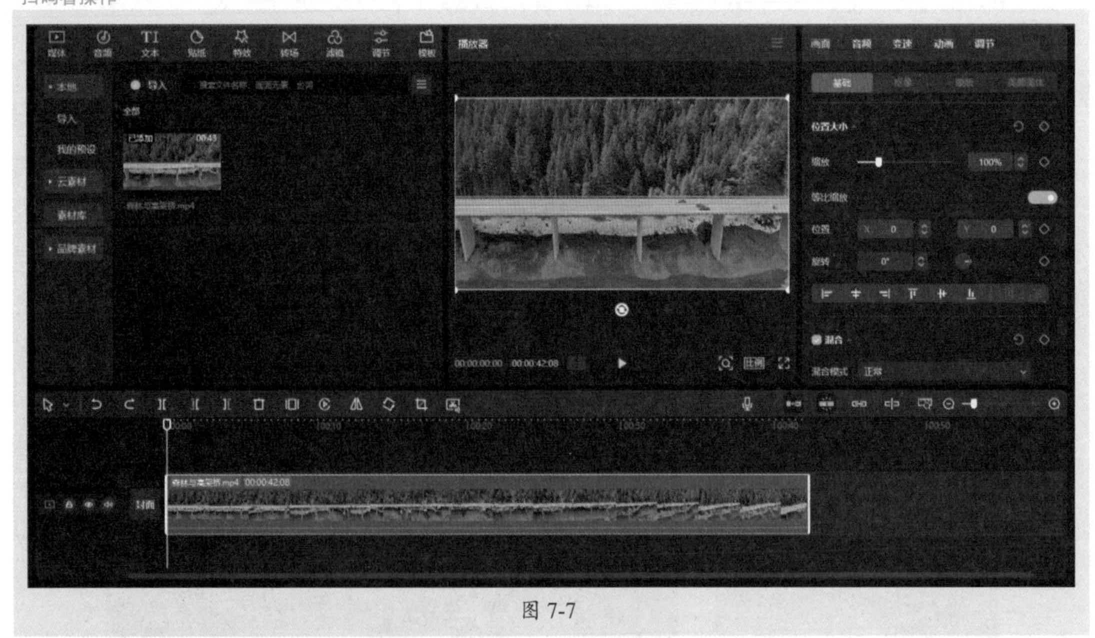

图 7-7

步骤 02 在时间线窗口中拖动时间轴，将其移动到合适的时间点，随后单击分割按钮，将视频分割为两部分，如图7-8所示。

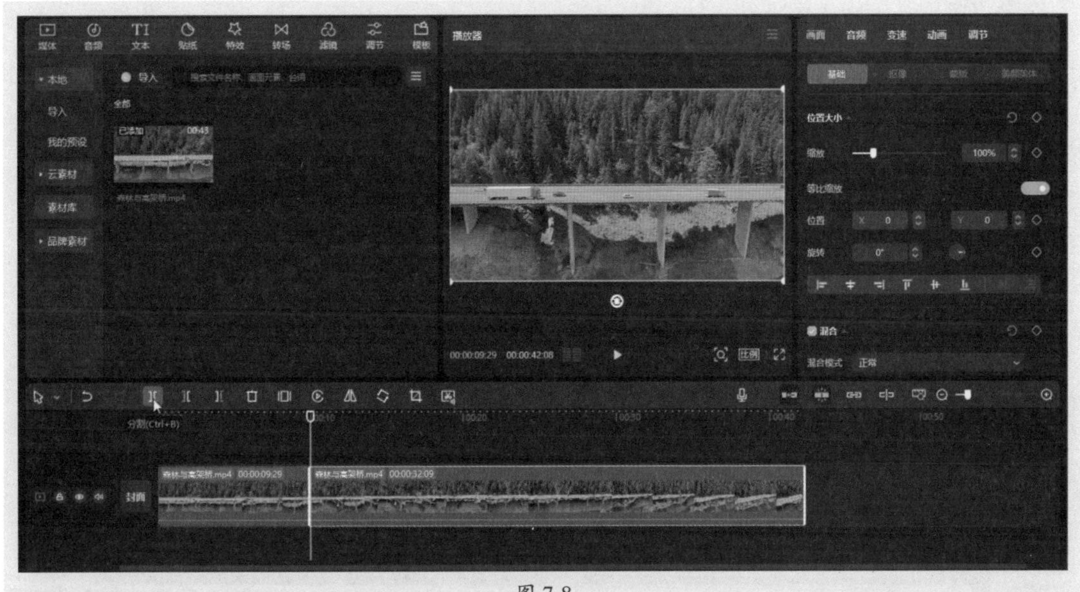

图 7-8

步骤 03 选中后面的视频片段，按Delete键将其删除，如图7-9所示。

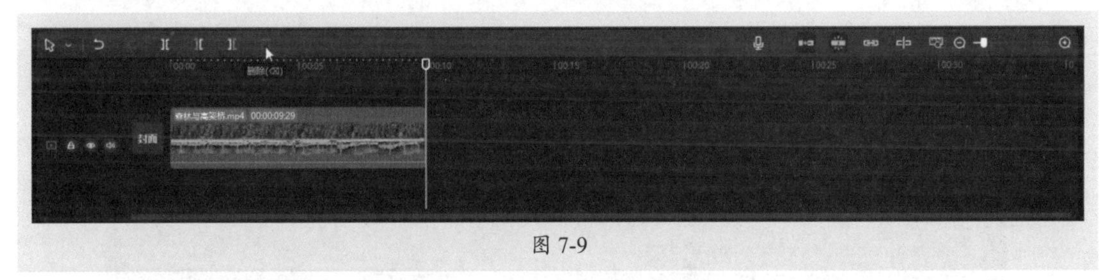

图 7-9

步骤 04 将时间轴移动到视频轨道的最左侧，打开“滤镜”素材库，在“滤镜库”选项卡中选择“黑白”分类，选择“黑金”滤镜，如图7-10所示。

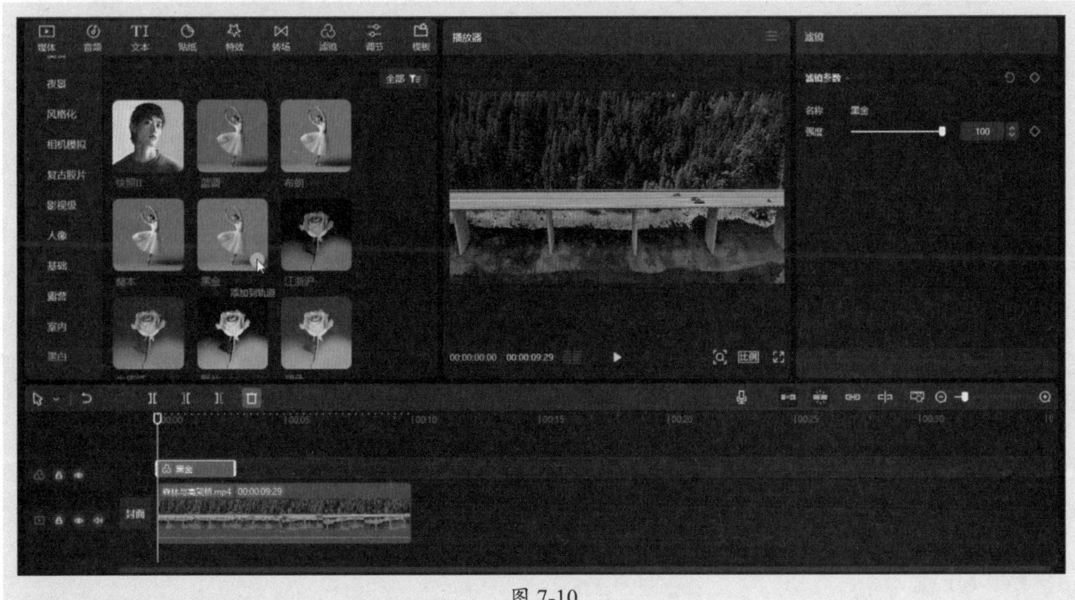

图 7-10

步骤 05 在滤镜轨道中拖动素材右侧，将滤镜时长调整为与视频一致。随后导出并保存该视频，如图7-11所示。

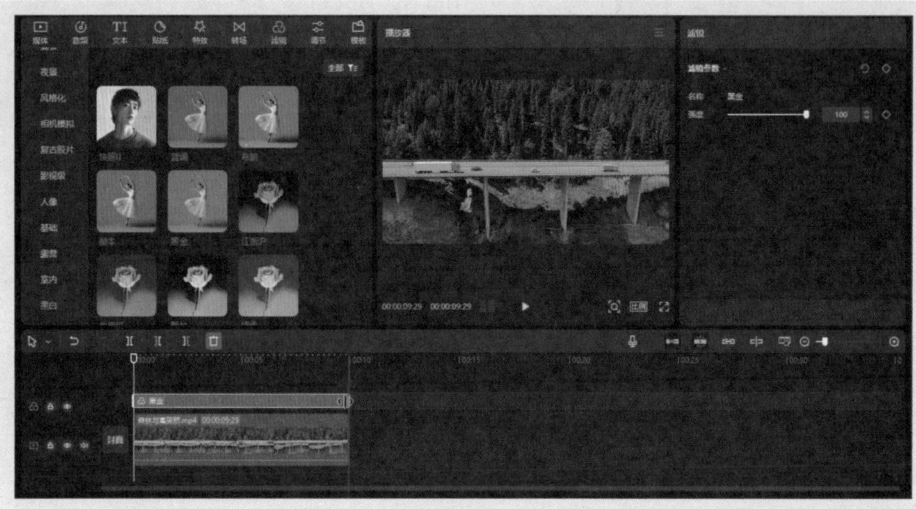

图 7-11

步骤 06 再次新建一个剪辑草稿，并重新导入添加了滤镜的视频以及原始视频素材，并将两段素材添加至视频轨道中，如图7-12所示。

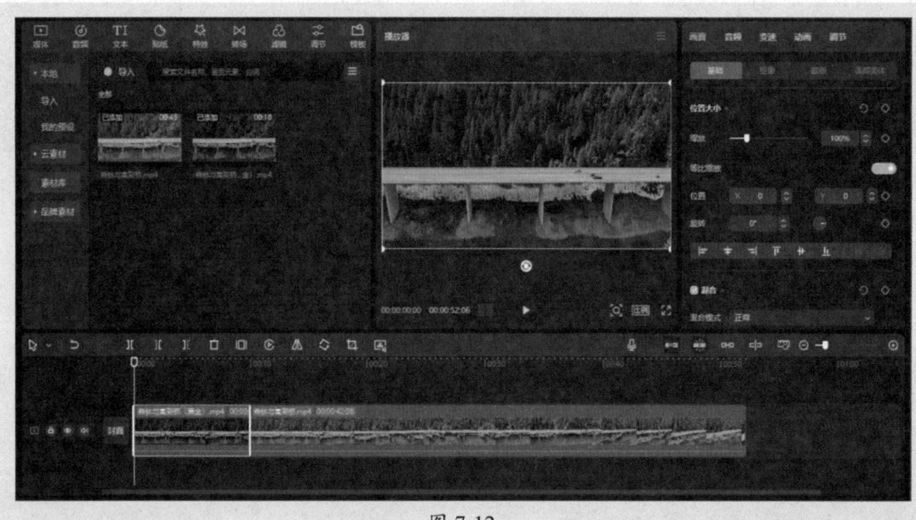

图 7-12

步骤 07 将原始视频拖动到上方视频轨道，如图7-13所示。将时间轴移动到添加了滤镜的视频的末尾处，保持原始视频素材（上方轨道中的视频）为选中状态，单击“向左裁剪”按钮，删除时间轴左侧的视频片段，如图7-14所示。

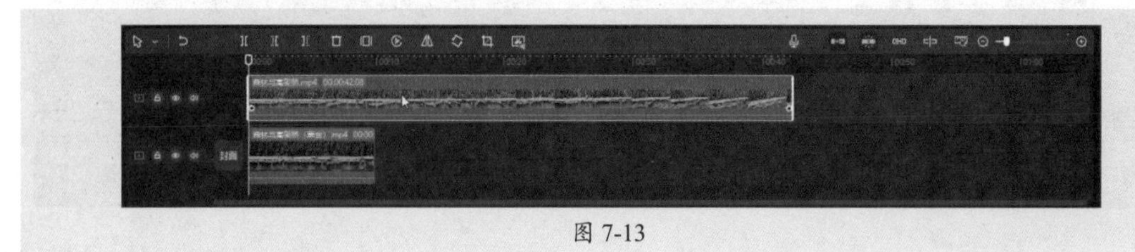

图 7-13

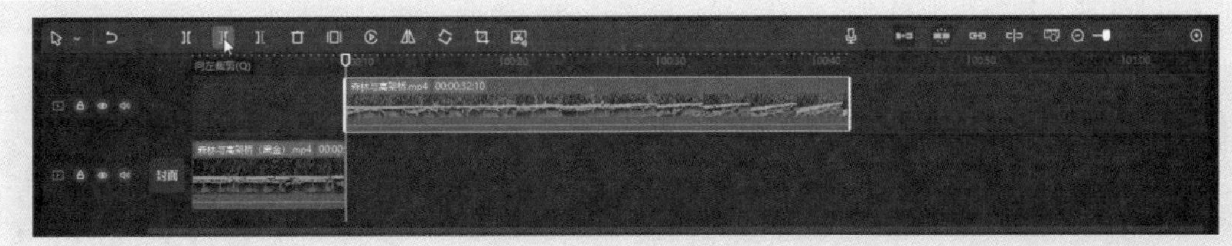

图 7-14

步骤 08 将原始视频拖动回下方视频轨道，将时间轴移动到两个视频素材的拼接位置，打开“转场”素材库，在“转场效果”选项卡中选择“幻灯片”分类，单击“向左擦除”转场效果上方的按钮，为两段视频添加相应转场效果，如图7-15所示。

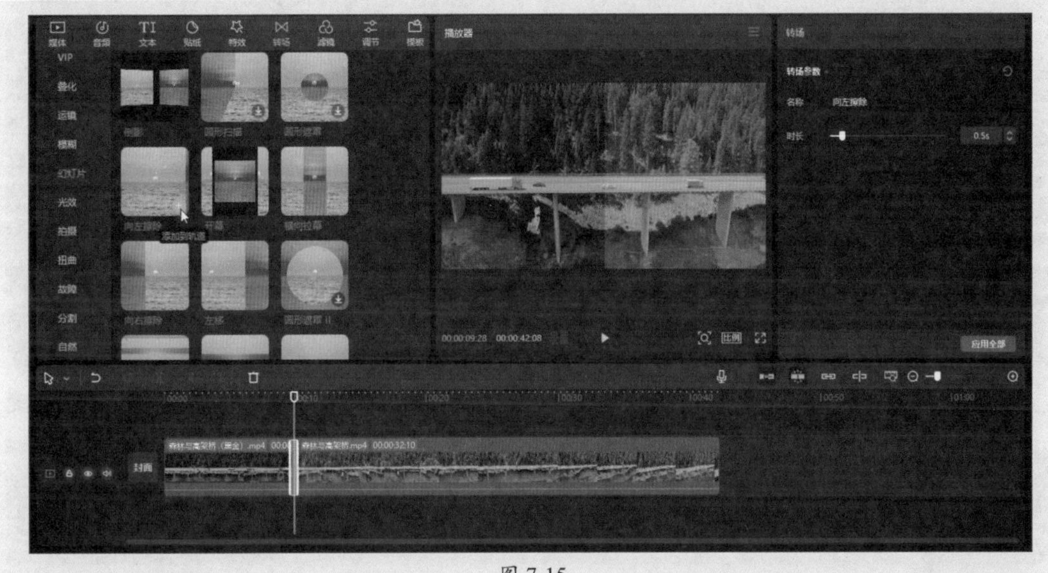

图 7-15

步骤 09 在“转场”功能区中将“时长”参数设置为最大，如图7-16所示。

图 7-16

步骤 10 预览视频，查看视频画面由黑白变成彩色的效果，如图7-17所示。

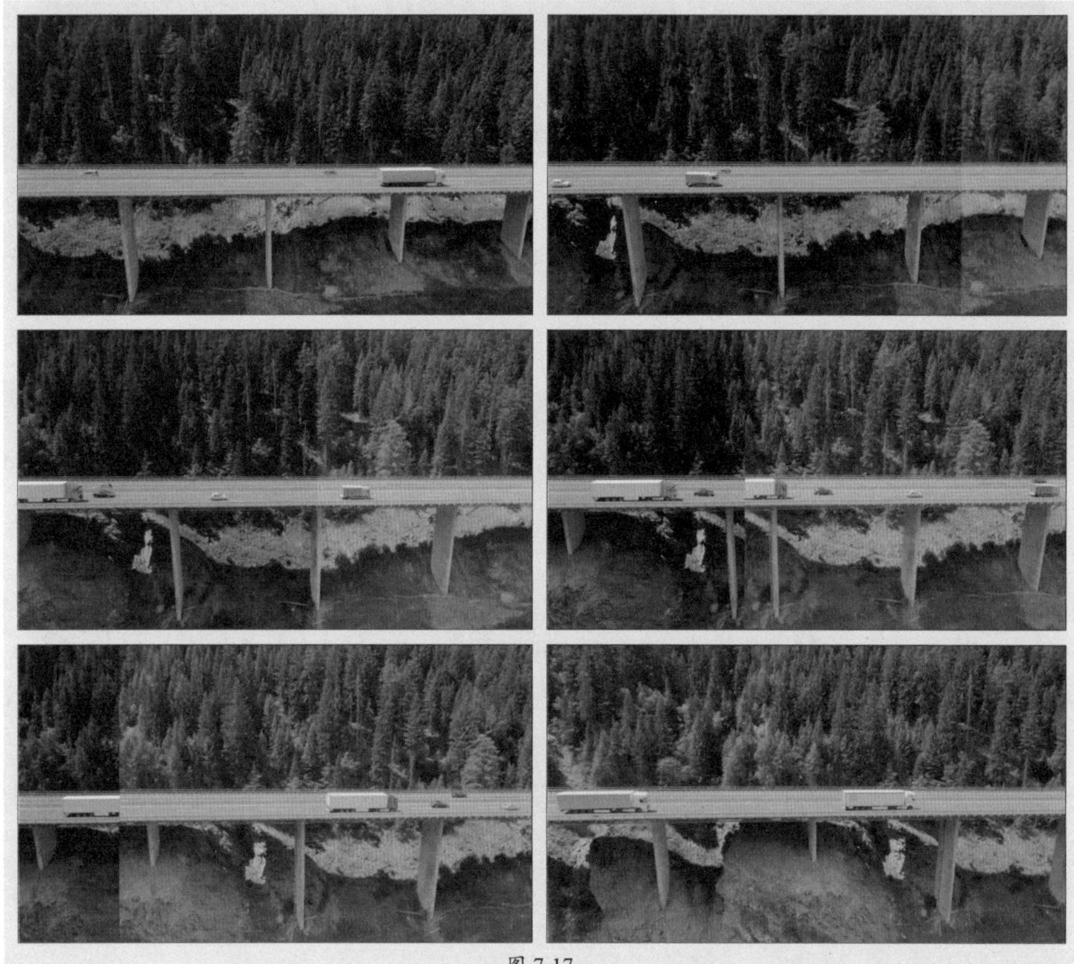

图 7-17

7.2 智能美颜与抠图

编辑视频时若要对人像效果进行优化处理，或抠出视频中的人物或动物等主体，可以使用剪映提供的“美颜美体”以及“抠像”功能进行处理。

7.2.1 美颜与瘦身

剪映专业版提供了丰富的美颜、美型、手动瘦脸、美妆、美体功能。用户只需在时间线窗口中选择要进行操作的视频素材，在“画面”功能区中打开“美颜美体”选项卡，该选项卡中包含美颜、美型、美妆、美体4个选项组，勾选复选框可以使相应组内的功能变为可编辑状态。

“美颜”组中包含匀肤、丰盈、磨皮、祛法令纹、祛黑眼圈、美白、白牙以及肤色等命令，如图7-18所示。

“美型”组中包含面部、眼部、鼻子、嘴巴以及眉毛5个选项卡，每个选项卡中提供相应的命令选项，比较常用的包括瘦脸、大眼、瘦鼻、嘴大小、眉高低等，如图7-19所示。

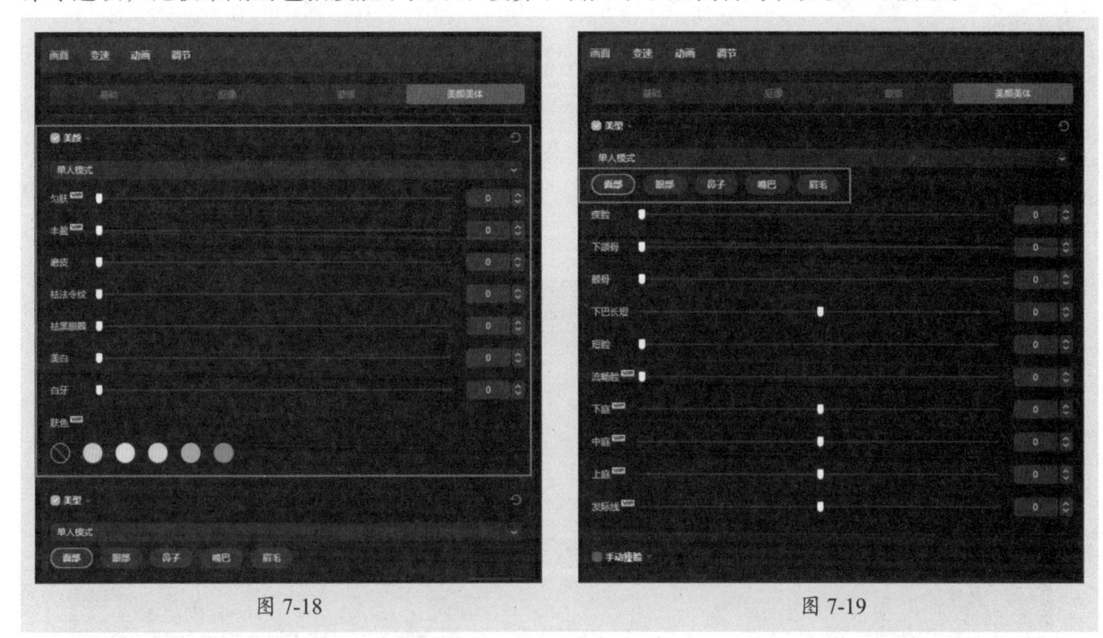

图 7-18　　图 7-19

“美妆”组中包含套装、口红、睫毛、眼影4个选项卡，“套装”选项卡中提供了大量妆容模板，只需在需要使用的美妆效果上方单击即可应用。其他选项卡中也提供了对应的命令选项，如图7-20所示。

“美体”组中包含宽肩、瘦手臂、天鹅颈、瘦身、长腿、瘦腰、小头、丰胸、美胯、磨皮、美白等选项，通过调节具体参数值可对视频中的人物应用相应美颜美体效果，如图7-21所示。

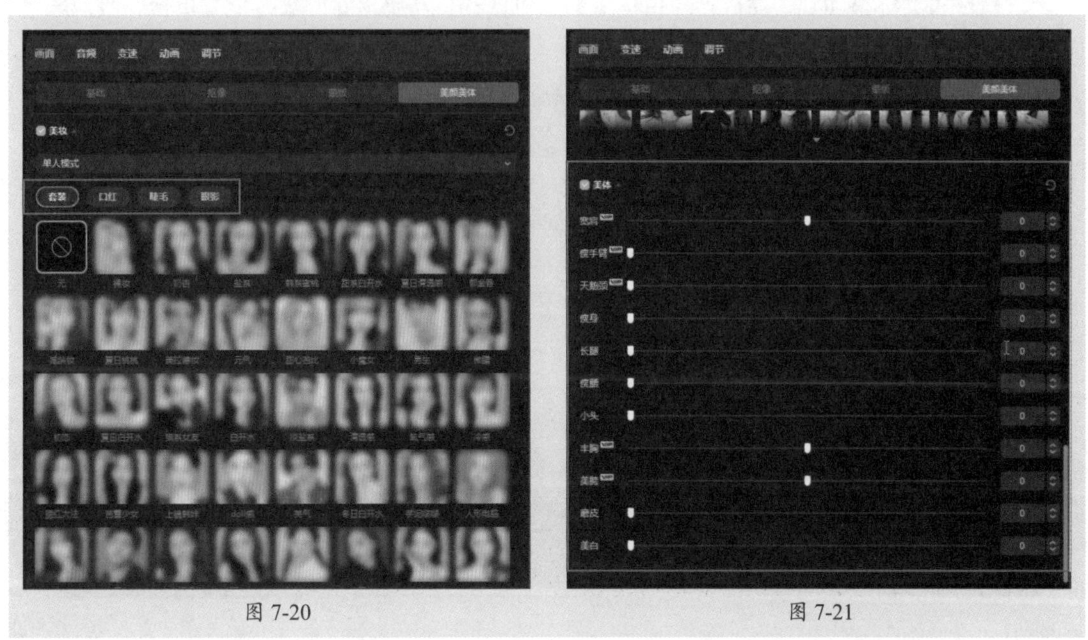

图 7-20　　图 7-21

7.2.2 色度抠图

扫码看效果

剪映可以自动识别视频中的主体并进行抠图，色度抠图适用于待抠图像与背景色色差明显、背景色单一的画面，在视频处理中常用于绿幕抠图以及背景替换等。下面介绍色度抠图的具体操作步骤。

步骤 01 在剪映中创建草稿并导入视频素材，将素材添加到视频轨道后，选中素材。在“画面”功能区中打开“抠像”选项卡，勾选“色度抠图”复选框，随后单击取色器按钮■，如图7-22所示。

图 7-22

步骤 02 将光标移动到“播放器”窗口中的预览区，在需要抠除的颜色上方单击，吸取颜色，如图7-23所示。

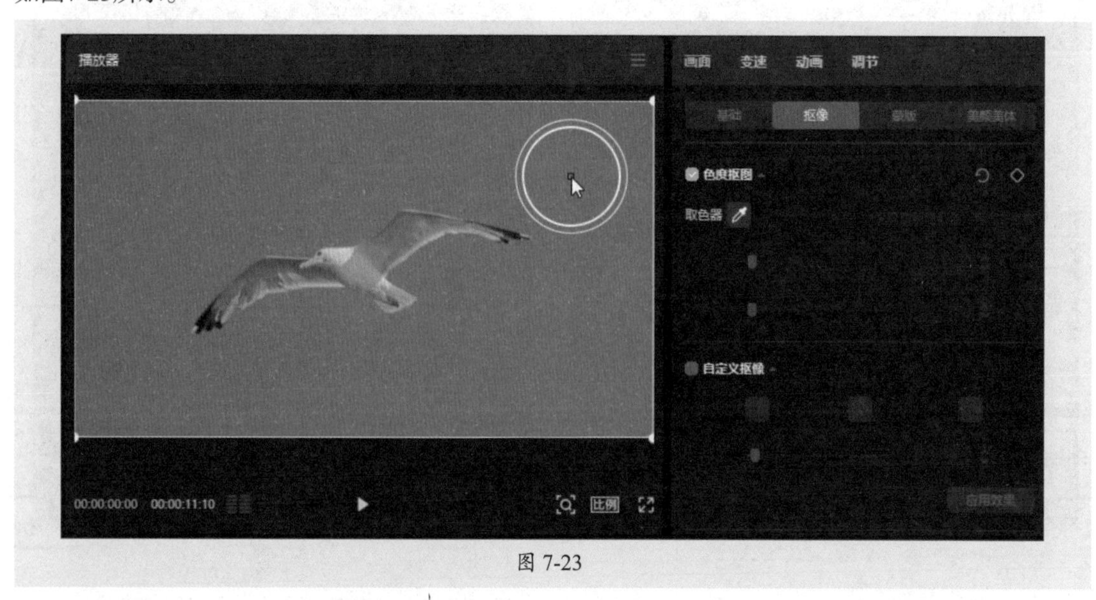

图 7-23

步骤 03 适当调整“强度”参数，即可抠除背景，参数值越大抠除的背景范围越大，如图7-24所示。

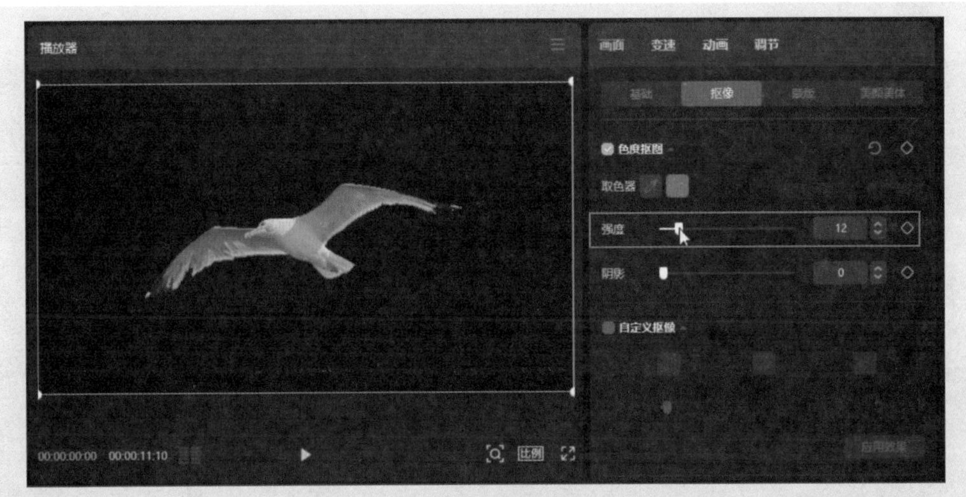

图 7-24

步骤 04 预览视频，可以查看使用“色度抠图”功能抠除视频背景的效果，如图7-25所示。

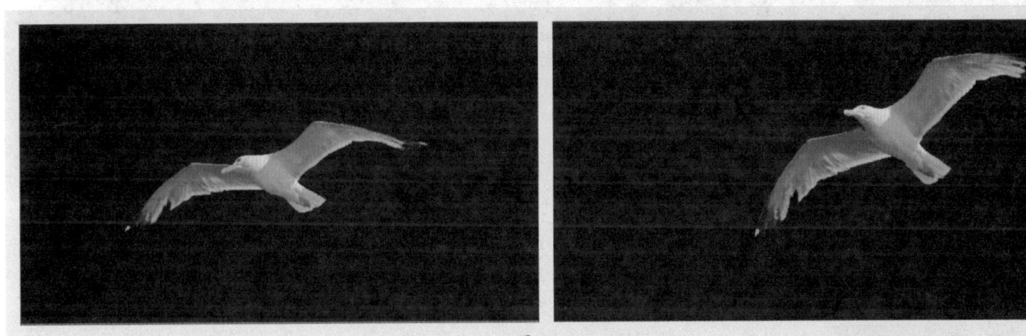

图 7-25

7.2.3 智能抠像

除了使用“色度抠图”功能，用户也可使用“智能抠像”功能一键抠除画面背景。“智能抠像”除了适用于纯色背景的画面抠图，也可以从背景不是太复杂的画面中抠出主体。下面介绍“智能抠像”的具体操作步骤。

扫码看效果

步骤 01 在视频轨道中选中要抠除背景的素材，在“画面”功能区中打开“抠像”选项卡，勾选“智能抠像”复选框，系统随即开始对素材进行处理，如图7-26所示。

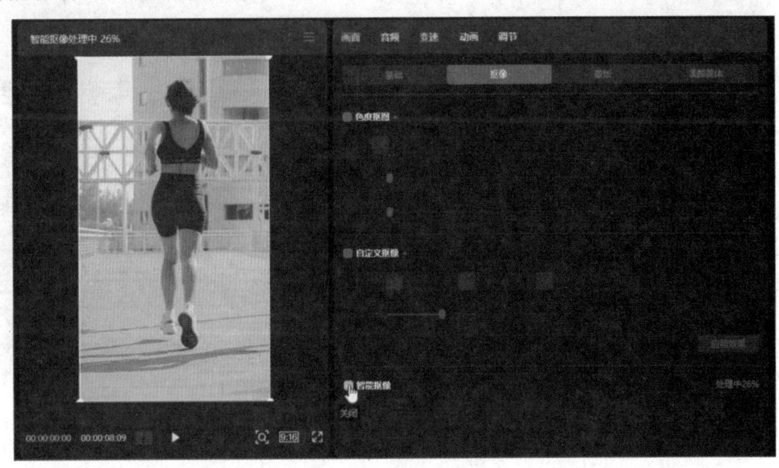

图 7-26

步骤 02 处理完成后，视频素材的背景即可被删除，只保留主体，效果如图7-27所示。

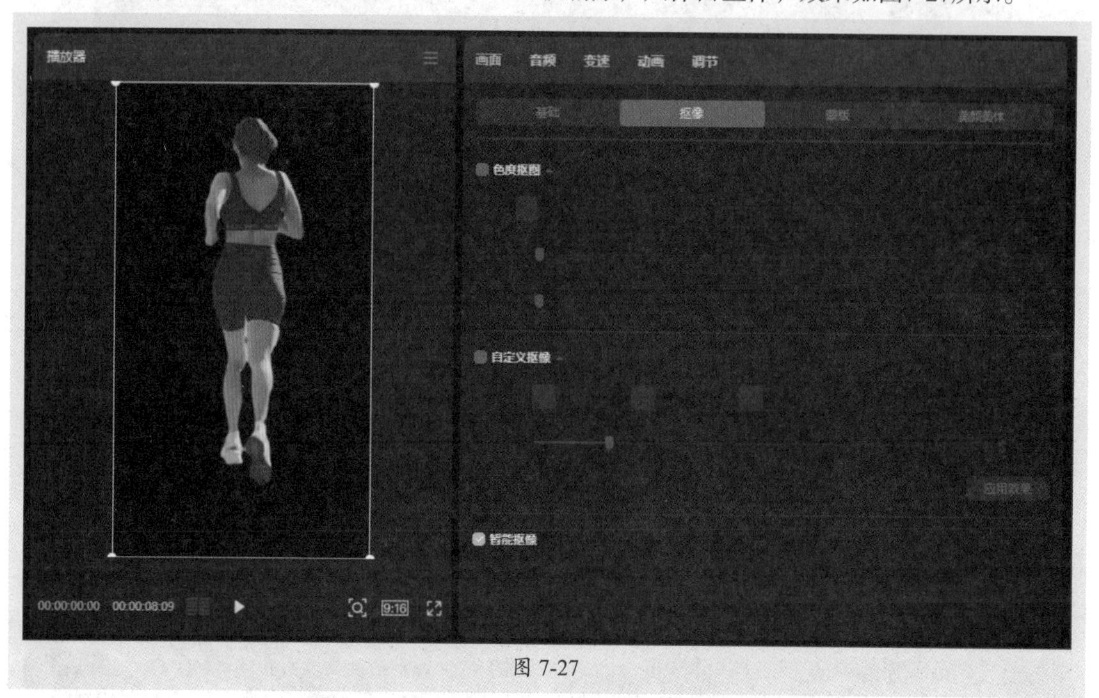

图 7-27

7.2.4 自定义抠像

扫码看效果

对于背景相对复杂的画面，可以使用“自定义抠像”功能进行抠像，“自定义抠像”可以自行选择画面中要保留的主体。下面介绍具体操作步骤。

步骤 01 在视频轨道中选中要抠除背景的素材，在“画面”功能区中打开“抠像”选项卡，勾选“自定义抠像”复选框，随后单击“智能画笔”按钮，如图7-28所示。

图 7-28

步骤 02 将光标移动至播放器窗口，在预览区中要保留的主体上方进行涂抹，如图7-29所示。

图 7-29

步骤 03 系统会根据涂抹的区域自动识别主体，主体被选中后，系统自动进行处理，功能区中会显示完成的百分比，如图7-30所示。

图 7-30

步骤 04 当处理进度达到100%时，表示所选素材的整个片段的主体已经从头至尾处理完成。单击“应用效果”按钮，即可抠除整段素材的画面背景，只保留主体，如图7-31所示。

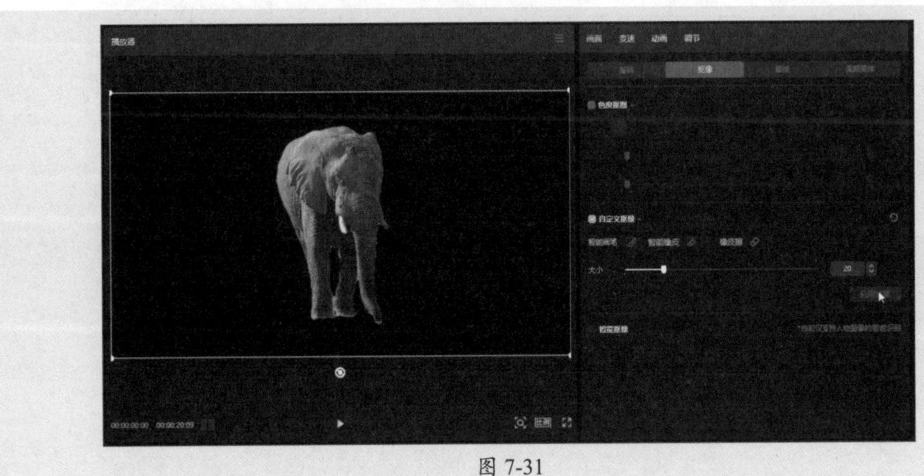

图 7-31

步骤05 预览视频，查看抠除画面背景的效果，如图7-32所示。

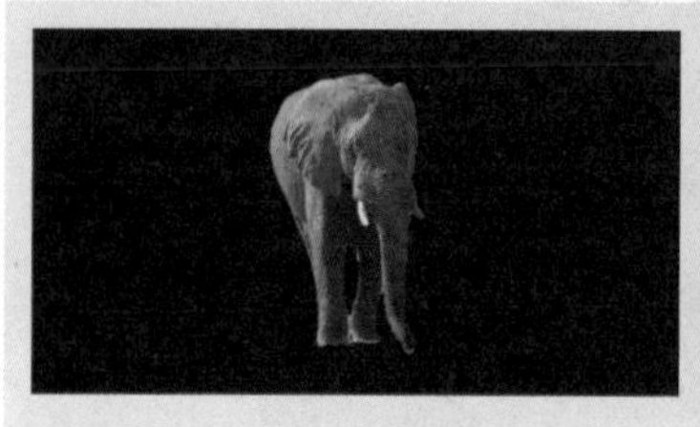

图 7-32

动手练 为抠出的图像添加背景

扫码看操作

扫码看效果

抠像完成后，可以将抠出的主体放入其他背景中，制作出有趣的视频效果。下面介绍具体操作方法。

步骤01 在完成抠像的草稿中导入背景素材，随后将素材添加到轨道中，如图7-33所示。

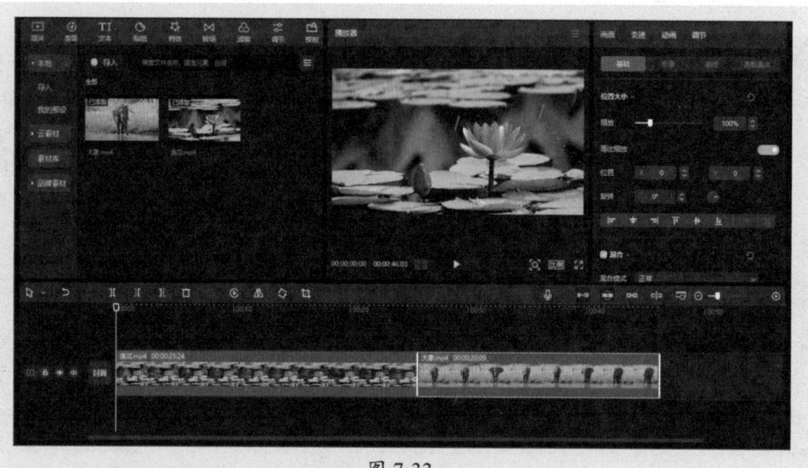

图 7-33

步骤02 将完成抠图的素材拖动到背景素材上方的轨道中，并裁剪背景素材，使两段素材的时长相同，如图7-34所示。

图 7-34

步骤 03 选中上方轨道中的抠图素材，在视频预览区中拖动4个边角的任意一个控制点，适当调整素材大小，如图7-35所示。

步骤 04 将光标移动到抠图素材上方，按住鼠标左键进行拖动，将素材移动到合适的位置，使其与背景更匹配，如图7-36所示。

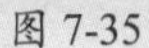

图 7-35

图 7-36

步骤 05 预览视频，查看为抠图素材添加背景的效果，如图7-37所示。

图 7-37

7.3 后期调整方法

通过对视频进行后期调整可以对视频画面的色彩、明度、效果，以及图层的混合模式进行设置，以提高视频质量。

7.3.1 基础调色

调色通过对视频的颜色、亮度、对比度、饱和度等参数进行调整，改变视频的色彩效果和视觉感受，从而使画面更加生动、美观。剪映中的调色方法包括基础、HSL、曲线、色轮4种。下面介绍视频基础调色的具体方法。

步骤 01 在剪映创作界面中导入需要调色的视频素材，并将素材添加到视频轨道，保持素材为选中状态，打开“调节”功能区，此时默认打开的是“基础”选项卡，在“调节”组中各项参数的默认值均为0，如图7-38所示。

步骤 02 保持“调节”复选框为勾选状态，根据需要设置参数值即可对视频进行基础调色。

此处对饱和度、亮度、对比度、高光、光感、锐化参数进行了适当调整，如图7-39所示。

图 7-38

图 7-39

步骤 03 视频调色前后的对比效果如图7-40所示。

图 7-40

知识拓展

基础调色中各项参数的含义以及作用如下。

- **色温**：指颜色的温度，控制画面的冷暖，用来调整视频的整体色调，使其更加冷或暖，冷色调为蓝色，暖色调为黄色。通过调整色温可以改变视频的氛围和情感的表达，使视频更加生动有趣。
- **色调**：通常用来描述视频的整体色彩效果，包括色彩的纯度、饱和度、明暗度等。通过调整视频的色调，可以改变视频的视觉感受和情感表达，使视频更加生动、鲜明、富有艺术感。
- **饱和度**：指颜色的纯度和强度，通过调整饱和度可以让颜色更加鲜艳、明亮、柔和、自然。饱和度越高，颜色越鲜艳；饱和度越低，颜色越淡雅。
- **亮度**：调节画面中的明亮程度。
- **对比度**：调节画面中的明暗对比度，可以使亮的地方更亮，暗的地方更暗。
- **高光**：单独调节画面中较亮的部分，可以提亮，也可以压暗。
- **阴影**：单独调节画面中较暗的部分，可以提亮，也可以压暗。

- **光感**：与亮度相似，亮度是将整体画面变亮，而光感是控制光线，调节画面中较暗和较亮的部分，中间调保持不变，光感是综合性的调整。
- **锐化**：调节画面的锐利程度，一般上传抖音的视频可以适当地添加30左右的锐化，视频会更加清晰。
- **颗粒**：给画面添加颗粒感，适用于一些复古类的视频。
- **褪色**：可以理解为一张放了很久的照片，由于时间的原因褪掉了一层颜色，褪色使画面变得比较灰，比较适用于复古风格的视频。
- **暗角**：向右拖动可以给视频周围添加一圈较暗的阴影，向左拖动可以给视频添加一圈较亮的白色遮罩。

7.3.2 曲线调色

在剪映中，曲线调色由4个曲线组成，包括亮度曲线以及红（R）、绿（G）、蓝（B）通道曲线，如图7-41所示。亮度曲线用于调整画面的亮度；红、绿、蓝通道曲线则用于调整图像或视频的颜色。下面介绍如何使用曲线调色将枯黄的草地调整为绿色草地。

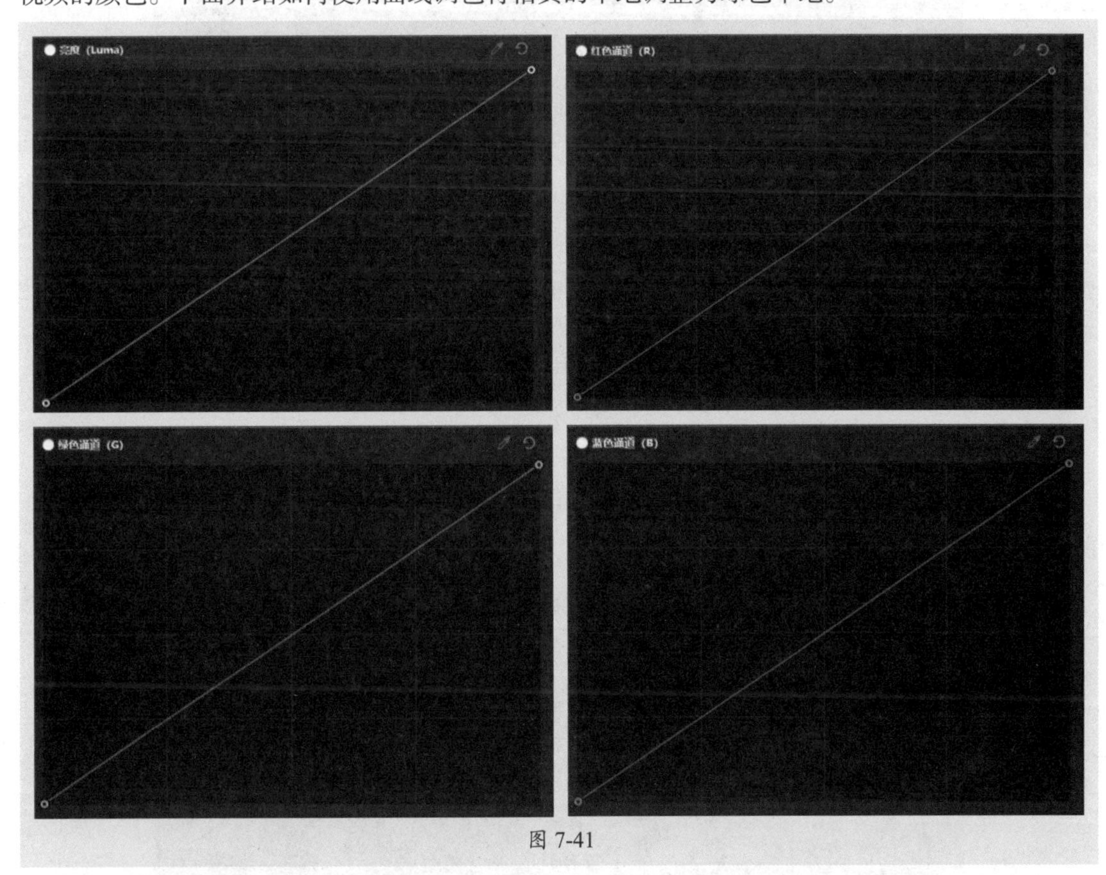

图 7-41

步骤 01 在剪映创作界面中导入需要调色的视频素材，并将素材添加到视频轨道，保持素材为选中状态。打开“调节”功能区，切换到“曲线”选项卡，在“红色通道（R）”区域中的红色线条上的合适位置单击，添加点，如图7-42所示。

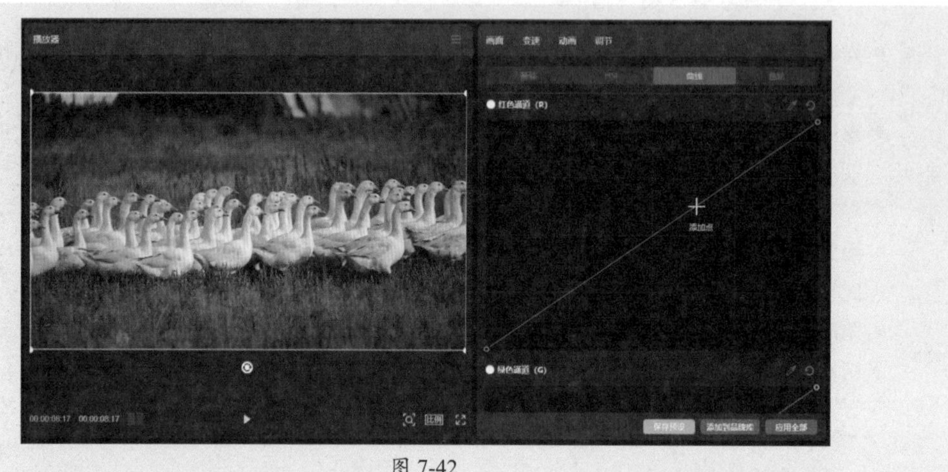

图 7-42

步骤 02 随后按住鼠标左键拖动点，调整曲线，并观察视图区中画面的颜色变化，当调整到满意的颜色时松开鼠标左键即可，如图7-43所示。

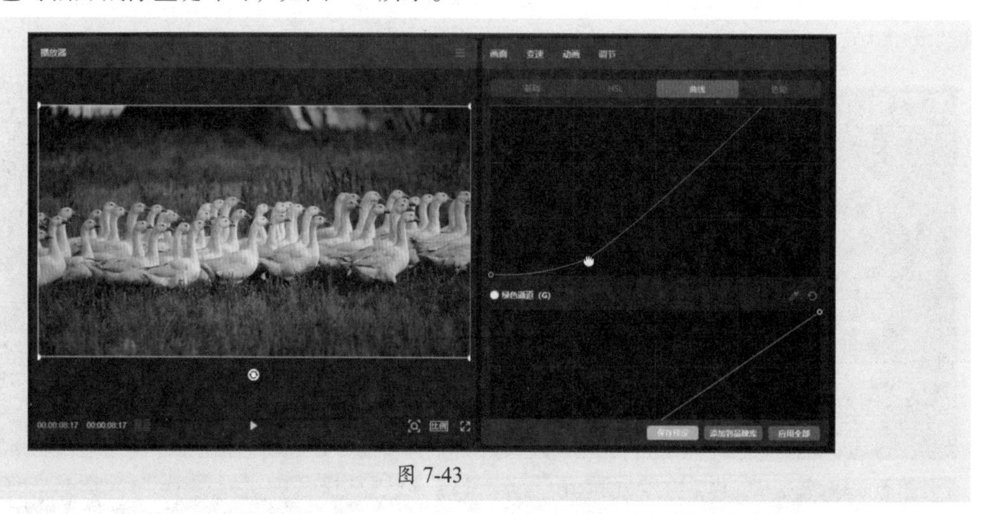

图 7-43

步骤 03 在“亮度”曲线上添加点，并拖动点调整亮度的区域以及提亮的幅度，如图7-44所示。

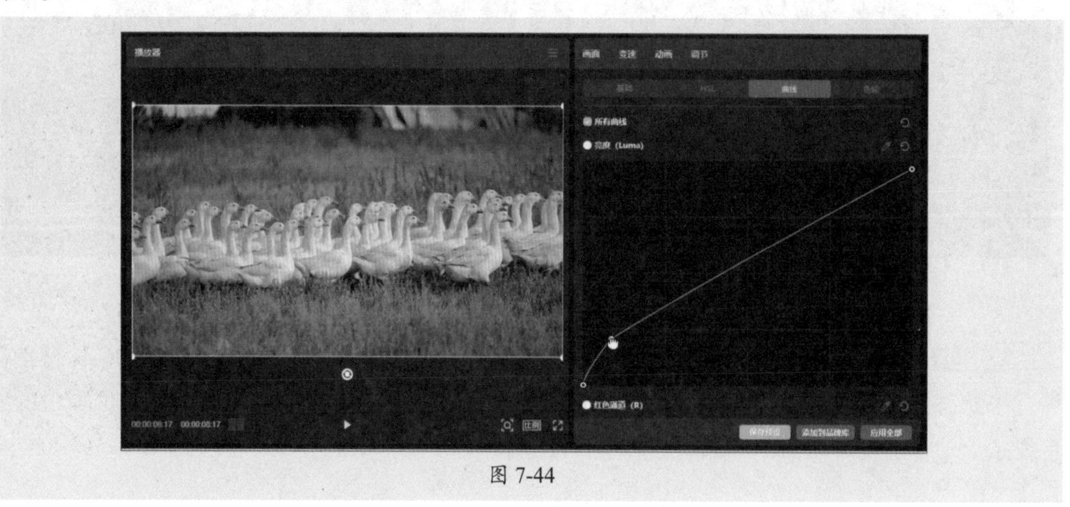

图 7-44

步骤04 使用“曲线”为视频调色前后的对比效果如图7-45所示。

图 7-45

7.3.3 HSL调色

剪映中的HSL可以单独控制画面中的某一个颜色，共包含8种颜色选项。每种颜色的可调节参数包括色相、饱和度和亮度。下面使用HSL将绿色的草地和树木设置为黄色，呈现出夏天变成秋天的效果。

步骤01 在剪映创作界面中导入视频素材，并将素材添加到视频轨道。打开“调节”功能区，切换至HSL选项卡，此时可以看到8个颜色选项，默认情况下，色相、饱和度、亮度3个参数值均为0，如图7-46所示。

图 7-46

步骤02 选择绿色◎，将色相滑块拖动至最左侧（参数值为-100），饱和度、亮度滑块拖动至最右侧（参数值为100），如图7-47所示。

图 7-47

步骤 03 选择黄色◉，将色相滑块适当向左拖动（此处参数值为-39），将饱和度、亮度滑块拖动至最右侧（参数值为100），完成调色，如图7-48所示。

图 7-48

步骤 04 视频调色前后的对比效果如图7-49所示。

图 7-49

7.3.4 设置混合模式

扫码看效果

混合模式是将两个或多个图层进行混合，使视频产生不同视觉效果的一种功能。混合模式可以改变图像的亮度、对比度、颜色、不透明度等特性，在剪映中可以通过图层的混合模式来实现各种特效，如叠加、滤色、颜色加深、颜色减淡等。下面以“正片叠底”为例介绍混合模式的设置方法。

步骤 01 在剪映创作界面中导入视频素材，并将素材添加到视频轨道。在媒体素材库中搜索

“古风”素材，通过预览选定要使用的视频素材，如图7-50所示。

图 7-50

步骤 02 将选定的素材添加至视频轨道，随后将古风素材拖动至上方轨道，并对该素材进行裁剪，使两段素材时长相同。随后适当调整古风素材的亮度，如图7-51所示。

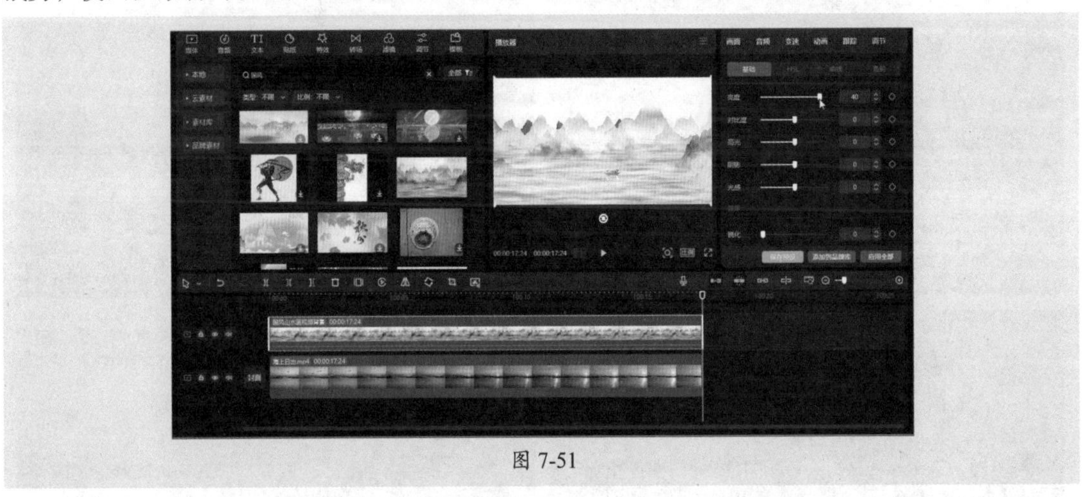

图 7-51

步骤 03 在“画面”功能区中的“基础”选项卡内单击“混合模式”下拉按钮，在下拉列表中选择“正片叠底”选项，如图7-52所示。

图 7-52

步骤 04 默认情况下素材的不透明度为100%，即不透明。用户可以设置其参数值，增加素材的透明度，如图7-53所示。

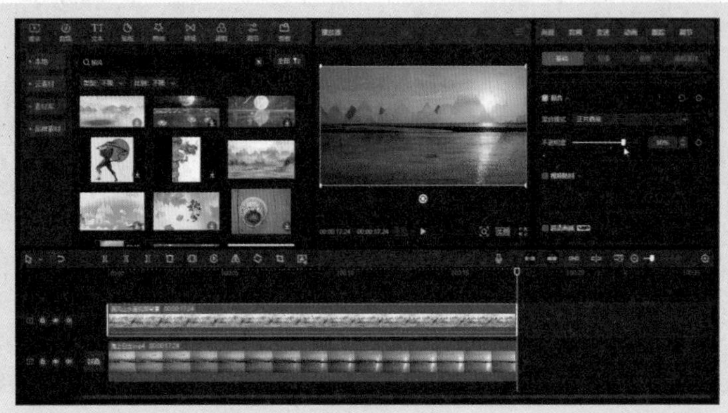

图 7-53

步骤 05 预览视频，查看为视频设置“正片叠底”混合模式的效果，如图7-54所示。

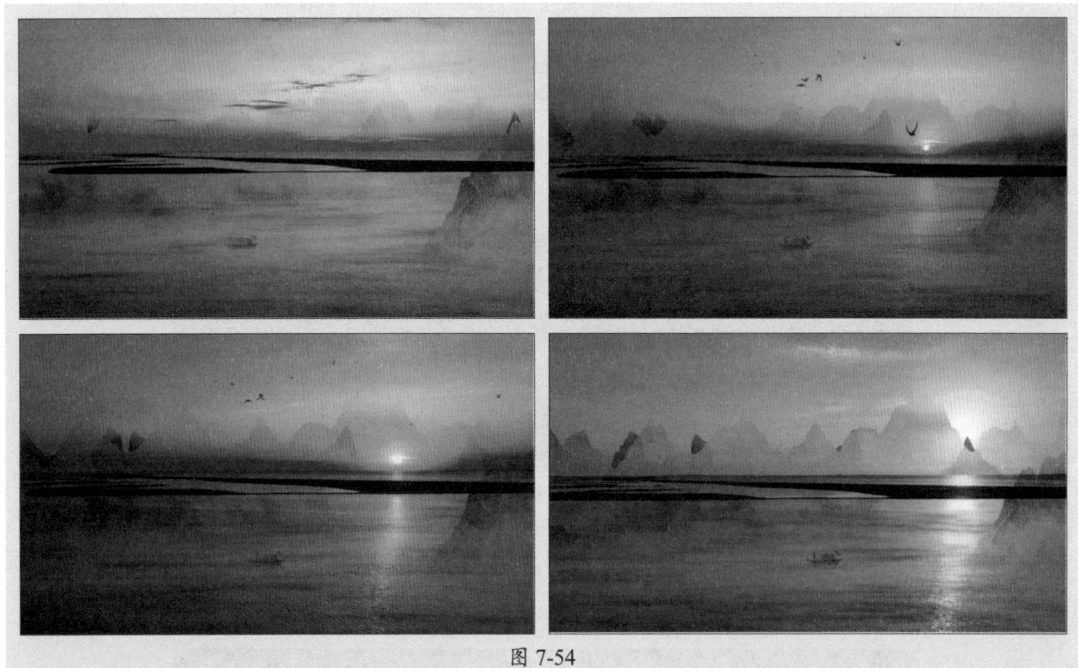

图 7-54

知识拓展

在剪映专业版中，混合模式包括10种形式，分别为正常、变亮、滤色、变暗、叠加、强光、柔光、颜色加深、线性加深、颜色减淡、正片叠底。这10种混合模式可以分为3种类型：去亮、去暗、对比。

- **去亮：**表示去掉亮的部分，保留暗的部分。包括变暗、正片叠底、颜色加深、线性加深。
- **去暗：**表示去掉暗的部分，保留亮的部分。包括滤色、变亮、颜色减淡。
- **对比：**表示把上下两层图片叠加在一起，去掉中心灰，让暗处变得更暗，让亮处变得更亮。包括强光、叠加、柔光。

动手练 合成下雪效果

使用剪映素材库中提供的下雪素材，可以和图片或视频素材合成下雪效果。下面介绍具体操作方法。

扫码看操作

扫码看效果

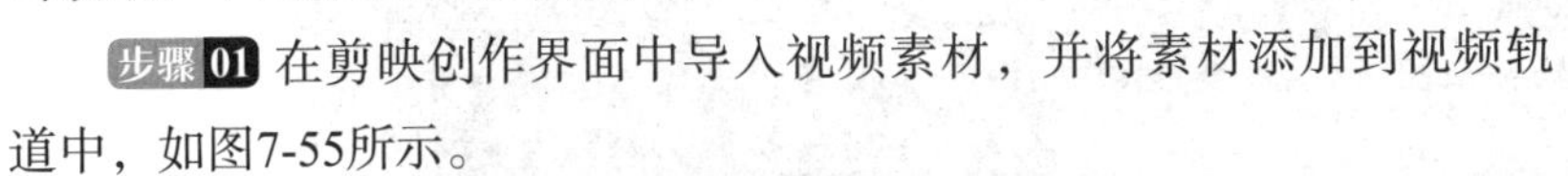

步骤 01 在剪映创作界面中导入视频素材，并将素材添加到视频轨道中，如图7-55所示。

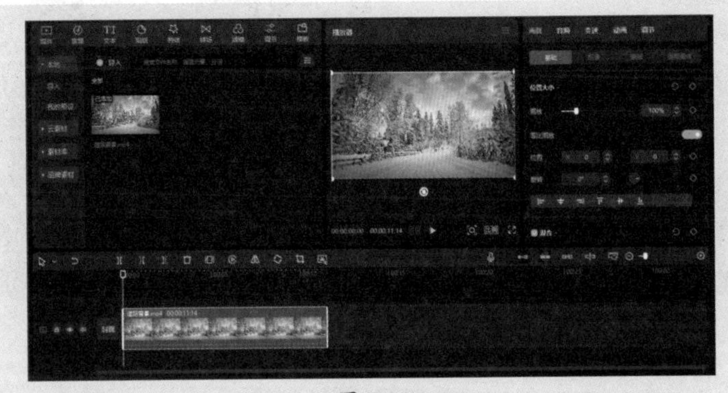

图 7-55

步骤 02 在媒体素材库中搜索“雪花”素材，选择一个黑色背景的雪花素材，并单击⊕按钮，将其添加到轨道中，如图7-56所示。

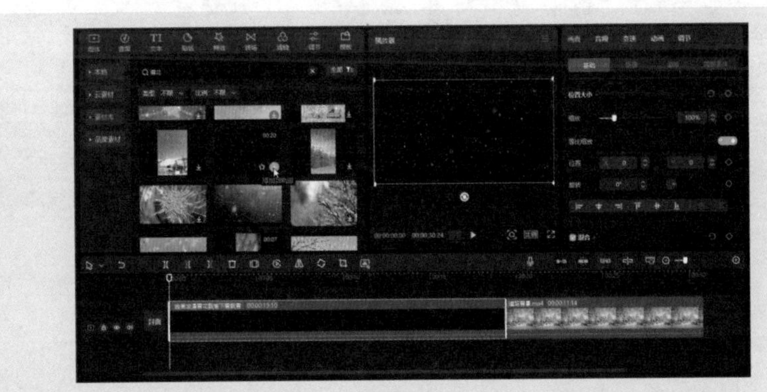

图 7-56

步骤 03 将雪花素材拖动到上方轨道中，并裁剪素材，使其与下方轨道中的雪景素材时长相同，如图7-57所示。

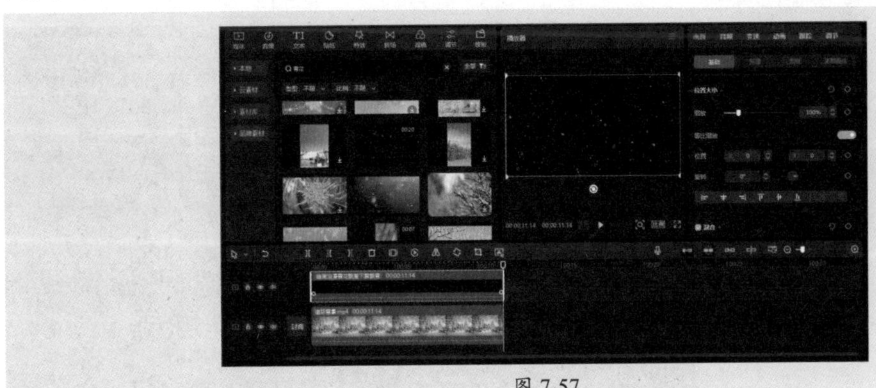

图 7-57

步骤04 保持雪花素材为选中状态，在“画面”功能区中的“基础”选项卡内设置混合模式为“颜色减淡”，即可完成制作，如图7-58所示。

图 7-58

步骤05 合成下雪效果的前后对比如图7-59所示。

图 7-59

案例实战：合成明月升空夜景效果

扫码看操作

扫码看效果

本章以及前面章节已经详细介绍了剪映中素材的选择与添加、滤镜、动画、混合模式的应用等。下面综合运用这些技巧制作月亮从城市夜空中缓缓升起的视频效果。

1. 添加夜景滤镜

步骤01 在剪映创作界面中导入城市夜景视频素材，并将素材添加到视频轨道中，如图7-60所示。

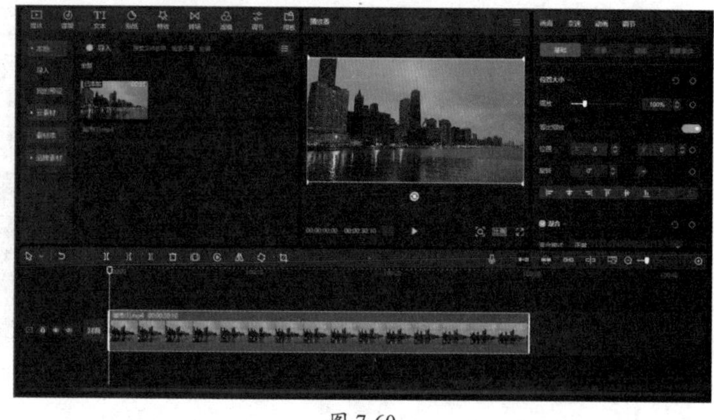

图 7-60

步骤 02 打开“滤镜”素材库，选择“夜景”分类，添加“冷蓝”滤镜，如图7-61所示。

图 7-61

步骤 03 拖动滤镜素材右侧白色部分，调整时长，使其与视频时长相同，如图7-62所示。

图 7-62

2. 制作月亮升空动画

步骤 01 打开“贴纸”素材库搜索“月亮素材”，随后选择一款合适的月亮素材，并添加到轨道中，如图7-63所示。

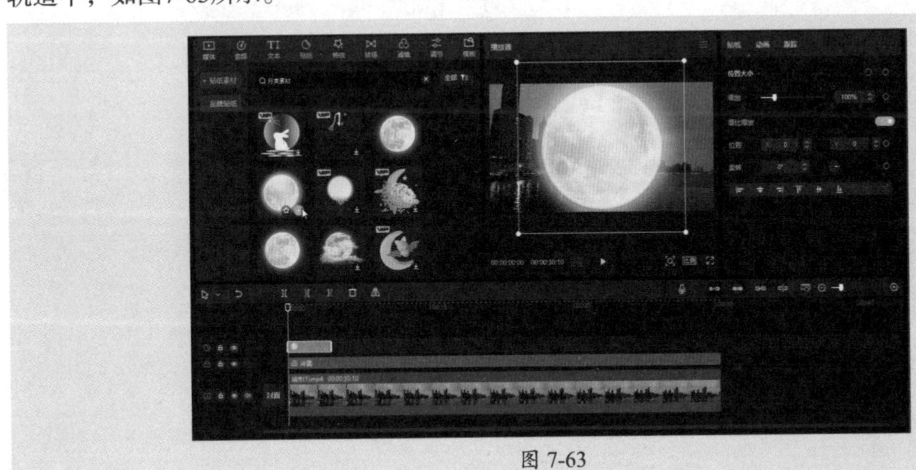

图 7-63

步骤 02 在轨道中整体向右拖动月亮贴纸素材，使其从24s处开始，并调整贴纸的时长，使其末尾处与视频末尾对齐，如图7-64所示。

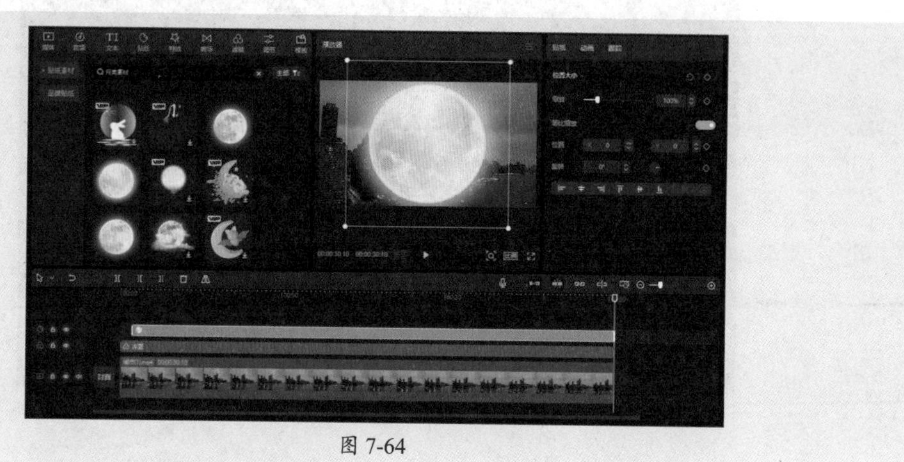

图 7-64

步骤 03 在播放器窗口中的预览区域内调整月亮贴纸素材的大小和位置，使其在视频画面的右上角显示，如图7-65所示。

图 7-65

步骤 04 保持月亮贴纸素材为选中状态，打开“动画”功能区，在“入场”选项卡中选择“向上滑动”选项，将“动画时长”滑块拖动到最右侧（最大时长），如图7-66所示。

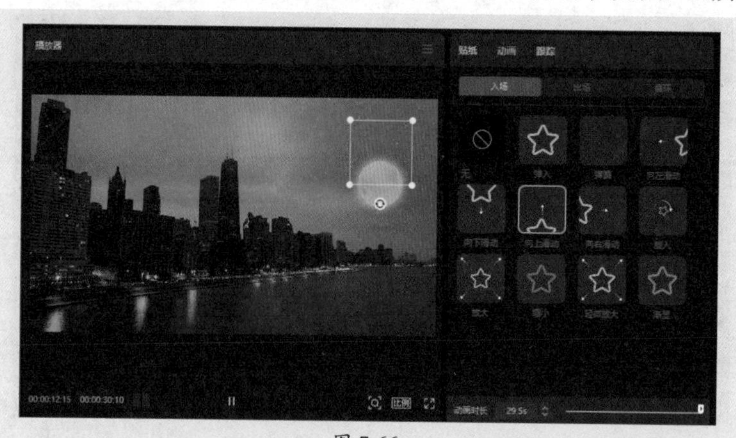

图 7-66

3. 制作渐显文字效果

步骤01 向当前创作界面中导入一个文字素材，随后将素材添加到轨道中，并将该素材拖动至城市夜景视频素材上方的轨道中，与城市夜景视频素材的末尾对齐，如图7-67所示。

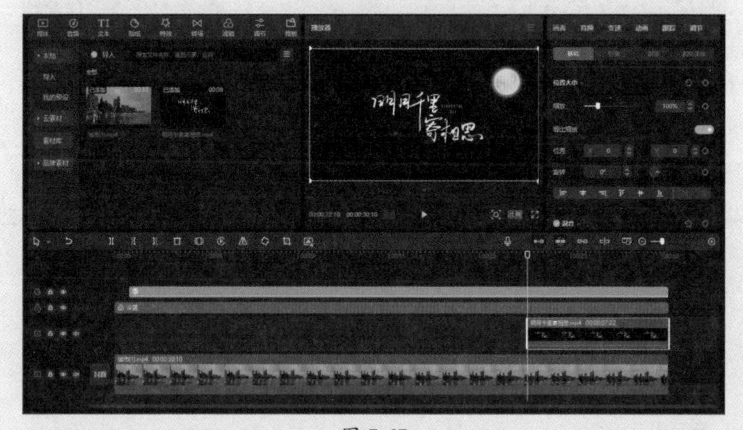

图 7-67

步骤02 保持文字素材为选中状态，在“画面”功能区中的“基础”选项卡内设置混合模式为“滤色”，如图7-68所示。

图 7-68

步骤03 适当调整文字的大小和位置，如图7-69所示。

图 7-69

步骤 04 保持文字为选中状态，打开“动画”功能区，在“入场”选项卡中选择“渐显”选项，随后将动画时长设置为最长，如图7-70所示。最后为视频添加合适的背景音乐即可。

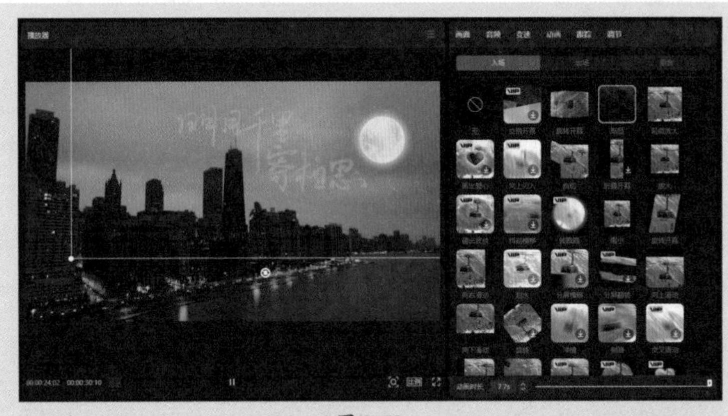

图 7-70

步骤 05 预览视频，查看城市夜空下，月亮缓缓升起，文字逐渐显示的效果如图7-71所示。

图 7-71

新手答疑

1. Q：为视频调色后如何恢复成初始状态？

A：若要恢复调色前的效果，可以在“调节”功能区中打开相应选项卡（使用什么方法进行的调色，则打开相应选项卡），单击“重置”按钮即可恢复各项参数的默认值，如图7-72所示。

另外，使用“曲线”通道调色时，还可以单独对某个通道进行重置，如图7-73所示，或对所有曲线进行重置，如图7-74所示。

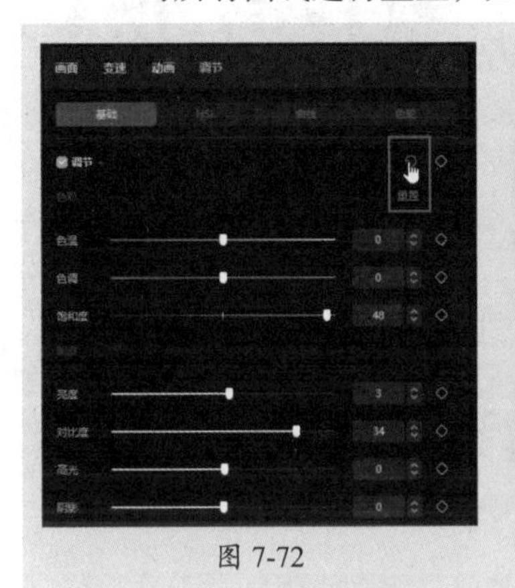

图 7-72

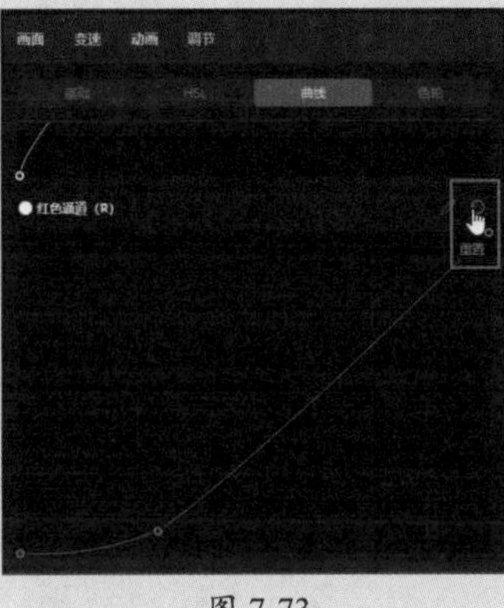

图 7-73

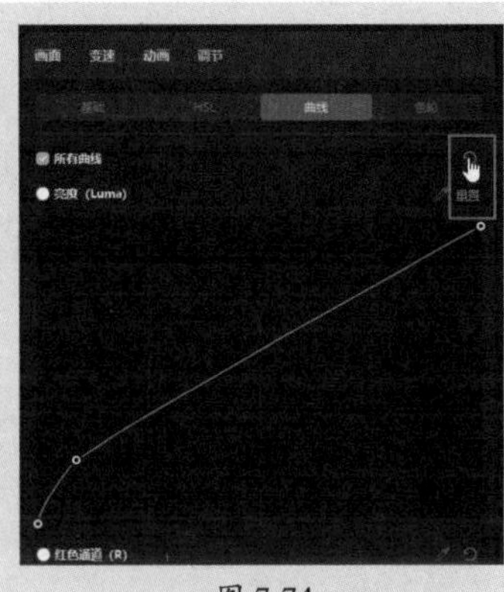

图 7-74

2. Q：如何设置素材的透明度？

A：通过混合模式提供的“不透明度”参数可调整素材的不透明度，如图7-75所示。

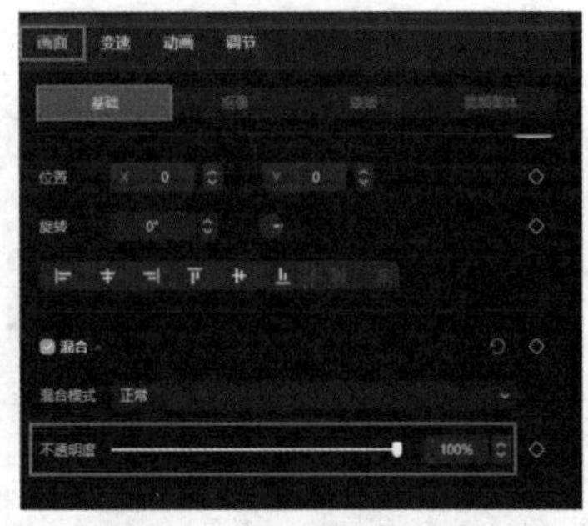

图 7-75

3. Q：如何直接为抠图素材更换背景？

A：选中抠图素材，在“画面”功能区中单击“背景填充”下拉按钮，在下拉列表中选择一种背景填充方式，如图7-76所示，随后选择合适的背景即可，如图7-77所示。

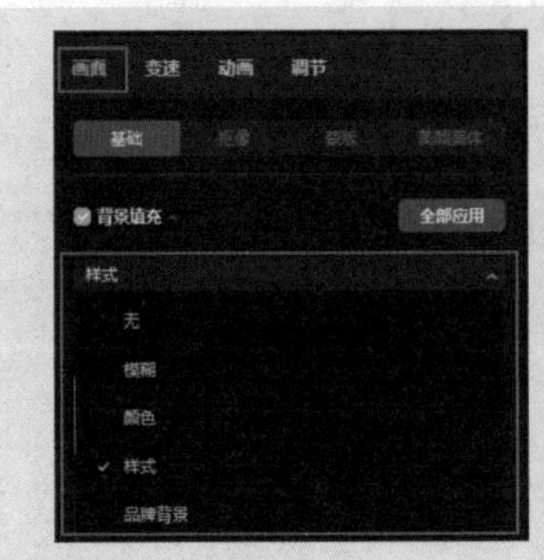

图 7-76

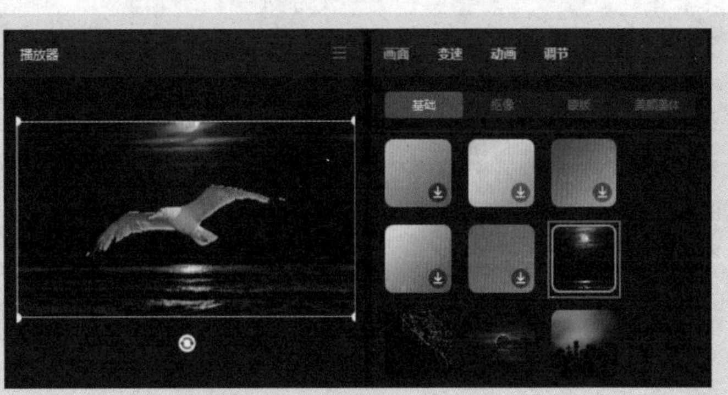

图 7-77

第8章

视频发布，与他人共享

精心制作的短视频，为了让更多人看到，还需要选择合适的平台发布。发布短视频也有许多值得注意的技巧，本章将对短视频发布时的注意事项、常见的短视频平台等进行详细介绍。

8.1 短视频发布的注意事项

短视频在发布后能否顺利进入推荐池被推荐，获取更多流量，除了视频自身的质量，还需要遵守一些规则，并且注意一些发布技巧。

8.1.1 视频发布需遵守的原则

视频在发布前需要进行预览，保证没有错误和失误，选择合适的时间，发布到自己的账号或者相关的平台。另外，发布视频时需要遵守一些相关的原则，包括遵守国家法律法规以及平台规则，如图8-1所示。

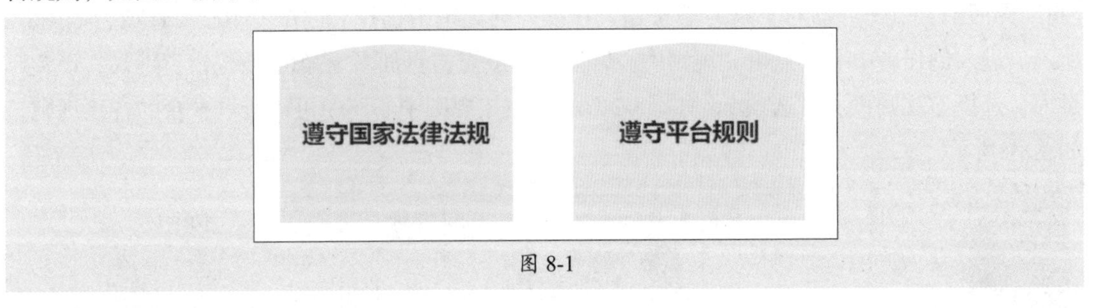

图 8-1

1. 遵守国家法律法规

随着互联网的发展，网络短视频因其制作简单、贴近生活等特点掀起了一阵全民热潮。全面爆发的短视频行业，吸引资本争相进入，导致内容繁杂且未能跟上发展节奏而乱象丛生。为了对短视频进行监管，进一步规范短视频平台的传播秩序，遏制错误虚假有害内容传播蔓延，营造清朗网络空间，国家相继发布了相关法律法规。

对短视频节目及其标题、名称、评论、弹幕、表情包等，以及内容中出现的语言、表演、字幕、画面、音乐、音效进行严格审核。例如不得出现危害国家制度、损害国家形象、泄露国家秘密、破坏社会稳定的内容；不得传播恐怖主义内容；不得出现不利于未成年人健康成长的内容；不得出现有悖于社会公德、格调低俗、娱乐化倾向严重的内容；不得渲染暴力血腥、展示丑恶行为和惊悚情节的内容等。

短视频制作者要严格遵守相关法律法规，以及各运营平台的规则，才能保证账号的运营安全。

2. 遵守平台规则

网络短视频平台实行节目内容先审后播制度，如果发布的视频内容不符合平台的规定和要求，视频会被卡在第一道线，无法通过初审，连首次推荐的机会都没有。更严重的情况是，平台还会将视频限流，甚至封号。短视频运营者要想让自己的短视频能够获得更多的推广与引流，首先要熟悉平台规则，不要触碰违规内容和底线。

每个平台都有自己的规则，如果违反了平台规则，很容易被平台限流减权，账号被封。容易导致封号的情况一般包含以下几种。

- 发布的内容涉及低俗色情。
- 发布的内容有侮辱谩骂的嫌疑。

- 发布营销广告。
- 发布虚假内容造谣生事。
- 发布的内容侵犯他人版权、搬运他人视频。
- 发布的内容令人产生不适。
- 发布的内容侵犯儿童权益。
- 发布的内容违反法律规定。

另外，如果视频有明显水印或内容包含引流到平台的嫌疑（例如二维码、电话号码之类的营销广告动作）也会被限制曝光。

创作者也可以登录平台，查看平台的详细规则。以抖音为例，登录手机上的抖音账号，在“我”界面中，点击界面右上角的☰按钮。在展开的菜单中选择“创作者中心”选项，如图8-2所示。进入创作者中心，点击“规则中心”图标（或点击页面右上角的⚙按钮，进入“设置”页面，选择“规则中心”选项），如图8-3所示。在“规则中心”中可以查看平台的各项规则，如图8-4所示。

图 8-2　　图 8-3　　图 8-4

8.1.2　视频发布的技巧

要想视频发布后获取更高的流量，除了要注意相关的法律法规以及遵守平台的规则，还需要了解平台的流量推荐机制，例如什么时间发布视频最容易被推荐、每周更新几次作品比较合适、如何推广短视频等。

1. 短视频更新频率

虽然各媒体平台对于短视频作品的发布频次没有明确的规定，但是要遵守取得相关功能权限后的每日发文上限规定。用户还需要根据自己账号所处的不同阶段和个人的能力情况，尽量科学地发布作品，为了保持视频的活跃度最好做到每日更新，如果做不到每日更新，一周也至少要更新2、3条。

2. 短视频的发布时间

选择恰当的时间发布短视频作品，有助于提高视频的点击量。抖音平台三个自然流量高峰时间段为7:00—8:00、11:00—13:00、20:00—22:00，用户可以在这三个自然流量高峰期发布作品，如图8-5所示。需要说明的是，不同领域的账号流量高峰略有不同。另外，如果用户一次制作了多个视频，尽量不要同时发布，每个视频的发布时间要间隔4～6小时。

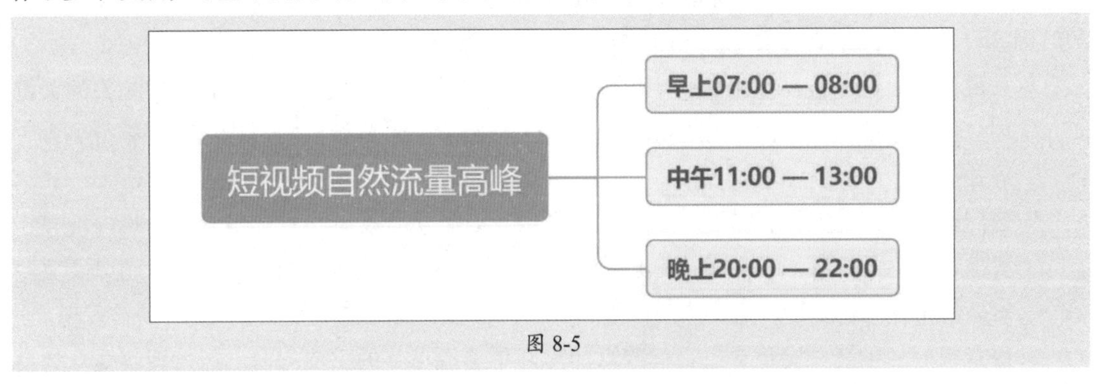

图 8-5

虽然上述几个时间段是流量高峰期，但是用户也需要根据自己的视频定位、粉丝画像、视频数据灵活选择视频的发布时间。在抖音数据中心可以查看粉丝热门在线时间段。具体查看方法如下。

使用手机打开抖音，打开“我”界面，点击界面右上角的☰按钮，如图8-6所示。在展开的菜单中选择“抖音创作者中心”选项，如图8-7所示。在“抖音创作者中心”点击“账号数据详情”选项，如图8-8所示。进入“数据中心”，打开“粉丝数据”选项卡，在“粉丝分析”页面中即可查看到“热门在线时段”的详细数据，如图8-9所示。

图 8-6　图 8-7　图 8-8　图 8-9

3. 通过好友转发加快传播速度

对于新用户来说，发布视频后第一时间将视频转载至社交圈，对提高短视频的播放量有很大帮助。其中最直接的方法是通过好友进行转发，如果方法得当，能达到“多米诺骨牌”效应。

在好友转发的过程中，需要掌握如何在不引起他人反感的情况下达到增加视频曝光度的目的。这时就会用到一些社交技巧，所以建立良好的社交关系，才能增强转发效果，避免好友抵触转发的思维模式。

4. 关键词的设置

短视频平台通常都具有搜索功能，用户可以通过关键字搜索到相关视频。因此在发布短视频时标签和文案的选择至关重要，如图8-10、图8-11所示。

- **关键词：**通过分析视频主题、内容和目标受众，挑选与自己的视频内容密切相关的关键词。例如，如果发布的是旅行视频，可以选择类似于“旅行”“景点推荐”“旅行美食”等关键词。
- **热门标签：**研究热门标签是吸引更多观众的有效方法。观察短视频平台上的热门视频，找出与自己的视频内容相关的热门标签。这些热门标签通常是当下流行的话题以及关注度高的事件。合理运用这些热门标签，能够让自己的视频在相关搜索中更容易被发现。
- **受众喜好：**了解并满足自己目标受众的喜好是选择标签的重要方向。通过观察受众的反馈和互动，收集到有关他们的喜好和关注点。针对这些喜好和关注点，选择一些符合受众兴趣的标签，能够更好地吸引他们的注意力。

图 8-10

图 8-11

5. 开启定位功能

发布视频时，可以选择开启定位。定位功能主要是有助于在同城推送，获取同城流量。例如短视频制作者是开线下店铺的，发布视频时开启定位便可以让同城的人知道自己店铺的所在位置，提高店铺的知名度，获得人流量和客源，如图8-12、图8-13所示。

图 8-12

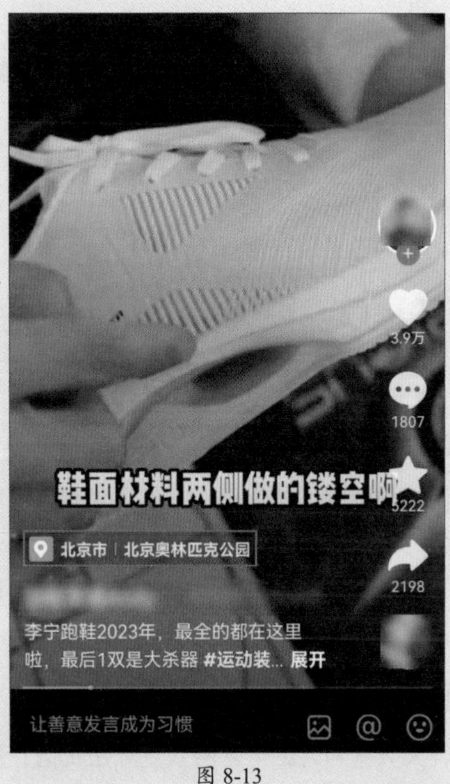

图 8-13

8.2 发布到抖音平台

视频发布到不同平台有不同注意事项。抖音的目标群体定位主要是年轻人，对比其他视频平台抖音是最注重音乐的。下面对抖音的推荐算法、审核机制以及如何提高账号的权重进行简单介绍。

8.2.1 抖音推荐算法

目前短视频平台的推送机制已经跨入了机器算法时代，机器获取有效信息的直接途径包括短视频的标题、描述、标签、分类等。系统会根据这些因素加权计算得出一条视频的指数，然后根据指数来分布推荐。算法背后的逻辑：冷启动曝光、叠加推荐、热度加权。具体算法流程如图8-14所示。

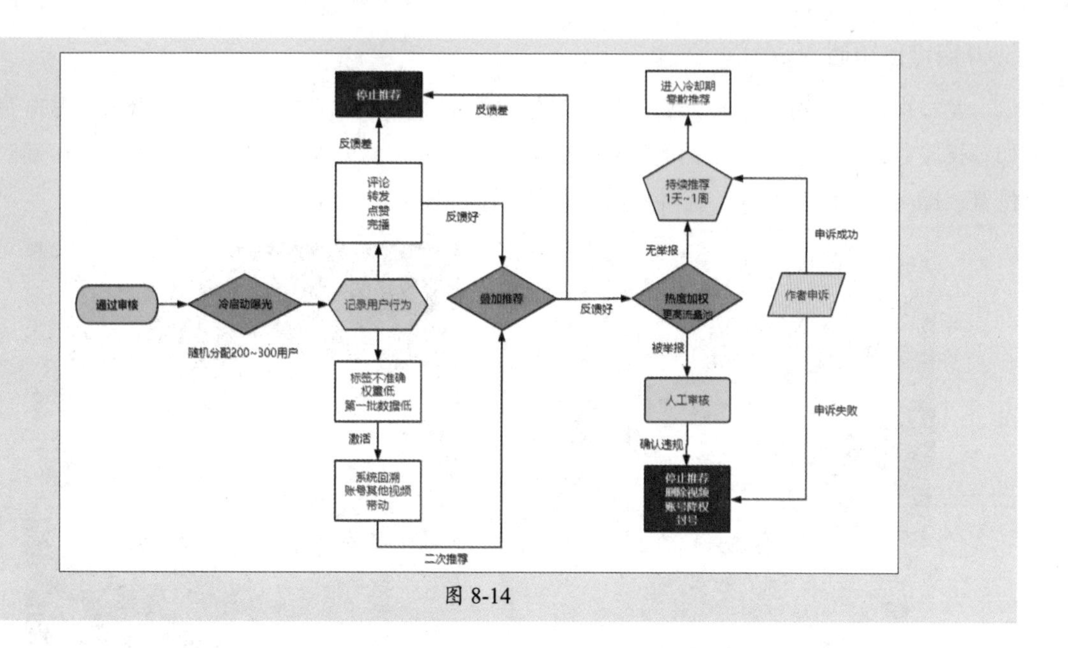

图 8-14

1. 冷启动曝光

即使用户没有任何粉丝，上传视频并通过审核后，系统也会自动分配初始流量。冷启动推荐有200～300的播放量，然后系统会根据数据来给视频做加权计算。抖音流量池的评价标准：转发量、评论量、点赞量以及完播率。也就是说，视频的完播率越高，互动率越高，才有机会加持流量。

2. 叠加推荐

结合大数据和人工运营的双重算法机制，优质的短视频会自动获得内容加权。叠加推荐会智能分发10万左右的播放量，例如转发量达到30万，算法就会判断为受欢迎的内容，自动为内容加权，叠加给这条视频300万的流量。综合权重的关键指标依然是前面提到的转发量、评论量、点赞量、完播率。

3. 热度加权

用户如果细心研究，会发现，一夜爆火的视频和抖音推荐板块的视频，播放量基本都在百万级，综合数据（点赞量、评论量、转发量、完播率）都非常高。因此可以得知，账号内容获得大量粉丝关注，并经过层层热度加权后，即有可能进入上百万的大流量内容池。各项数据的权重依次为转发量 > 评论量 > 点赞量。然而再火爆的视频，热度也不会一直持续，权重会随着时间“破旧立新”，所以，若想保持账号的热度，还需要稳定、持续地更新内容，输出更多爆款视频。

知识拓展

对于算法推荐机制，用户只需了解就够了，切勿期待通过研究算法走捷径，让自己的每条视频都能获得大量的推荐。要知道，算法推荐是抖音的核心商业壁垒，绝不可能轻易研究明白。创作者应该把精力放在内容上，毕竟优质的内容才是吸引用户的关键。

8.2.2 抖音审核机制

抖音的审核机制为机器+人工双重审核。抖音每天有数量庞大的新作品上传，如果单纯靠机器审核容易被钻空子，而纯靠人工审核又不太现实。因此，双重审核成为抖音算法筛选视频内容的第一道门槛，具体审核流程如图8-15所示。

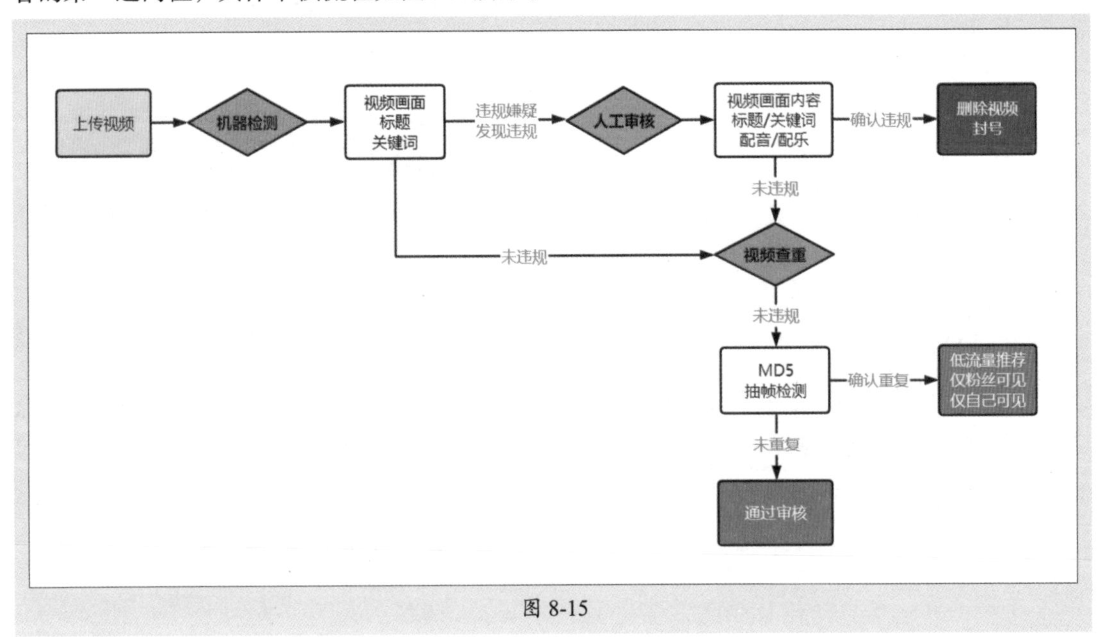

图 8-15

1. 机器审核

一般是通过提前设置好的人工智能模型来识别用户的视频画面和关键词，它主要有以下关键作用。

- 审核作品、文案中是否存在违规行为，如果疑似存在，就会被机器拦截，通过标黄、标红等提示人工注意。
- 通过抽取视频中的画面、关键帧，与抖音大数据库中已存在的海量作品进行匹配消重，内容重复的作品进行低流量推荐，或者降权推荐（仅粉丝可见、仅自己可见）。

2. 人工审核

针对机器审核筛选出的疑似违规作品，以及容易出现违规领域的作品，抖音审核人员进行逐个细致审核。主要集中在视频标题、封面截图和视频关键帧3个方面，如果确定违规，将根据违规抖音账号进行删除视频、降权通告、封禁账号等处罚。

8.2.3 提高账号权重

除了短视频自身的内容，影响视频流量的还有账号的权重。权重是指账号中视频作品更新时可获得的基础播放量。账号权重越高，基础推荐也会越高。例如，同样一条视频，普通个人账号发出播放量是500，但知名企业机构账号发出播放量却可以达到10万。不同类型的账号基础权重对比为政府机构账号 > 企业机构账号 > MCN机构账号 > 个人账号，如图8-16所示。

影响账号权重的因素有很多，例如，视频的原创度、质量评级、账号身份（新人、娱乐明星、意见领袖）等。在运营中可以通过坚持原创内容、提升内容质量、稳定发布来提高账号的权重。另外，账号资料的完善也有助于提高权重，例如，头像、描述、个人认证、实名认证以及账号绑定等，如图8-17所示。

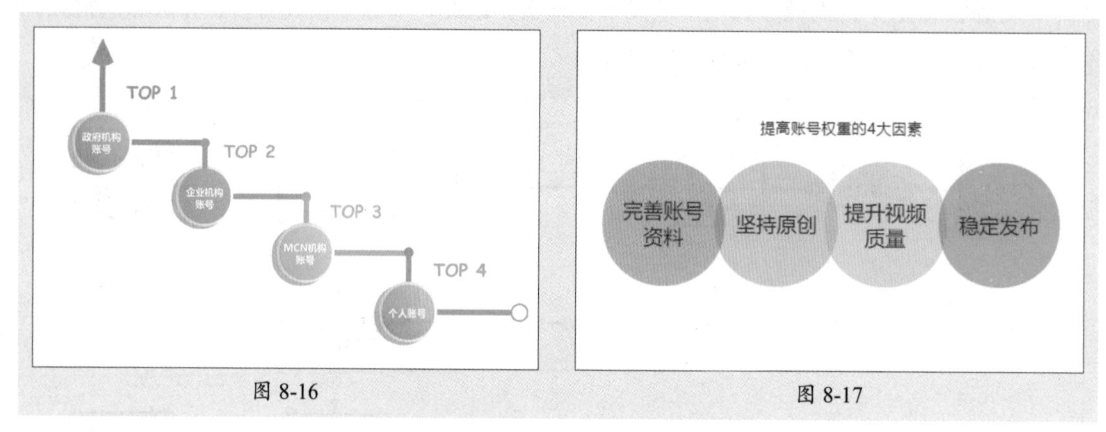

图 8-16　　图 8-17

抖音中，账号以及作品的8大数据指标也占有一定权重配比，8大数据指标包括完播率、点赞率、留言率、转发率、涨粉率、垂直度、活跃度和健康度，如图8-18所示。

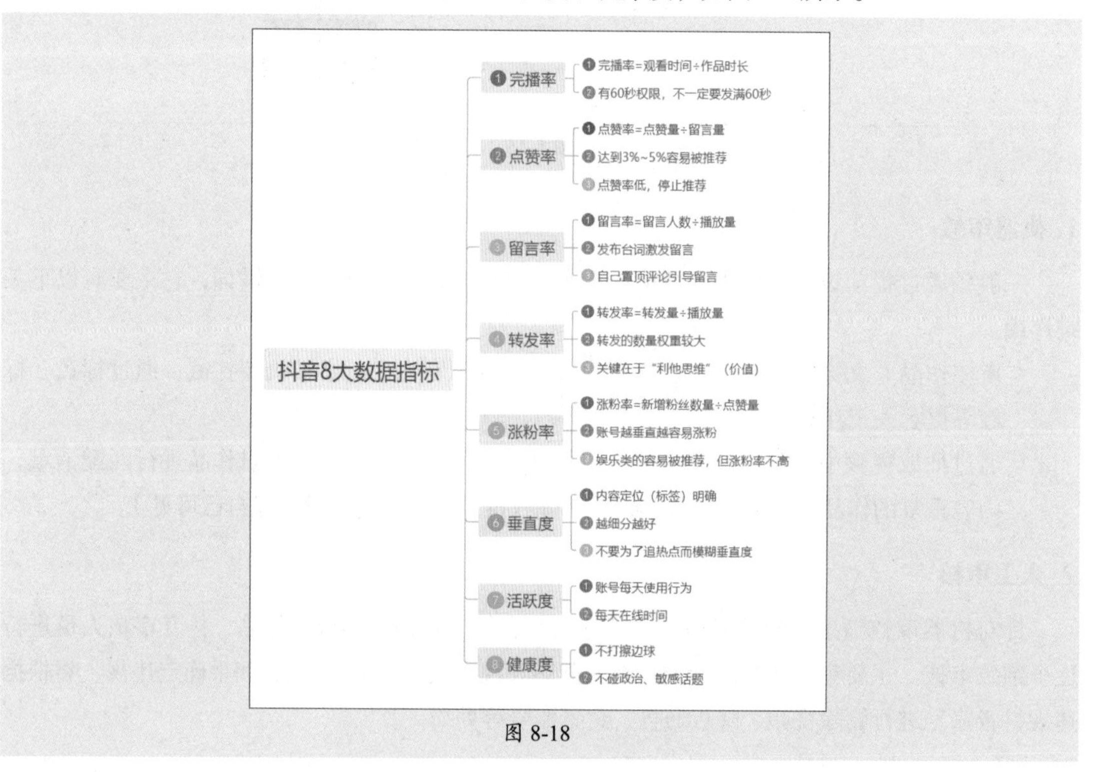

图 8-18

知识拓展

在增加账号权重的同时，也要警惕被降权的情况，账号被降权的几种常见情况如下。

- 当作品违规时，账号会被降权，同时会收到相关的系统通知。
- 作品断更或更新频率太低也会造成账号被降权。
- 作品质量下降、热度下降也会使账号降权。

8.3 发布到快手平台

快手和抖音是目前主流的两大短视频平台，同时也属于竞争关系。这两者的运营思路基本是一致的，但是推荐机制和用户群体有所区别。因此在快手平台发布作品需要对用户群体、客户端的基本操作、视频内容的管理等有所了解。

8.3.1 用户群体及平台推荐机制

提到快手，大家会联想到的关键词大多是接地气、老铁，以及各种亚文化。快手的用户群体与其他视频平台的最大区别是，男性用户占比较高，且各个年龄段的男性占比均比女性用户高，所以在短视频内容上有大量与男性同胞有共鸣的作品。

快手中高赞视频多来自三四线城市的创作者。风格偏直白，反映社会不同层次的生活，也偏重于展示农村真实生活，不同类型的快手短视频页面如图8-19～图8-21所示。

图 8-19

图 8-20

图 8-21

在推荐逻辑方面抖音和快手有所不同，快手用户刷关注页和同城页的比例高过抖音，也就是说快手会更多地刷到关注的人的动态，主动权掌握在自己手里；而抖音用户刷到的大多是平台推荐的内容，主动权由平台掌握。抖音是以单条短视频的火爆引发用户关注，是以内容为核心而非人（主播）为核心。快手的平台机制则是以人为核心，是以人带内容，而不是抖音的以内容带人气。

8.3.2 快手发布作品的规则

短视频平台的作品发布规则一般大同小异，主要包括发布频率、发布时间、封面的选择、用户标签等几方面。

1. 发布频率

运营视频号最重要的就是持续坚持，首先要坚持每天发作品。持续地为平台贡献内容，才会受到平台的青睐。

2. 发布时间

账号运营者需要根据视频的内容把握用户群体使用快手的时间，尽量每天都在相同的几个时间点发布作品。找到用户的时间点，抓住用户的兴趣点才能赢得更多的播放量。

3. 封面的选择

有趣、吸引人的封面会在短时间内获得爆发式的点击量，所以对于封面的选择要慎重。但是不要为了吸引流量制作和视频内容不相符的假封面，避免沦为“标题党”，这样很有可能会遭到平台的封杀。封面的文字是吸引用户的兴趣点，但是不能夸大其词，引起人们的不适。

4. 用户标签

一个视频账号在用户那里是什么标签非常重要，是卖服装的，还是卖海鲜的，这个标签一旦形成，这个用户就是你的忠实粉丝，所以垂直度一定要高。不能今天发服装作品，明天发海鲜作品，要选择某一个领域持续贡献优质内容才是正确的道路。

动手练 用手机发布作品

使用手机端发布快手视频作品的方法与抖音发布作品的方法基本相同。

步骤 01 打开“快手”APP，单击页面底端的⊕按钮，如图8-22所示。

步骤 02 打开“相机”功能，用户可以随手拍一段视频或拍摄照片进行发布，也可以从相册中选择作品发布，如图8-23所示。

图 8-22

图 8-23

步骤 03 拍摄好之后，可以通过页面底部的功能按钮对视频进行编辑和美化，例如应用滤镜、设置音乐、添加文字等，如图8-24所示。

步骤 04 进入发布页面，输入文案、添加话题。还可以根据需要选择显示位置。最后单击页面底部的“发布”按钮即可，如图8-25所示。

图 8-24　　　　图 8-25

8.4 发布到微信视频号

微信视频号是依托微信社交平台而存在的一个“短视频平台”。视频号内容以图片和视频为主，还能带上文字和公众号文章链接。支持点赞、评论等互动，也可以转发到朋友圈、聊天场景，与好友分享，可以直接在手机上发布。

8.4.1 视频号的特点

微信视频号是2020年腾讯公司官微正式宣布开启内测的平台。自发布以来，视频号依托着微信这一“国民平台”，得到了快速发展。相比于抖音与快手，视频号诞生最晚，但它平行于公众号和个人微信号，自带庞大流量。位置在微信的发现页内，朋友圈入口的下方，如图8-26所示。

微信视频号主要定位于熟人社交圈层，可以看到朋友在朋友圈发布的内容，并且可以评论、转发、点赞等，如图8-27所示。

图 8-26　　图 8-27

8.4.2　视频号与抖音/快手的区别

视频号和抖音、快手强调爆款内容运营以及机器算法推荐不同，视频号可以利用社交关系进行内容的精准推荐。

微信就是一个社交关系链，自己和自己朋友圈的偏好，都可能成为推荐和筛选的算法。例如点赞了某个视频，朋友圈的好友都是可以看到的，这个算法是对机器算法推荐的一种补充。在视频号发布视频后，自己的好友在浏览朋友圈时会在页面显著位置看到“***发布了一个视频”的文字链接，点击该链接便会直接打开这条视频。这种推荐方式是视频号自带的。

8.4.3　使用视频号发布视频

若要使用视频号发布视频，可以打开微信视频号，点击页面右上角的“我”图标，在打开的界面中点击“发表视频”按钮，如图8-28所示。在随后展开的菜单中可以选择拍摄视频，或从相册中选择视频，如图8-29所示。

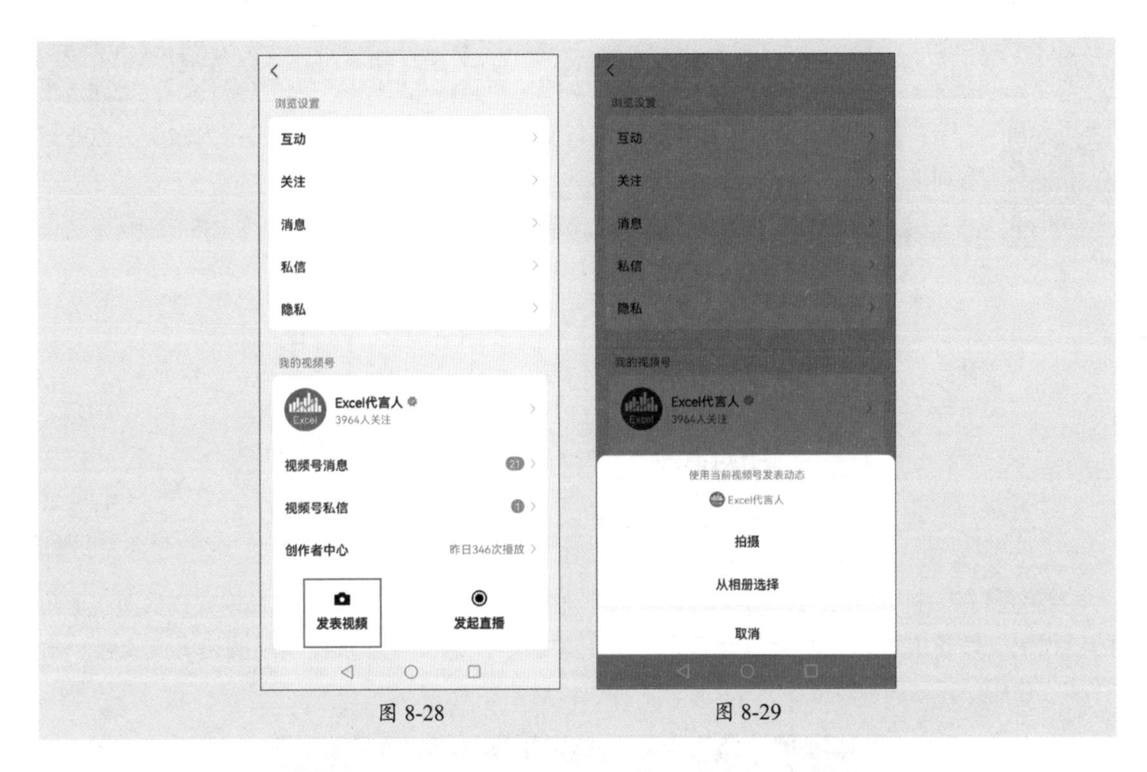

图 8-28　　图 8-29

在发布视频前根据视频内容输入合适的文案、话题等，同时可以根据需要选择是否打开定位，如图8-30所示。

用户还可以将视频标记为“原创”，在页面最底部可以打开“原创声明”开关，如图8-31所示，为当前作品添加公众号文章链接。

点击“链接或商品”选项，在展开的菜单中可以选择为当前视频链接公众号文章、红包封面或商品，如图8-32所示。

图 8-30　　图 8-31　　图 8-32

案例实战：通过抖音网页端发布作品

扫码看操作

抖音视频可通过手机端APP进行发布，或通过网页端后台进行发布。下面介绍如何通过抖音网页端发布视频作品。

步骤 01 使用百度搜索“抖音”，单击抖音官方网址的链接，如图8-33所示。

图 8-33

步骤 02 进入抖音官方网站，默认情况下自动播放抖音推荐的视频。将光标放在页面右上角的“投稿”按钮上方，此时会自动显示一个下拉菜单，单击“发布视频”按钮（或直接单击“投稿”按钮），如图8-34所示。

图 8-34

步骤 03 进入“抖音创作服务”页面，在该页面中可以发布视频、发布图文或发布全景视频。用户可以将光标移动到页面左上角的“发布作品”按钮上方，在展开的列表中选择要发布的作品类型；也可以在页面中通过选项卡选择作品类型。选择好作品类型后可以将作品直接拖入页面中间的灰色区域，或单击该区域，从打开的对话框中选择作品，进行上传，如图8-35所示。

图 8-35

步骤 04 作品上传完成后自动打开“发布视频”页面，在该页面中可以输入作品标题、作品简介、添加话题、设置封面等，如图8-36所示。

图 8-36

步骤 05 设置封面时，可以从系统推荐的封面中选择，也可以单击“选取封面”区域，从视频中选择一帧作为封面，或上传其他封面图片，如图8-37所示。

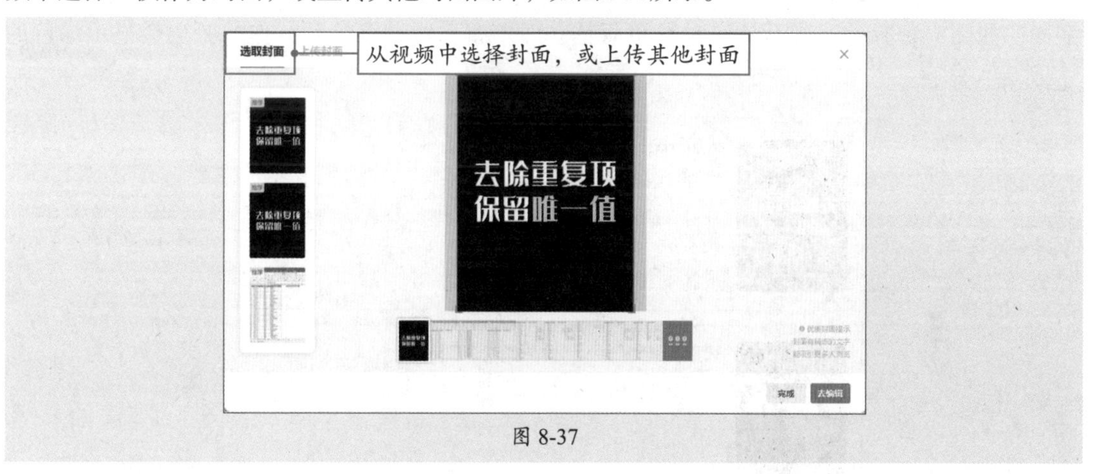

图 8-37

步骤 06 选择视频分类、视频标签等，选择是否允许他人保存视频，同时可以打开“今日头条”开关，将内容同步到绑定的今日头条账号，如图8-38所示。

图 8-38

步骤 07 若要设置定时发布，可以选中“定时发布”单选按钮，并设置发布的日期和时间，设置完成后单击“发布”按钮，即可发布视频，如图8-39所示。

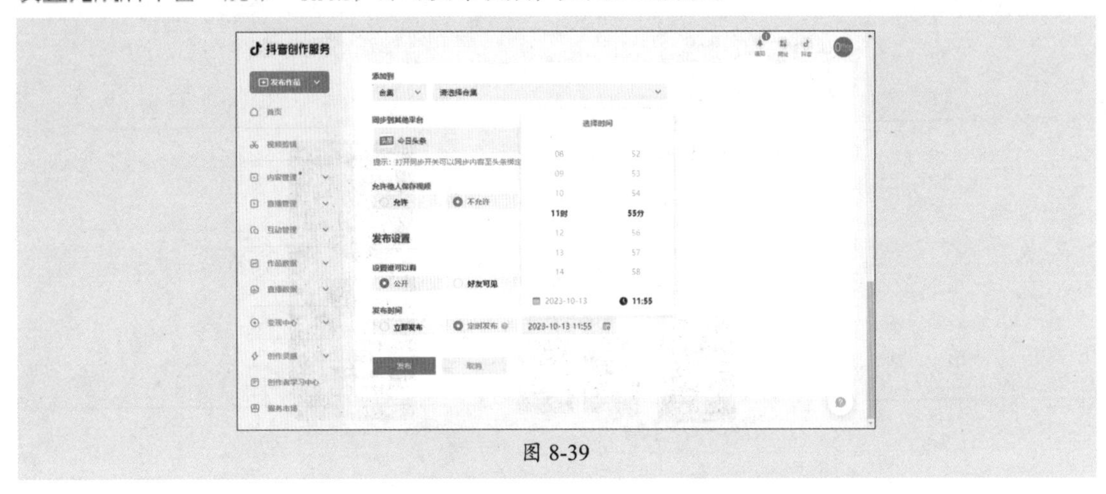

图 8-39

步骤 08 发布视频后自动打开“作品管理”界面，在该界面中可以看到所有已发布的作品。刚发布的作品会先进行审核，作品旁边显示“审核中”字样，审核通过后会显示“定时发布中”字样，如图8-40所示。若不是定时发布而是立即发布，通过审核后，作品旁边会显示绿色的“已发布”字样。

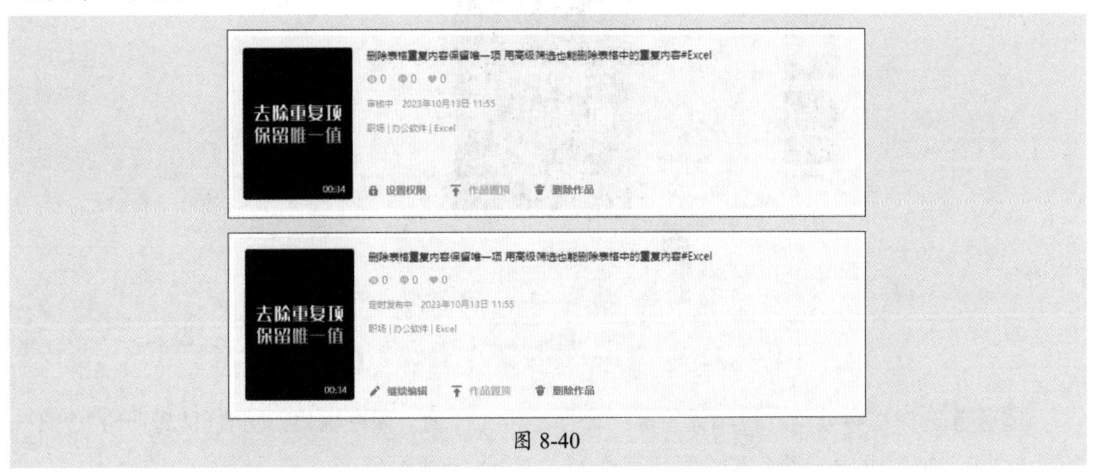

图 8-40

新手答疑

1. Q：抖音如何修改定时发布的作品？

A：打开抖音网页端后台，在页面左侧菜单栏中的“内容管理”组中单击“作品管理”选项，如图8-41所示，打开“作品管理”界面。在该界面中可以对定时发布的作品和已发布的作品进行修改。定时发布的作品单击“继续编辑”按钮进行修改，如图8-42所示。已发布的作品单击“修改描述和封面”按钮进行修改，如图8-43所示。

定时发布的作品可以对所有项目进行修改；已发布的作品则只能修改作品标题、作品简介、视频封面，且每日只能修改一次。

图 8-41

图 8-42

图 8-43

2. Q：抖音如何“置顶”作品？

A：打开抖音网页端后台，进入“作品管理”界面，将光标移动到需要置顶的作品上方，单击“作品置顶”按钮，如图8-44所示，该作品即可被置顶。置顶作品的左上角会显示“置顶”字样，若要取消置顶，可以单击“取消置顶”按钮，如图8-45所示。

图 8-44

图 8-45

3. Q：抖音如何发布图文作品？

A：手机端和网页端均可发布图文作品，下面以网页端为例：打开抖音网页端后台，选择“发布图文”选项，并上传图片，如图8-46所示。在随后打开的“发布视频”页面，可以设置封面、继续添加图片、调整图片位置、添加背景音乐等，如图8-47所示。

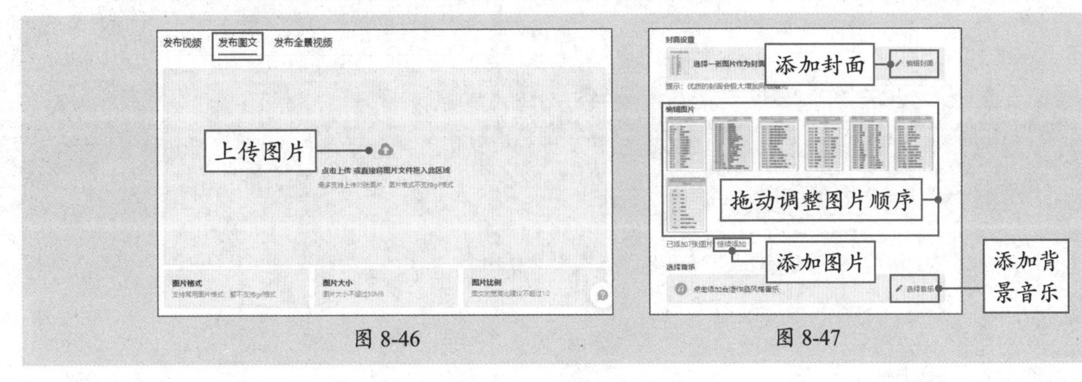

图 8-46　　图 8-47

00:00:00

第9章 运营推广，实现视频价值

不管是企业还是个人，制作短视频并进行运营推广，都是为了获取用户的关注，抓住用户的注意力，并转化用户，形成真正的流量，最终目的都是营销。如果短视频内容只有发布，没有后续的运营工作，则无法实现这一点。本章将从“养号”、平台的选择、账号权重以及短视频的变现模式这几个角度介绍相关短视频运营知识。

9.1 运营从“养号”开始

“养号”的概念由来已久，“养号”并不是说把账号养好，发作品就能火，而是为了账号的稳定性，提升账号的活跃度与权重，从而有机会得到系统更多的推荐量。

9.1.1 养号的目的

“养号”是互联网上的一种说法，是指对某个平台的一个账号的等级、活跃性、账号权益以及权重等养成或提升的一种行为或过程，如图9-1所示。

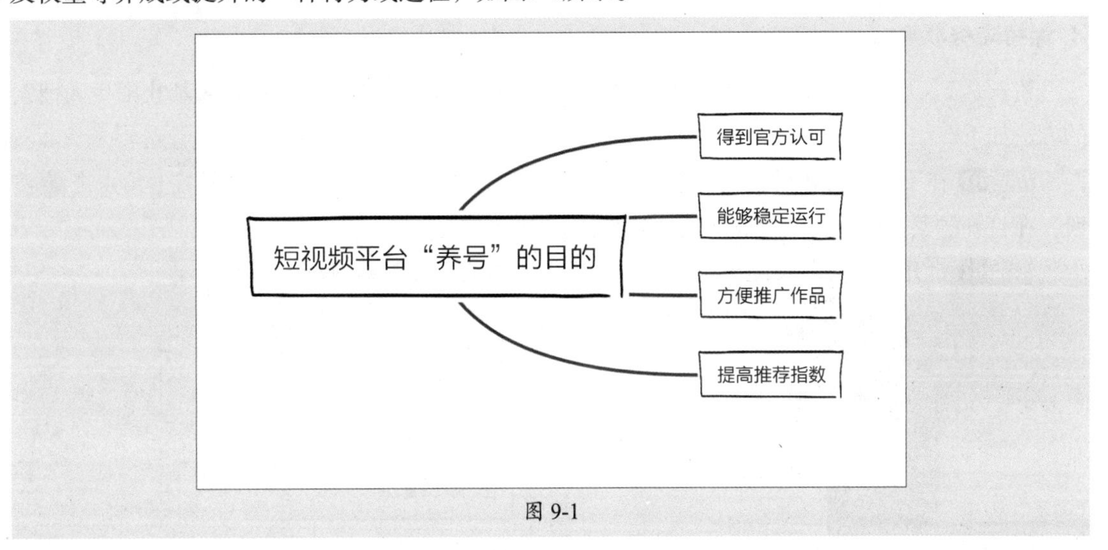

图 9-1

对于短视频行业来说，养号主要是为了让平台了解到这是一个正常的用户，在账号正式运行后更稳定、更方便地推广自己账号内的短视频，也是为了让账号内发布的短视频更容易获得平台的推荐。

9.1.2 养号的注意事项

对自己将来要做的视频内容有了清晰的定位后，便可以注册账号并开始养号，在养号过程中需要注意以下几点，如图9-2所示。

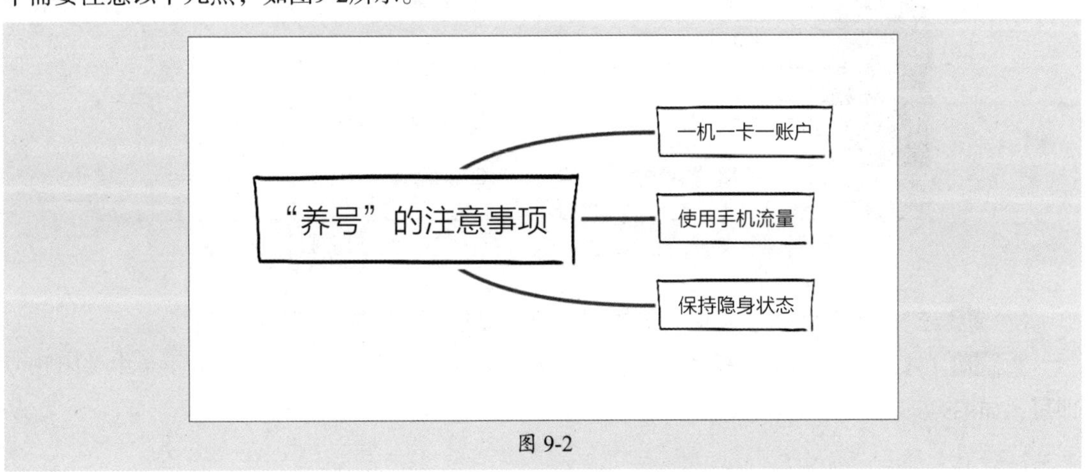

图 9-2

1. 一机一卡一账户

一部手机、一张电话卡、一个账户，三者要一致。不要频繁切换设备。官方是可以检测到你的登录设备信息的，如果一个手机大量切换账号，会被当作批量做号而导致限流。

2. 使用手机流量

不要连接WiFi，用自己的手机流量观看和上传作品。一个WiFi下能连接多个账号，如果一个账号违规，WiFi下的所有账号都会受到处罚。假设自己的账号和一个被官方限流的账号连了一个WiFi，那么也有可能会造成自己的账号被限流，所以，新手尽量不要使用WiFi运营账号。

3. 保持隐身状态

粉丝达到1万之前不要让他人搜索自己的账号，保持隐身状态。抖音中设置禁止陌生人搜索的方法如下。

步骤01 在手机中打开抖音，在首页右下角点击“我”按钮。在“我”页面右上角点击☰按钮，在打开的菜单中选择“设置”选项，如图9-3所示。

步骤02 打开“设置”页面，选择“隐私设置”选项，如图9-4所示。

图 9-3 图 9-4

步骤03 进入“隐私设置”页面。选择“找到我的方式”选项，如图9-5所示。

步骤04 在打开的页面中选择“可以被陌生人搜索到”选项，在下方展开的菜单中关闭开关即可，如图9-6所示。

图 9-5　　　图 9-6

9.1.3 新账号的养号技巧

对于新账号来说养号可以从两个方向进行：技术流养号、社群养号。

1. 技术流养号

- 用实名手机号注册登录，其次是绑定第三方账户。
- 每天刷视频至少一小时以上。
- 根据自己的视频类型搜索同领域视频，观看、点赞、评论、转发。
- 每天至少观看直播间半小时，并适当刷礼物，增加活跃度。
- 手机需要经常更换定位，不要一直放在一个地方，走到哪儿都拿着养号的手机，这是为了让手机获得更多的定位信息。
- 养号周期为3～7天，第一条视频播放量在500以上养号算基本完成。

2. 社群养号

- 加入养号社群，看养号直播，参与养号互关。
- 每天花费大量时间为别人发私信、留言，求互关来增加粉丝。
- 每天定期发布参与养号的作品，号召更多人来参与养号。
- 去其他主播的直播间和社群，求关注和点赞。
- 每天重复以上4步，以此来增加粉丝量。

养号3天左右，当刷推荐作品时，自己定位的领域时常出现，说明账户初始标签基本形成，接下来可以包装账号资料，把该填写的资料填写完整。一切准备就绪可以上传一个作品进行测试，如果播放量在200～500说明状态一切正常。养号基本完成。

9.2 “标签”的重要性

“标签”并不是真实存在的东西，而是抖音推荐功能的一个概括词语。抖音会给每一个账号打上相关的标签，从而方便通过推荐算法实现精准推荐，短视频领域中常见标签如图9-7所示。

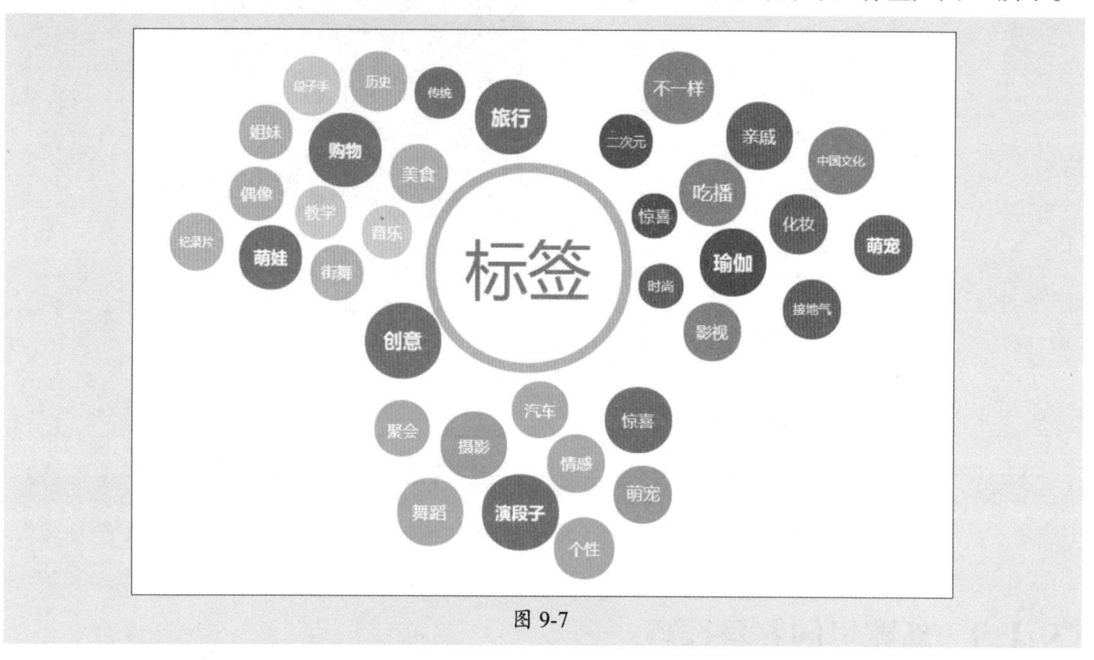

图 9-7

9.2.1 精准“标签”的作用

我们都知道抖音的流量推荐机制是倒三角形的，每个人发布的作品都会被分配初始流量，系统自动推送给200～300个用户观看。这些用户观看了视频并产生了互动后，系统会评估你的视频是否会推荐给更多用户观看，如果数据达标，经过层层推荐，视频最后会被推荐给3000万以上的用户观看，抖音八大流量池推荐机制如图9-8所示。

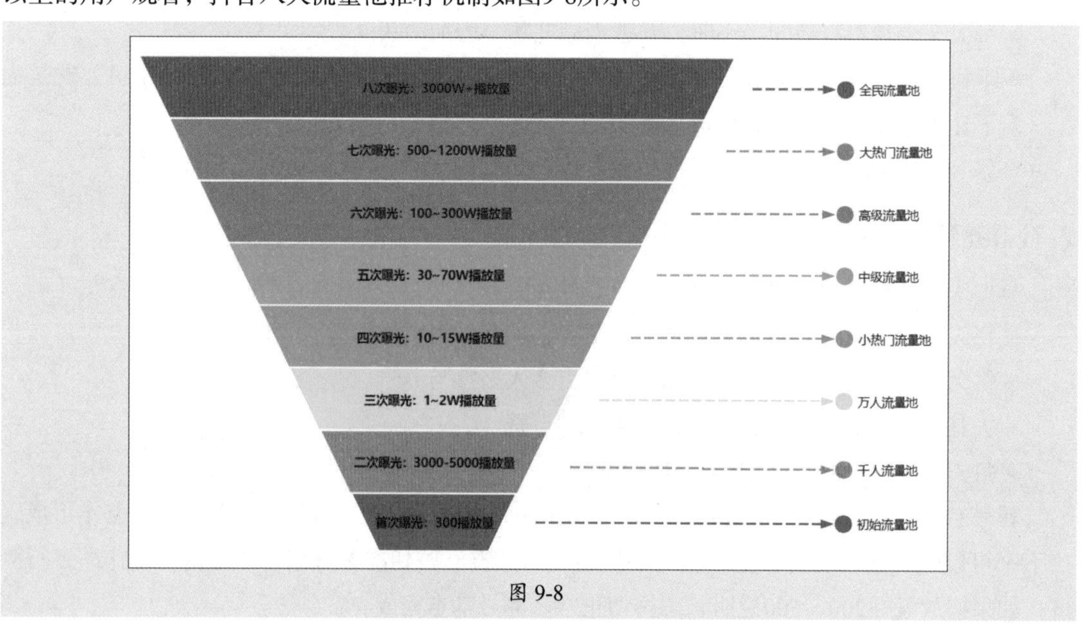

图 9-8

视频能否被推荐，其中一个关键点便是标签是否精准。例如，视频制作者发布了一条宠物视频，系统会自动将这个视频推送给200～300个人，这时如果发布这条宠物视频的账号被打了“宠物”的标签，那么系统会把这条视频推送给关注和喜欢动物的用户观看。因为标签是精准的，那么这些用户在看完视频后，自然就会互动（点赞、评论、收藏、转发），互动数据上升到一定比例后，系统会判断这条视频是有价值的，是被用户喜欢的，从而推送给更多的用户观看，这些用户看完以后又会增加播放量和互动，得以被推荐到更高的流量池。视频被越多的人看到，得到的关注也就会越多，那么涨粉变现就非常简单了。

反之，如果因为没有给账号打标签或者是标签不精准，系统推送的初始用户可能根本不喜欢视频中的内容，那这些人看到这个视频后，就可能直接划走不看了。那视频的完播率跟互动率自然就很低，此时系统会判定视频不达标，便不会继续推送给更多人观看。这条视频也只能获得初始流量。

由此可见标签精准的重要性，它关乎我们的视频是否能够获得更大的曝光度。

9.2.2 标签的分类

通常，系统会根据账号内容为发布的作品打上相对应的标签，再推给喜欢这类标签的用户。同理，系统也是根据用户的喜好为其打上标签，当用户刷视频时便会根据用户的标签推送相应内容，如图9-9所示。

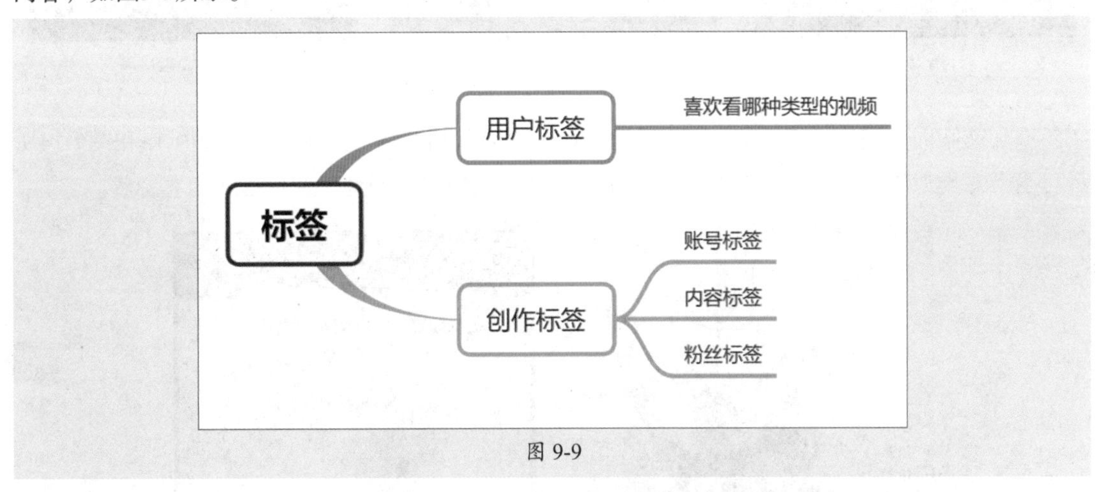

图 9-9

1. 账号标签

账号标签是账号的定位。例如一个账号经常发布美食类视频，账号经常出现“美食”的标签，长久下去系统就会给账号打上“美食”的标签。

2. 内容标签

内容标签通常是指账号发布的内容，也叫作品标签。例如账号中发布的是植物科普类视频，但是系统没有人一样的大脑思维，不能一眼看出发布的作品讲的是什么内容，只能根据算法来推算视频内容是关于哪方面的。

系统会根据发布视频的账号、视频的标题、视频内容里的图片、视频里的文字、视频里的语音等多个维度进行分析。因此在创作作品时就需要从方方面面体现视频的特征，例如账号的名称、简介、作品的标题、作品内容信息都要涉及与账号视频密切相关的关键词，如图9-10～图9-12所示。

图 9-10　　图 9-11　　图 9-12

添加文案时，还需要多添加“#”话题，以及“@”相关领域的达人，如图9-13和图9-14所示。当带有类似喜好标签的用户对账号关注和互动积累到一定程度，便会形成内容标签。

图 9-13　　图 9-14

3. 粉丝标签

粉丝标签也可以叫兴趣标签，用户在抖音的所有行为轨迹都会被系统记录，用户兴趣标签，主要参考用户观看不同视频的点赞、评论转发、转粉观看时长和完播率来判断用户喜欢什么样的内容，从而进行精准推荐。视频账号的运营者可以在抖音网页版后台的“作品数据”中查看“粉丝画像”，了解自己粉丝的兴趣分布、关注热词等数据，如图9-15所示。

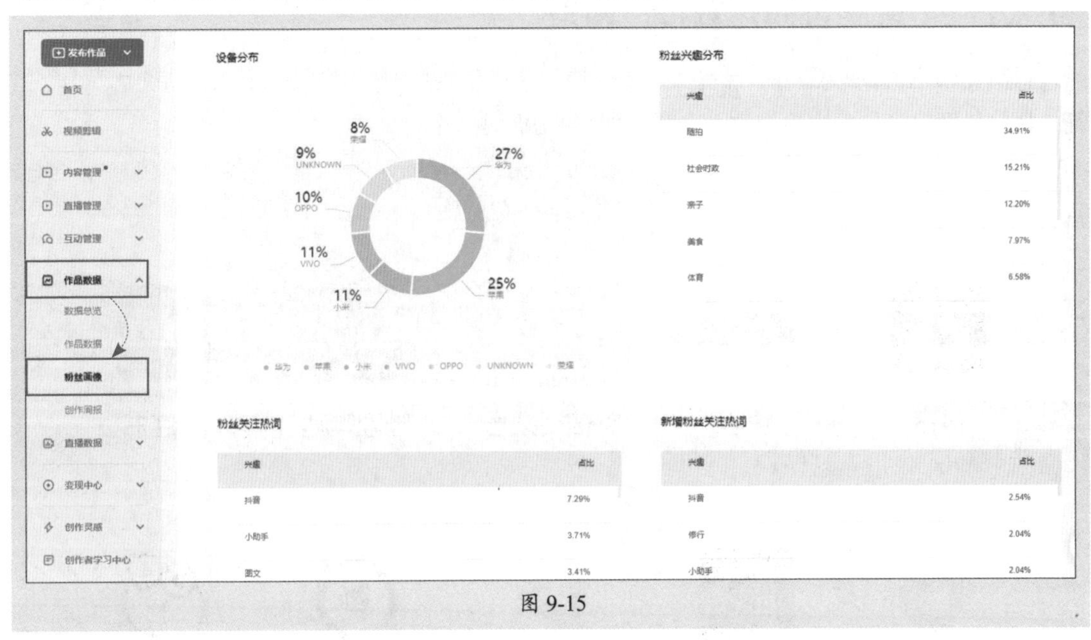

图 9-15

抖音为创作者提供了标签设置功能，创作者可以根据账号的定位选择合适的标签。用手机登录抖音账号，进入“创作者中心”页面。通过点击页面右上角的⚙按钮，进入“设置”页面，在该页面中选择“创作标签”选项，如图9-16所示。随后在打开的页面中包含很多系统提供的标签，用户可以根据需要进行选择。根据要求，最多只能选择2个标签，选择好后，单击“下一步”按钮如图9-17所示。接下来继续选择更细分的类型，最后点击“完成”按钮，即可完成标签的设置，如图9-18所示。

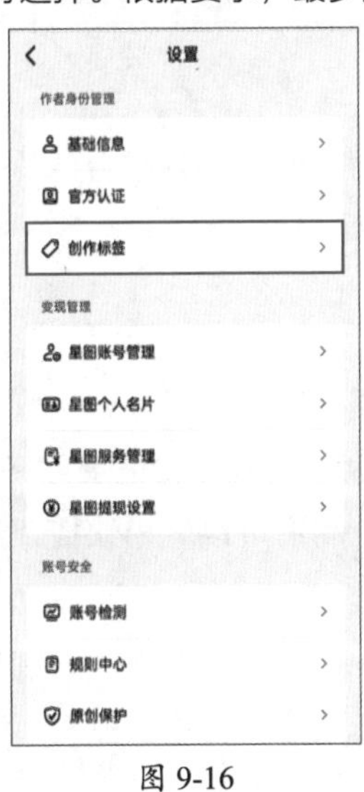

图 9-16

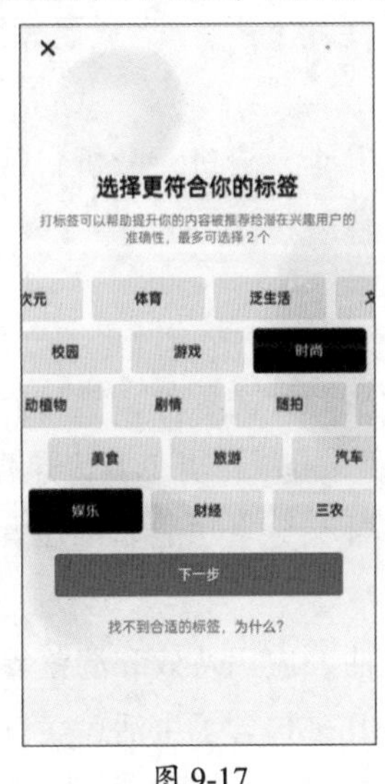

图 9-17

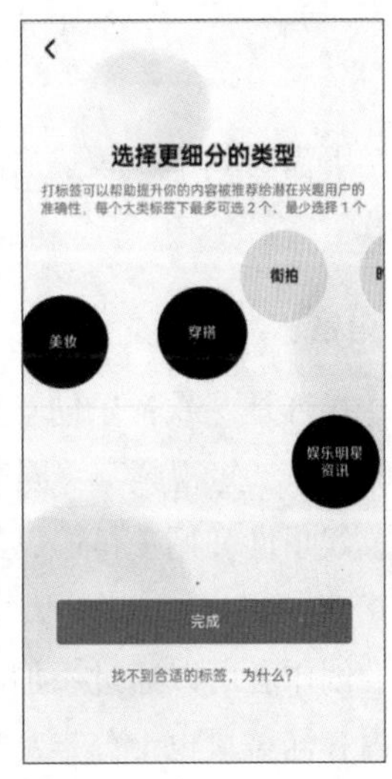

图 9-18

9.3 选择合适的短视频平台

在选择一个恰当的短视频平台进行推广时，企业或个人用户需要根据自身业务特点和定位，选择最适合自己的平台。

9.3.1 了解平台的运营推广情况

目前比较主流的短视频平台包括抖音、快手、微信视频号、西瓜视频、哔哩哔哩、小红书等，目前热度较高的十大短视频平台图标如图9-19所示。

图 9-19

下面对其中比较热门的几个平台进行分析，帮助企业了解各平台的特点，以便更好地制定运营策略。

1. 抖音

抖音是一款音乐创意短视频社交软件，是目前拥有用户量最大的自媒体平台。在大多数人的印象里“短视频”等同于“抖音”，可见其火热程度。抖音以“记录美好生活”为品牌口号，注重娱乐性和用户体验，其社交分享功能非常强大，用户可以轻松快捷地浏览、分享视频并进行互动。

创作者可以通过添加歌曲、应用特效和滤镜等，拍摄音乐短视频，制作自己的作品，抖音的内容涵盖量也十分丰富，几乎包含了生活、美食、旅行、科技、教育、新闻时事、同城资讯等日常生活中的各领域。

另外，抖音还是一个集社交和商业化于一体的平台，大量的用户和商家在平台中宣传推广产品，进行交易。如果短视频运营者想要让自己得到广泛的曝光并快速提高知名度，抖音是十分理想的选择。图9-20所示为抖音宣传海报。

图 9-20

2. 快手

快手诞生于2011年，最初是一款用来制作、分享GIF图片的手机应用程序。2012年11月，快手转型为短视频社区，目前已经发展为国内具有影响力的以短视频和直播为主要载体的内容社区与社交平台。

快手独特的“老铁”文化，促成了粉丝黏度高这一现象。数据分析表明，快手粉丝成交数据、复购数据都要高于其他平台。因此，在快手中无论是拍摄短视频还是做直播，都更应该把关注点放在“人”上，只要粉丝信任你，并觉得价格合适，就会消费你的商品。和抖音平台对比，快手平台的粉丝更难积累，但也比抖音更容易变现。图9-21所示为快手11周年宣传海报。

图 9-21

3. 微信视频号

微信视频号依托微信生态，不需要PC端后台。视频号内容以图片和视频为主，发布的作品可以带上公众号文章链接，支持点赞、评论进行互动，也可以转发到微信朋友圈、聊天场景，与好友分享。

与其他平台相比，微信视频号具备更高的起点。微信视频号依附微信，坐拥十几亿月活用户，与公众号、小程序、视频号、朋友圈形成了良好的生态圈，如图9-22所示。

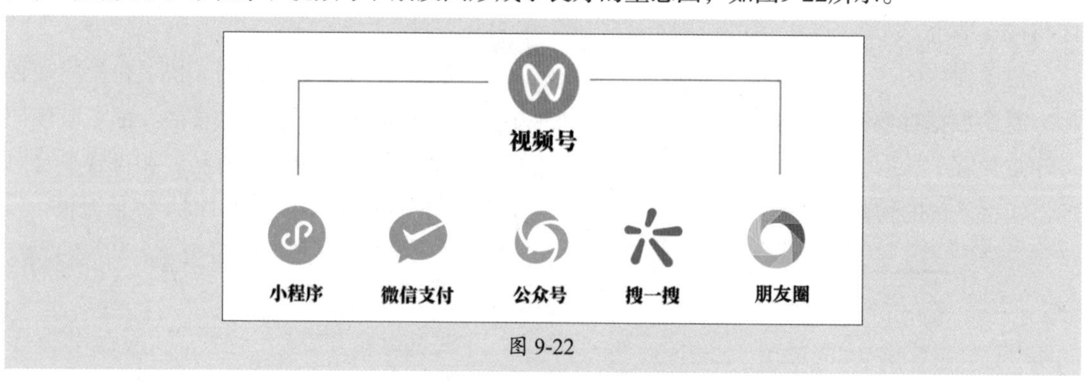

图 9-22

视频号中所有内容都可以通过个人微信、微信群、朋友圈、公众号进行转发和推广，在内容触达方面具备绝对优势。

4. 哔哩哔哩

哔哩哔哩英文名称为bilibili，简称B站，是年轻人高度聚集的文化社区和视频平台。哔哩哔哩提供大量的游戏、动漫和影视相关内容，拥有庞大的二次元粉丝群体。

哔哩哔哩网站于2009年创建，早期是一个动画、漫画、游戏内容创作与分享的视频网站。经过十年多的发展，哔哩哔哩已经成为涵盖7000多个兴趣圈层的多元文化社区。图9-23所示为哔哩哔哩手机端开机画面。

图 9-23

5. 小红书

和其他平台不同，小红书是从社区起家，一开始用户注重于在社区里分享海外购物经验，到后来，除了美妆、个护，小红书上还出现了关于运动、旅游、家居、酒店、餐饮的信息分享，内容覆盖了消费经验和生活方式的方方面面。在小红书上，用户可以通过短视频或图片了解、评估和购买各种商品和服务。

如果对美妆、时尚、美食、旅行等领域有深入的了解，并且对于分享购物心得和购买经验有兴趣，小红书是合适的选择。图9-24所示为小红书与腾讯、微博等多平台的联合海报。

图 9-24

9.3.2 选择合适的平台

不管是哪个短视频平台各自都有其独特的特点和优势。用户在选择时，可以根据自身的兴趣、技能和目标来进行评估。例如，抖音适合追求广泛曝光和娱乐性的用户，微信视频号适合注重原创和专业性的创作者，小红书适合对美妆、时尚和购物有兴趣的用户。只有选择适合自己的平台，发挥自己的特长和兴趣，才能够在短视频领域中展现自己的才华和价值。

9.4 短视频变现的常用模式

目前短视频变现最主要的方式分为4大类，包括广告变现、电商带货变现、直播变现，以及知识付费变现，如图9-25所示。这些变现方式并不是同时适用于所有类型的账号，用户需要根据自己账号的定位和内容，选择合适的变现方式。

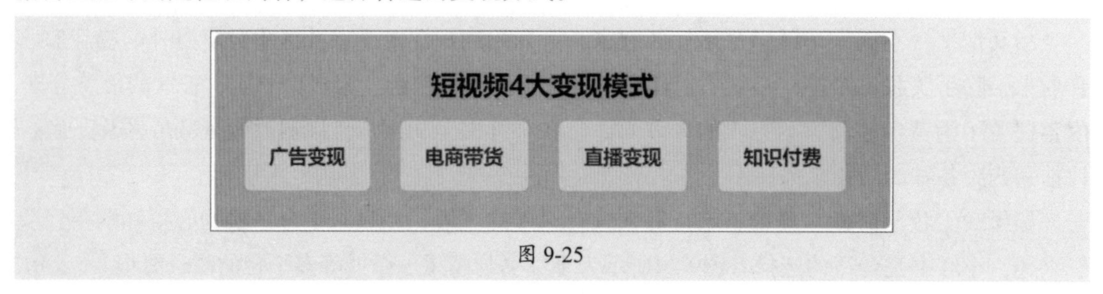

图 9-25

9.4.1 广告变现模式

在短视频行业，广告变现是最常见也是最直接的变现方式之一。在短视频中插入广告，可以为创作者带来可观的经济收益。目前抖音的广告变现承接方式包括以下两种。

- 与品牌商合作，由品牌商提供广告费用。可以是品牌商找创作者，也可以是创作者主动找品牌方。
- 平台提供的广告任务。抖音平台提供广告分成机制，将广告费用按照一定比例分成给创作者。

无论是哪种方式，都需要创作者有一定的粉丝基础和影响力，才能够吸引到品牌方的关注和投放广告的机会。广告变现相对于其他变现方式更容易上手。只有视频内容被广泛传播，才能依靠流量变现。

对于抖音平台的用户来说，想要通过广告变现，账号还需要满足以下3个要求：个人实名认证、拥有10万以上的粉丝、入住巨量星图平台（图9-26所示为抖音巨量星图宣传海报）。

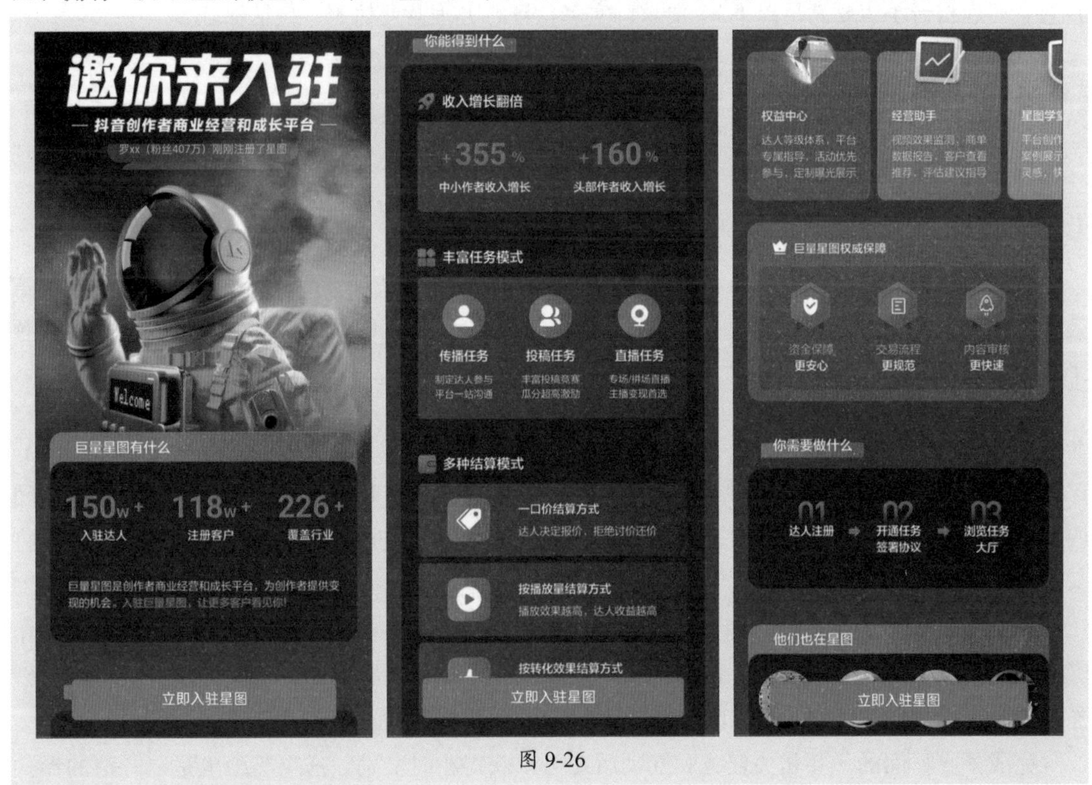

图 9-26

9.4.2 电商变现模式

电商变现是以短视频和直播的方式向观众推荐商品或服务，从而实现销售利润。电商变现的本质是卖货。创作者需要在视频或直播中清晰地介绍商品的特点和优势，并且能够引导观众进行购买，这需要一定的营销技巧，特别是直播带货，还需要用到一些话术。直播的一个重要考量标准是主播的表现。

带货可以带别人的货，也可以带自己的货。平台对这两种情况也有具体的要求，如图9-27所示。

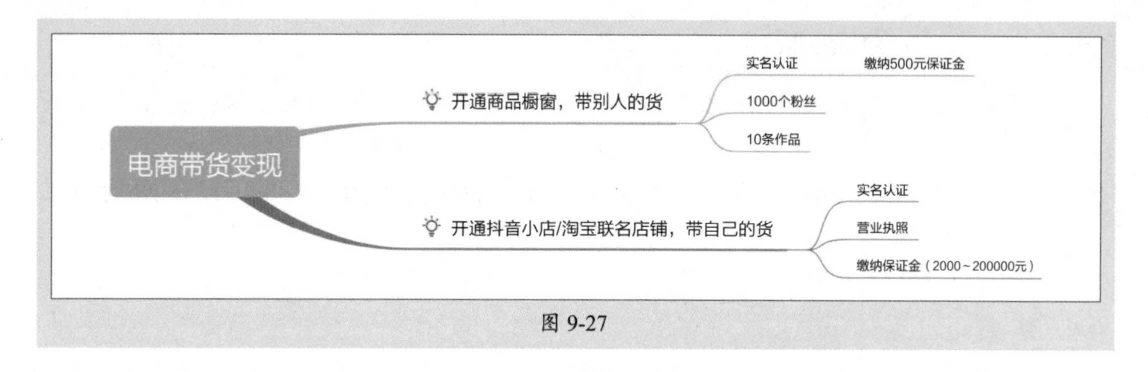

图 9-27

如果没有自己的货源，可以带别人的货，要求粉丝数量不少于1000、发布超过10条非隐藏作品、实名认证，并缴纳保证金。账号无任何违规的情况下，开通橱窗，就具备了基本的带货能力。带别人的货，可以在“精选联盟”中挑选合适的商品上架，赚取佣金。

带自己的货，则需要开通抖音小店或淘宝联盟店铺。淘宝联盟店铺需要登录阿里巴巴进行开通。开通抖音小店要满足以下3个要求：实名认证、办理营业执照、缴纳保证金。

9.4.3 直播变现模式

通过直播盈利的方式有很多，主要包括直播带货和粉丝打赏。

1. 直播带货

直播带货其实可以归类到电商变现模式，因为在直播间带货，属于直播和电商相结合。主播在直播期间介绍商品，每销售一件商品，商家就会给予相应的提成。这也是目前各大短视频平台上最赚钱的变现方式之一。

2. 粉丝打赏

相信玩抖音的用户都听过“音浪”这个词，音浪其实是抖音中的一种虚拟货币。在直播间收到观众打赏的礼物后，抖音平台会将礼物换算成音浪赋予主播。主播则可以通过抖音钱包将音浪兑现。

在直播过程中，通过观众打赏礼物，可以为创作者带来收益。获得粉丝打赏的前提是创作者有一定的粉丝基础和影响力，能够吸引到观众的关注和打赏礼物的机会。打赏不仅可以为创作者带来可观的经济收益，同时也可以提高观众的互动体验和社交参与度。

完成了直播间的一些相关任务和互动后还可以获得小时奖励，这个奖励也是以音浪的形式发放给用户的。

9.4.4 知识付费变现模式

知识付费属于新媒体领域十分常见的一种变现模式。所谓知识付费，是指创作者通过短视频向观众提供专业知识和技能培训，从而实现收费的方式。这类变现模式要求创作者必须具备专业技能和一定的教学经验，这样才有能力在视频或直播中准确地传授相关领域的知识和技能，并且能够引导观众进行学习和实践。